Ariane Bentner

•

Durch die Welt zu fliegen und ziemlich frei zu sein ...
Beruf Stewardeß

Ingrid Funk-Narden

aktuelle frauenforschung

Ariane Bentner

Durch die Welt zu fliegen und ziemlich frei zu sein ...

Beruf Stewardeß

ULRIKE HELMER VERLAG

Die Deutsche Bibliothek - CIP-Einheitsaufnahme

Bentner, Ariane:
Durch die Welt zu fliegen und ziemlich frei zu sein ... Beruf Stewardess / Ariane Bentner. - Erstausg. - Frankfurt am Main : Helmer, 1992
(Aktuelle Frauenforschung)
ISBN 3-927164-15-1

Erstausgabe

ISBN 3-927164-15-1
Satz: W. Niederland Verlagsservice, Frankfurt am Main
Druck: Rosch-Buch, Hallstadt

Printed in Germany

Inhaltsverzeichnis

Vorwort

»Das Problem ist nicht das weibliche Bedürfnis nach Abenteuern, sondern eine Gesellschaft, die Frauen normalerweise kein kreatives und erfülltes Leben erlaubt.«[1]

Die Idee zu diesem Buch entstand, während ich noch selbst als Stewardeß durch die Welt flog. Viele meiner damaligen Arbeitskolleginnen, mit denen ich darüber sprach, unterstützten meine Idee. Besonders positiv fanden sie, daß ich als *»eine von ihnen«* wußte, worüber ich forschte, weil ich den Arbeits- und Lebenszusammenhang von Stewardessen am eigenen Leibe kennengelernt habe.

Zuallererst möchte ich meinen ehemaligen Arbeitskolleginnen für ihren Zuspruch zu meiner Untersuchung danken. Besonders danke ich denjenigen achtzehn Stewardessen der Deutschen Lufthansa – sie müssen hier ungenannt bleiben –, die bereit waren, sich über ihre Arbeit und ihr Leben befragen und sich so von mir ›erforschen‹ zu lassen. Ohne ihre Offenheit und ihren Mut, sowohl über die Sonnen- als auch über die Schattenseiten ihres Berufs zu sprechen, wäre meine Forschungsarbeit nicht zustandegekommen.

Der Deutschen Lufthansa AG danke ich für die Erteilung einer Forschungsgenehmigung und den Zugang zum Lufthansa-Archiv in Köln, wo ich bei der Recherche historischen Materials zur Geschichte der Stewardessen mit viel Geduld und Kompetenz beraten wurde.

Für ihre engagierte, kritische Beratung und mehrfache Durchsicht meiner Manuskripte danke ich sehr herzlich Prof. Dr. Helga Deppe in Frankfurt am Main. Ebenso herzlich möchte ich mich bei Beate Szypkowski, Anke Melchior und Julia Sipreck sowie Dr. Pia Schmid bedanken für ihre Bereitschaft, meine Arbeit immer wieder kritisch zu lesen und mit mir zu diskutieren. Ohne die fruchtbare Diskussion mit diesen Frauen wären entscheidende Aspekte vermutlich im Dunkeln geblieben.

Mechthild Münch danke ich für die Anfertigung der hochwertigen Transkripte, die Grundlage waren für die Auswertung der Interviews.

Mein ganz besonderer Dank gilt meinem Mann Gerd Ohlhauser, der mich in all den Jahren so unterstützte, daß ich die Zeit hatte, die ich brauchte, um dieses Buch zu schreiben.

Im Juni 1992 – Ariane Bentner

Einleitung

I: »Ich seh' mich eigentlich so ganz normal an, ich werde aber von den Leuten nicht als normal angesehen. Ganz im Gegenteil.«
A: »Als was wirst Du denn angesehen?«
I: »Ja, als so'n Exot, als so jemand, der, so'n Globetrotter, der nirgendwo zu Hause ist und den man auch nicht so richtig domestizieren kann, sagen wir mal so, der das irgendwie auch braucht, dem man ja auch nichts mehr bieten kann. Ich weiß auch nicht, warum die Männer einem immer was bieten müssen unbedingt. Ist wohl so ihre angestammte Rolle ...«[2]

Stewardessen faszinieren und irritieren – wie alle Frauen, deren Lebens- und Arbeitsformen von der weiblichen *»Normalbiographie«*[3] abweichen. Sie reisen in der Welt herum, leben unterwegs in Luxushotels, verdienen überdurchschnittlich viel Geld und sind von Männern finanziell unabhängig. Sie verhalten sich eben nicht wie ›normale‹ Frauen, und diese Abweichung wird von ihnen selbst wie auch von Außenstehenden als Freiheit angesehen. Ich wollte diesen Imaginationen mit meiner Studie nachgehen, sie auf ihren verschiedenen Erscheinungsebenen greifbar machen, sie theoretisch verorten und empirisch erforschen.

Worin diese weibliche Freiheit besteht und wo sie auch über den Wolken ihre Grenzen stößt, ist Thema dieses Buches. Ich hoffe, daß es Einblicke gewährt in einen Frauenberuf, der von vielen noch als Terra magica wahrgenommen wird. Speziell jenen Frauen, die vielleicht einmal als Stewardeß arbeiten möchten, können die Erfahrungen ihrer Kolleginnen in spe eine Hilfe sein.

Ausgelöst wurde mein Forschungsinteresse durch eigene, höchst ambivalente Erfahrungen während meiner neunjährigen Tätigkeit als Stewardeß, die der einleitenden Interviewpassage entsprechen. Ich begann nach Forschungen über Stewardessen zu suchen und stieß auf eine wissenschaftliche Studie der amerikanischen Soziologin Arlie Russel Hochschild (1983), die sich erstmals aus der Perspektive von ›*Women's Studies*‹ dem Arbeitszusammenhang von Stewardessen zugewandt hat. Für den deutschsprachigen Raum existieren kaum Untersuchungen über Stewardessen. Sie stammen zudem weitgehend aus den siebziger Jahren und verfolgen in der Regel ideologisch einen Defizitansatz: Dem Tenor dieser Arbeiten nach sind Stewardessen unstete Normabweichlerinnen. Diese Abweichung von geschlechtstypischem Verhalten kann nur vorübergehend toleriert werden; sie bedroht sonst das Verhältnis zwischen Mann und Frau und gefährdet das Familienleben. Daher müssen die fliegerischen Umtriebe von Stewardessen in kanalisierte Bahnen gelenkt und die Frauen ihrer wahren Bestimmung als Hausfrau und Mutter zugeführt werden...[4]

Historisch leitet sich der Begriff Stewardeß vom englischen ›Steward‹ her, der ursprünglich *»bestimmte Aufgabenträger an Fürstenhöfen und in vornehmen Bürgerhäusern«*[5] bezeichnete und der im Zeitalter des Kolonialismus in der Schiffahrt eingeführt wurde. *»Man bezeichnete damit allgemein die Träger und Trägerinnen von Bedienungs-, Aufwart-, Aufräum- und Reinigungsfunktionen etc., ohne daß der Berufsstand je genauer spezifiziert wurde.«*[6] Mit der Ablösung der Schiffahrt durch die Luftfahrt wurde auch die entsprechende Terminologie teilweise übernommen. So bezeichnet der Kapitän heute sowohl den Schiffs- als auch den Flugzeugführer; der Purser ist sowohl *»Zahlmeister«* auf dem Schiff, als auch *»Chefsteward im Flugzeug«*[7]. Bei Frauen wurde die Endung ›-ess‹ als Suffix an die englische männliche Bezeichnung angefügt. Die internationale Sprachregelung ist bis heute uneinheitlich. International gebräuchlich sind für das Kabinenpersonal die Bezeichnungen Steward und Stewardeß, Cabin-Attendant, Flight-Attendant, nur für Frauen auch Air-Hostess, für die Besatzung insgesamt Cabin-Crew. In Deutschland wird der Begriff Flugbegleiter/Flugbegleiterin benutzt, jedoch auch nicht durchgängig. Ich verwende im folgenden die im deutschsprachigen Raum üblichen Begriffe Stewardeß und Flugbegleiterin zur Bezeichnung der Tätigkeit von Frauen in der Flugzeugkabine.

Bis 1937 waren in den Luftschiffen und Passagierflugzeugen ausschließlich Männer als Köche und Stewards beschäftigt. Die technische Entwicklung in den zwanziger Jahren ermöglichte den Einsatz größerer Flugzeugtypen, in denen immer mehr Passagiere transportiert werden konnten. Während die Männer in der Luft kochten und servierten und wie

Kellner auftraten, veränderte sich mit dem Einsatz von Frauen im Flugzeug der Charakter der Arbeit grundlegend.

In Deutschland fliegen heute bei der Deutschen Lufthansa als größter (und quasistaatlicher) Fluggesellschaft ca. 10 000 Personen als Flugbegleiter und Flugbegleiterinnen, davon sind ca. 7 600 Frauen, das sind 84%.[8] Der Frauenanteil am Kabinenpersonal stieg seit der endgültigen Etablierung des Berufes Mitte der fünfziger Jahre bis heute in zyklischen Phasen auf über vier Fünftel an. Somit wäre rein quantitativ die Stewardessentätigkeit als reiner Frauenberuf zu bezeichnen. Was ›typische‹ Frauenberufe ausmacht, ist aber nicht nur an der statistischen Quantität, am Frauenanteil allein zu messen. Vielmehr sind Arbeitsinhalte, berufstypische Verrichtungen und – im Falle der Stewardeß – insbesondere die Umstände, die der Beruf mit sich bringt, einer genaueren Analyse zu unterziehen: Inwieweit weist die Tätigkeit der Stewardeß Analogien zu typischen Frauenberufen auf und inwieweit Analogien zu typischen Männerberufen? Auch in der neueren Literatur zur Frauenforschung werden Stewardessen häufig undifferenziert als Repräsentantinnen eines typischen Frauenberufes am Rande erwähnt.[9] Doch Stewardessen nehmen als erwerbstätige Frauen eine ›besondere‹ Stellung ein. Die Umstände ihrer beruflichen Tätigkeit bringen ihnen Teilhabe an männlichen Privilegien ein, indem sie z.B. einen hohen Grad an geographischer Mobilität aufweisen und sich einen gehobenen Lebenssstandard leisten können, was ihnen finanzielle Selbständigkeit ermöglicht. Diese Umstände entsprechen eher der männlichen Erwerbsstruktur als der weiblichen ›Normalbiographie‹. Doch erstens wird die Tätigkeit der Stewardeß von der Bundesanstalt für Arbeit nicht als Beruf anerkannt und stattdessen als Anlerntätigkeit klassifiziert[10]; wenn ich im folgenden vom *»Beruf Stewardeß«* spreche, dann um diese Arbeit zu würdigen und anzuerkennen. Zweitens sind die Aufgaben einer Stewardeß mit reproduktiven Inhalten bis obenhin angefüllt; im Flugzeug verrichten sie Hausarbeit in hierarchisch nachgeordneter Position. Von Stewardessen wird zudem ein geballtes Bündel ›weiblicher Charakteristika‹ erwartet, wie gepflegtes Äußeres, Einfühlungsvermögen, Freundlichkeit, Höflichkeit und das Zurückstecken eigener Bedürfnisse. Diese beruflichen Anforderungen entsprechen eher weiblichen ›Normalberufen‹.

Stewardessen sind also Angelernte, deren berufliches Sozialprestige höchst ambivalent ist. Im Bild von der ›Kellnerin in der Luft‹ drückt sich die gesellschaftliche Entwertung ihrer hausarbeitsnahen, der Reproduktionssphäre entstammenden Tätigkeiten des Bedienens und Daseins für andere aus. Zum anderen erfahren sie eine Statuserhöhung über die eher für Männerberufe typischen Elemente der (imaginierten) Freiheit, Ungebundenheit und finanziellen Unabhängigkeit, gepaart mit Erwartungen an ihr äußeres Erscheinungsbild: Dieser statushohe Pol schlägt sich nieder in dem Bild vom ›Glamourgirl‹. Damit wird die Tätigkeit der Stewardeß einerseits abgewertet und andererseits überhöht.

Die (von außen) imaginierte Freiheit der Stewardessen ist eng gekoppelt an diese ›Zwei-Wertigkeit‹ des Berufes: Im Zuge der historisch-gesellschaftlichen Veränderungen entwickeln sich Freiräume zwischen Tradition und Moderne, entstehen Ambivalenzen, die von Frauen nutzbar gemacht werden können. *»Ambivalenz«* ist damit eine zentrale Kategorie im Lebenzusammenhang von Frauen; dabei meint *»(...) dieser Begriff die Entstehung eines Wirklichkeitssinns, der sich über die Abarbeitung an gesellschaftlich unvereinbaren Gegensätzen ausbildet«*.[11]

Diese gesellschaftlich unvereinbaren Gegensätze zwischen Tradition und Moderne, Gebundensein und Unabhängigkeit prallen in der Stewardeß, so vermute ich, als Symbol moderner Weiblichkeit aufeinander. Vielleicht ist gerade sie eine Vorreiterin der aus traditionellen Bindungen freigesetzten Frau in der individualisierten Gesellschaft?

Ich gehe von einer Form der modernen Gesellschaft aus, die zwar formal demokratisiert ist und damit Frauen gleiche Rechte wie Männern zusichert, die aber in bezug auf die Geschlechterverhältnisse als *»moderne Ständegesellschaft«* zu bezeichnen ist, in der Frauen ein *»Geschlechterschicksal«* widerfährt, das von kollektiver Marginalisierung über ihre Zugehörigkeit zum weiblichen Geschlecht geprägt ist.[12]

Sind Stewardessen in dieser Rolle Teilhaberinnen an neuen Freiheiten und Privilegien – oder stoßen sie aufgrund ihrer Geschlechtszugehörigkeit an vielfältige Begrenzungen, die die neue Freiheit als reine Imagination entlarven?

Um diesen Überlegungen nachzugehen, habe ich mich von folgenden Fragen leiten lassen:

- Welche Motive bewegen Frauen zur Berufswahl Stewardeß? Sehen sie die Tätigkeit der Stewardeß als typischen Frauenberuf? Welche Arbeitsinhalte und -umstände kristallisieren sich bei differenzierter Betrachtung als tatsächlich typisch für Frauenberufe heraus und welche nicht?
- Welche Bedeutung haben andererseits die frauenuntypischen Berufsmerkmale für Stewardessen? Worin liegt für sie die *»Freiheit über den Wolken«*? Kann ihre Tätigkeit einerseits als eingeschränkt (Hausarbeit im Flugzeug), andererseits als befreiend (in der Welt herumreisen) charakterisiert werden? Ist dieses doppelpolige Berufsbild prototypisch für die Frau in der Moderne?

– Wie leben Stewardessen in der Gegenwart die daraus resultierenden unvereinbaren Gegensätze und Ambivalenzen, wie verbinden sie Nähe und Distanz, Gebundensein und Unabhängigkeit, Entwertung und Überhöhung ihres Berufes?

Im ersten Kapitel untersuche ich die Frage, woran es liegt, daß Stewardessen keinen (anerkannten) Beruf haben. Lebensentwürfe, Berufswünsche und Berufswahl von Frauen werden zunächst allgemein dargestellt, um auf dieser Grundlage später zu prüfen, inwiefern die Berufswahl Stewardeß als ›Ausbruch‹ aus der weiblichen ›Normalbiographie‹ bezeichnet werden kann. Weiterhin versuche ich an dieser Stelle herauszufinden, welche Strukturmerkmale typisch für Frauenberufe sind. Schließlich untersuche ich, wie Stewardessen bisher ihren Beruf gewählt haben und ob sie sich darin von anderen Frauen unterscheiden.

Im zweiten Kapitel habe ich versucht, die Entstehung und historische Entwicklung des Stewardessenberufes in Deutschland ab 1930 bis in die ausgehenden siebziger Jahre zu rekonstruieren. Hierfür recherchierte ich 1986 u.a. im Lufthansa-Archiv in Köln, wo ich den größten Teil des verwendeten Quellenmaterials fand. Eine systematische Erforschung der Stewardessen-Tätigkeit aus historischer Sicht existiert bisher nicht. Ich mußte daher dort nach ihrer Geschichte suchen, wo von Flugbegleiterinnen die Rede war, überwiegend in Pressepublikationen und in einigen Flieger-Fachzeitschriften.

Ich habe in Kapitel II die historisch-technische Entwicklung der zivilen Luftfahrt mit der Entwicklung des Berufes der Stewardeß und den – in den jeweiligen Dekaden dominierenden – Weiblichkeitsbildern verwoben. Normative Weiblichkeitsbilder von der Stewardeß sind von der Entwicklung und Etablierung des Berufes nicht zu trennen, bedingen sich gegenseitig.

In Kapitel III fasse ich verschiedene problematische Aspekte aus dem Arbeits- und Lebenszusammenhang der Stewardeß zusammen und skizziere den bisherigen Forschungsstand. Dabei ist hervorzuheben, daß die Forschung über diese weibliche Berufsgruppe in USA viel weiter fortgeschritten ist als in Deutschland. Ein Großteil der Forschungsarbeiten ist in Deutschland nicht oder nur schwer zugänglich. Daher habe ich die Literatur zu diesem Kapitel hauptsächlich während verschiedener Studienaufenthalte 1986 und 1987 in USA und Kanada recherchiert und zusammengestellt. Einer Darstellung der Arbeitsbedingungen von Stewardessen in der Gegenwart folgt die Auswertung medizinischer, psychologischer und soziologischer Literatur zu den psycho-sozialen Auswirkungen der Fliegerei auf Stewardessen. Daran schließt sich die Diskussion von Konzepten (amerikanischer) SoziologInnen zu den Problemen personenorientierter, kommerzieller Dienstleistungen an, wie sie von Stewardessen als Gefühlsarbeit gefordert werden. Diese Diskussion soll einen weiteren Beitrag zur Beantwortung der Frage liefern, inwieweit die Stewardeß als Dienstleistende am Passagier einen typischen Frauenberuf ausübt.

Im vierten Kapitel präsentiere ich Ergebnisse meiner explorativen Stewardessen-Befragung, die nach einem Konzept der qualitativen Sozialforschung durchgeführt wurde. Ergänzend und vertiefend zu bisher vorliegenden quantitativ-standardisierten Erhebungen mit dieser weiblichen Berufsgruppe führte ich achtzehn narrative Leitfadeninterviews zu den Themenkomplexen Berufswahl, Arbeitssituation, soziale Lebenswelt und Zukunftsperspektiven durch. Für die Auswertung wandte ich ein Verfahren aus der qualitativen Sozialforschung an, bei dem weniger die Einzelbiographie als vielmehr verschiedene *»Strukturmuster«*[13] im Denken und Handeln der Befragten im Vordergrund stehen. Damit wird erstmals im deutschsprachigen Raum eine Untersuchung über Stewardessen vorgelegt, deren Zielsetzung darin besteht, den Arbeits- und Lebenszusammenhang dieser Frauen aus subjektorientierter Perspektive sichtbar zu machen.

In Kapitel V fasse ich meine Forschungsergebnisse zusammen und versuche die Ausgangsfrage zu klären, ob die Stewardeß als Vorreiterin einer aus traditionellen Bindungen freigesetzten Frau in einer individualisierten Gesellschaft gelten kann, ob sie tatsächlich Teilhaberin neuer Freiheiten und Privilegien ist, oder ob die Begrenzungen, denen sie in ihrem Beruf unterliegt, die Freiheit bloß als Imagination erscheinen lassen.

Zum Beispiel Anne und Barbara

Anne

Anne ist 26 Jahre alt, unverheiratet und lebt allein. Nach der Mittleren Reife hat sie eine Ausbildung zur Arzthelferin absolviert und einige Jahre in einer Arztpraxis gearbeitet. In diese Ausbildung ist sie auf Betreiben ihrer Eltern hineingerutscht; sie selbst hatte wenig Vorstellungen davon, was sie gerne machen würde, und besaß auch sehr wenig Informationen über berufliche Möglichkeiten. Darum hat sie sich auf das Urteil ihrer Eltern verlassen. Annes Leben verlief soweit in geordneten Bahnen, und ihr war klar, daß es unweigerlich so weitergehen würde. Sicher hätte Anne irgendwann geheiratet und Kinder bekommen und in diesem Alltagstrott weitergelebt.

Anne lernte in der Arztpraxis eine Patientin kennen, die als Stewardeß durch die Welt flog. Diese Frau erzählte Anne von ihrem abwechslungsreichen Leben unterwegs. Anne war davon fasziniert, auch wenn sie nicht einen Moment daran gedacht hatte, etwas ähnlich Aufregendes zu tun. Die Patientin ermutigte Anne, sich doch einfach mal zu bewerben. Anne gefiel die Vorstellung, aus dem Alltagstrott auszubrechen, ferne Länder zu sehen und mehr Geld zu verdienen. Außerdem waren Stewardessen gut gekleidete, schöne Frauen, die in einer Welt lebten, zu der sie bisher keinen Zugang hatte ...

So kam Anne zur Lufthansa. Eigentlich hat sie nur Glück gehabt. Es war der reine Zufall, daß sie genommen wurde – so empfindet sie es heute. Was sie dabei vergißt: daß sie dem Glück nachgeholfen hat. Nachdem Anne nämlich mit ihren Eltern über die Idee, Stewardeß zu werden, gesprochen hatte – die Eltern fanden diese Vorstellung gar nicht so schlecht – und sie bei Lufthansa einen Bewerbungsbogen angefordert hatte, besuchte sie erst einmal einen Englisch-Kursus. Nach dem Bewerbungsgespräch in Frankfurt kündigte sie ihre Stelle als Arzthelferin und ging für drei Monate nach Frankreich, um besser Französisch zu lernen. Dies hatte man ihr bei Lufthansa empfohlen. Anne hat sich nach anfänglichem Zögern sehr angestrengt, als Stewardeß genommen zu werden. Ihre Eltern haben sie darin materiell und ideell in jeder Hinsicht unterstützt.

Etwas anderes als im Team zu arbeiten kann Anne sich nicht vorstellen. Sie möchte sich nicht exponieren und »Chef spielen« müssen. Deshalb würde sie auch nie Pilotin sein wollen. Technik interessiert sich nicht. Sie fliegt jetzt erstmal, solange es ihr noch Spaß macht. Wahrscheinlich nicht für immer, aber das ist noch offen ...

Mit der Arbeit im Flugzeug ist das so eine Sache. Ehrlich gesagt hatte sie sich darüber keine Gedanken gemacht, als sie sich beworben hat. Sie hat die Stewardeß, die bei ihr Patientin war, auch nie darüber ausgefragt, welche Arbeit man da so verrichten muß, wenn man durch die Welt jettet. Das war damals auch nicht so wichtig, denn Anne wollte nur rauskommen ... Wenn sie es genau betrachtet, findet sie ihre Arbeit oft ziemlich übel. Das Schlimmste ist das Bedienen. Langweilig und monoton und so anstrengend. Aber das ist eben der Preis, den sie für all die anderen Annehmlichkeiten bezahlen muß, die ihr Job ihr bietet. Und es gibt ja auch Schönes an der Arbeit: zum Beispiel den Kontakt mit vielen verschiedenen Menschen. Sie kann gut mit Menschen umgehen, das hat sie als Arzthelferin gelernt. Ihre Sprachkenntnisse bleiben bei der Arbeit zwar weitgehend auf der Strecke, aber dafür übt sie eben außerhalb der Arbeit, wenn sie im Ausland einen Stop hat. Was sie auch toll findet, ist, daß sie im Flugzeug manchmal hilfsbedürftige Menschen zu betreuen hat, zum Beispiel alleinreisende Kinder oder Behinderte, denen sie helfen kann. Da hat sie das Gefühl, daß sie etwas richtig Sinnvolles tun kann, und daß die hilfsbedürftigen Passagiere ihr auch echt dankbar sind und ihre Arbeit zu schätzen wissen. Was man von der Firma nicht unbedingt behaupten kann. Auf ihre Vorgesetzten ist Anne nicht gut zu sprechen: die reglementieren einen doch nur. Als Stewardeß ist sie doch für die Firma das Letzte, recht kriegen immer nur die anderen, vor allem die Passagiere. Wenn sie mal Ärger hat mit der Firma, geht sie zur Personalvertretung, was soll sie sonst tun? Aber die vertreten ihre Interessen auch nur halbherzig. Im Grunde ist das doch eine Männerorganisation, vor allem von Piloten, bei der für das Kabinenpersonal auch mal was abfällt. Warum sollte sie da eintreten, wo sie doch gar nicht weiß, wie lange sie noch fliegen wird?

Anne findet es wichtig, als Stewardeß einfühlsam und freundlich zu den Passagieren zu sein. Das ist nicht immer einfach. Manchmal ist sie ganz schön genervt. Dann muß sie sich halt zusammenreißen, damit die Passagiere es nicht mitkriegen. Sie versucht, ihre Gefühle irgendwie unter Kontrolle zu bringen, ein bißchen wie im Theater, wo sie eine bestimmte Rolle spielt ...

Daß sie bestimmte Vorschriften der Firma einhält, ist für Anne selbstverständlich. Zum Beispiel, was sie als »Uniformkorrektheit« bezeichnet. Das heißt, daß sie auf ihr Äußeres achtet, gepflegt und sauber zum Flug erscheint und ihrem Typ entsprechend geschminkt ist. Aber man kann es denen ja nie recht machen. Immer gibt es irgendwas, was noch besser sein könnte. Die Haare zum Beispiel dürfen nur bis zum Uniformkragen reichen. Annes Haare sind manchmal ein bißchen länger. Prompt wird sie vom Purser darauf angesprochen. Oder mal ein Kilo mehr, nach dem Urlaub. Da gibt es hämische Kolleginnen, die sie hintenrum schräg anschauen ... Das verunsichert Anne sehr. Manchmal kommt sie sich ziemlich häßlich und dick vor. Anne findet, daß das Äußere in ihrem Beruf ziemlich überbewertet wird. Und es ist ein Zwang. Für sie persönlich ist das Äußere nicht so wichtig. (Allerdings redet sie selbst gelegentlich auch hämisch über andere Kolleginnen, die ein paar Kilo zuviel auf den Rippen haben.)

Mit den Männern ist das so eine Sache. Als Passagiere haben sie ja nichts zu tun, langweilen sich. Deshalb betrachten die Männer ungeniert Stewardessen. Anne ist das nicht sehr angenehm. Sie fühlt sich manchmal richtig belästigt, zumal wenn einer getrunken hat. Aber sie kann nichts dagegen tun. Die Firma verlangt, daß sie Verständnis aufbringen muß für die armen gelangweilten Passagiere ...

Von den Leuten zu Hause wird Anne bewundert, daß sie einen tollen Job hat und soviel Geld verdient, so frei leben kann. Manche sind aber auch neidisch. Das kann Anne nicht gut aushalten. Deshalb stellt sie bei jeder Gelegenheit klar, daß das alles gar nicht so toll ist und daß sie gar nichts Besseres ist als die anderen. Für sie persönlich ist es trotzdem ein Traumberuf. Es ist ein besonderes Flair, das ihn umgibt, ein bißchen lebt sie ja schon in anderen, höheren Sphären als die zu Hause. Das behält sie aber für sich, meistens jedenfalls. Es ist ja auch so, daß es nicht jede schafft, Stewardeß zu werden ...

Von zu Hause wegzugehen fällt Anne manchmal schwer. Besonders auf längere Flüge. Wenn sie mit ihren Freunden was Tolles unternommen hat, ist es besonders hart. Manchmal freut sie sich aber auch auf den Umlauf, zum Beispiel, wenn sie mit ihrer Freundin requestet hat. Dann hat sie ja jemanden, der ihr vertraut ist. Wenn nicht, muß sie erst mal checken, welche Kolleginnen so dabei sind, die Crew wechselt ja von Flug zu Flug. Mit denen unternimmt sie unterwegs eigentlich immer etwas, weil sie nicht gerne allein ist. Anne braucht immer jemanden, mit dem sie Essen gehen kann oder Shopping oder ins Museum ... Wenn lustige Kollegen dabei sind, ist es oft ganz toll unterwegs, wie eine große Familie. Da kann man viel Spaß zusammen haben. Das Problem ist, daß nach dem Flug daheim das große Loch kommt: man verabschiedet sich und sieht sich kaum je wieder. Anne lebt ja alleine, und sie kennt auch Leute da, wo sie wohnt. Aber irgendwie fehlt ihr etwas zu Hause. Sie wäre gern warm und sicher aufgehoben in der Zweisamkeit einer Beziehung. Sie hat momentan keinen Freund, weil sie nie da ist und es schwer ist, jemand neu kennenzulernen. Immer muß sie sich nach dem Flug bei ihren Freunden und Bekannten melden, was sehr anstrengend ist. Wenn sie nicht fliegen würde, wäre es einfacher.

Ob Anne gerne Kinder hätte? Das weiß sie nicht genau. Wie sollte das gehen? Außerdem bräuchte sie dazu einen Mann, der sie darin unterstützen würde. Welcher Mann ist dazu schon bereit? Vorerst will Anne weiterfliegen, ihren Lebensstandard erhalten, weitere Ziele sehen und ihre Freizeit genießen. Vielleicht bewirbt sie sich mal auf eine Teilzeitstelle bei der Firma.

Barbara

Barbara ist 35 Jahre alt, verheiratet und seit zwei Jahren Purserette. Sie lebt mit ihrem Mann in Norddeutschland und ist »shuttlerin«, d.h. sie fliegt vor jedem Flugeinsatz erst einmal von Hamburg zu ihrem Einsatzort Frankfurt. Nach dem Abitur hat Barbara erst einmal gejobt, um sich zu orientieren und herauszufinden, wie es beruflich weitergehen könnte. Sie ist als Au-pair-Mädchen auch vier Monate in England gewesen, wo sie ihr Schulenglisch merklich verbessern konnte. Französisch sprach sie damals auch ziemlich gut. Obwohl ihre Eltern der Meinung waren, sie solle möglichst bald etwas »Ordentliches« studieren, stellte Barbara fest, daß sie dazu wenig Neigung verspürte. Was sie wollte, war reisen, die Welt kennenlernen, mit Menschen zusammensein und möglichst soviel Geld verdienen, daß sie von ihren Eltern unabhängig würde. Erst dachte sie daran, Entwicklungshelferin zu werden, aber dann las sie in der Zeitung eine Anzeige, in der Stewardessen gesucht wurden, und bewarb sich. Sie dachte sich, daß sie auf diese Weise ihre Interessen am besten verwirklichen könnte. Sie diskutierte ihre Pläne mit Freundinnen und Bekannten, und die meisten fanden die Idee gut. Anders als Anne ist Barbara ziemlich zielgerichtet vorgegangen, nachdem sie wußte, was sie wollte. Über die eigentliche Tätigkeit der Stewardeß hat Barbara sich wenig Illusionen gemacht. Sie dachte sich, daß dieser Job kein Zuckerschlecken sein würde, aber allzu genau wollte sie es lieber nicht wissen. Wenn sie nicht genommen worden wäre, wäre das auch keine Katastrophe gewesen, dann hätte Barbara weiter überlegt oder vielleicht doch studiert oder sich bei der Lufthansa in einem anderen Bereich beworben. Das hätte den Vorteil gehabt, daß sie zumindest billig an Tickets für ihre Reisen herangekommen wäre, wie sie von einer Freundin wußte.

Mit der Einstellung bei Lufthansa ist aber alles glatt gelaufen. Ihre Sprachkenntnisse waren ausreichend, und sie hat alle Tests bestanden. Ihr Freund fand es toll, daß sie es geschafft hatte, und damit er mitfliegen konnte, heirateten die beiden bald. Barbaras Eltern waren wenig begeistert, weder von der Tätigkeit ihrer Tochter noch von der frühen Heirat mit 21 Jahren.

Aus ihrer heutigen Sicht könnte Barbara sich vorstellen, in ihrer Freizeit eine Fluglizenz für kleinere Propellermaschinen zu erwerben und als Hobby als Pilotin zu fliegen, was sie bisher aber nicht getan hat. Sicher ist, daß Barbara sich ebensowenig wie Anne sonderlich für Technik interessiert, und der Beruf einer Pilotin erscheint ihr wenig attraktiv. Wie lange sie als Purserette weiterfliegen wird, darüber macht sie sich bisher noch nicht so viele Gedanken, obwohl sie schon vierzehn Jahre dabei ist.

Was die Arbeit im Flugzeug betrifft, so findet Barbara sie einfach schrecklich. Manchmal denkt Barbara, daß sie eigentlich etwas Besseres machen könnte, als Leute zu bedienen. Früher wollte sie gerne einen Beruf, in dem sie mit Menschen zusammenkommt, aber mittlerweile ist ihr die Lust am Passagierkontakt doch einigermaßen vergangen. Deshalb reduziert sie die Gespräche mit den Passagieren auf das notwendige Minimum, das sie noch vertreten kann. Auch ihre ehemals guten Sprachkenntnisse verkümmern bei der Arbeit. Manchmal liest sie ein englisches Buch, um aufzufrischen, aber das tut sie nur für sich. Ihre Tätigkeit als Vorgesetzte in der Kabine bietet ihr auch gewisse Rückzugsmöglichkeiten vom permanenten Passagierkontakt, aber es gehört eben auch zu ihren Aufgaben, aufgebrachte Passagiere zu beruhigen. In solchen Momenten denkt Barbara, daß Passagiere sich doch wie kleine Kinder benehmen und daß es ihr zugute kommt, daß sie einmal Au-pair-Mädchen war …

Generell hilft Barbara gerne Leuten, die etwas brauchen, aber das betrachtet sie nicht als Arbeit, sondern als etwas Allgemeines, was jeder gerne tut.

Ihre Vorgesetzten sieht Barbara als überwiegend inkompetent und heuchlerisch an; sie meidet den Kontakt, wo es nur geht. Da sie als Purserette Vorbildfunktion für das Kabinenpersonal einnimmt, hat sie manchmal Angst, angeschwärzt zu werden, weil sie die Dienstvorschriften eher liberal auslegt. Bisher hat sie aber zum Glück noch keine ernsthaften Probleme bekommen. Barbara ist Gewerkschaftsmitglied, aber nur passiv, da sie in ihrer Freizeit mit anderen Dingen beschäftigt ist. Sie studiert seit sechs Semestern in Hamburg Ethnologie. Möglicherweise ergibt sich daraus noch einmal eine andere berufliche Perspektive.

Ihren Job sieht sie so, daß das, was gefordert wird, größtenteils gar nicht realisierbar ist. Zum Beispiel großes Einfühlungsvermögen und Freundlichkeit. Natürlich ist sie freundlich zu den Passagieren. Aber wenn es ihr zuviel wird, nimmt sie sich ganz einfach das Recht, auch mal Dampf abzulassen, und wenn es nur im stillen Kämmerlein auf der Toilette ist.

Was Schönheitsnormen betrifft, so versteht es sich auch für Barbara, daß sie mit sauberer Uniform zum Dienst erscheint. Aber es gibt Grenzen. Wenn sie zum Beispiel im Winter friert, sieht sie nicht ein, warum sie die Strickjacke nicht unter dem Uniformjackett anbehalten soll – und das erlaubt sie entgegen der Dienstvorschrift auch ihren Untergebenen. Außerdem ist es doch auffällig, daß bestimmte Vorschriften der Firma offenbar nur für Frauen gelten: wie viele Kollegen kennt sie, die bestimmt 20 Kilo Übergewicht auf die Waage bringen oder mit fettigen Haaren fliegen! Da sagt kein Mensch etwas! Barbara sieht gar nicht ein, warum Männer in der Firma Narrenfreiheit genießen sollen und Frauen nicht.

Natürlich wird auch sie von Männern angestarrt, von männlichen Geschäftsreisenden. Das macht ihr wenig aus. Barbara schaut zurück. Sie versucht es jedenfalls. Manchmal ergibt sich so etwas wie ein Flirt. Oder sie sucht sich einen aus, der ihr gefallen könnte – so als Spiel.

Barbara wird wie Anne bewundert für ihren Job. Oder beneidet. Dem versucht sie von vornherein den Wind aus den Segeln zu nehmen, indem sie so wenig wie möglich über ihre Tätigkeit spricht. Barbara haßt es, sich als Stewardeß irgendwie zur Schau zu stellen oder anzugeben. Sie haßt es auch, wenn Leute ihren Beruf so idealisieren und zu etwas hochstilisieren wollen, was er gar nicht ist. Dann rückt sie das zurecht und sagt, wie es ist.

Von zu Hause wegzugehen fällt auch Barbara nicht leicht. Sie muß sich immer irgendwie losreißen aus ihrer sozialen Umgebung und dem, was sie gerade gemacht hat. Aber wenn sie dann erst mal weg ist, ist es richtig schön. Jedenfalls meistens. Barbara unternimmt unterwegs gerne etwas alleine, sie braucht dann auf niemanden Rücksicht zu nehmen und fühlt sich ganz frei. Auch einsam. Einsamkeit gehört dazu, kann richtig schön sein. Sie gesteht sich das zu. Barbara ist unterwegs nicht so abhängig von ihren KollegInnen wie Anne. Sie sucht sich die Leute aus, mit denen sie Zeit verbringen möchte. Außerdem hat Barbara immer viel zum Lesen dabei, auch für ihr Studium. Wenn es nicht anders geht, schließt sich sie mal der Crew an, zum Beispiel wenn sie drei Wochen unterwegs ist und ihr Mann nicht mitfliegt. Meist sind die Kontakte unterwegs doch sehr oberflächlich und anonym. Sie erwartet nicht mehr viel davon, sie kennt das alles schon zu gut, und außerdem hat sie ihre Kontakte ja zu Hause.

Mit ihren Freunden und Bekannten ist Barbara sehr zufrieden. Sie lebt schon viele Jahre in Hamburg und hat einen festen Bekanntenkreis. Außerdem wohnen in ihrem Haus Freunde von ihr, so daß sie nachbarschaftliche Kontakte hat, ohne erst aus dem Haus gehen zu müssen. Wenn sie vom Flug kommt, ist meistens jemand da, mit dem sie erst mal einen Kaffee trinken und dabei ein bißchen Dampf ablassen kann. Dann braucht sie auch ihre Ruhe und viel Schlaf, denn nach dem Flugeinsatz noch nach Hamburg zu fliegen, kostet auch viel Kraft.

Wie es beruflich weitergehen soll, weiß Barbara noch nicht genau. Einerseits bietet ihr Job ihr eine Menge Vorteile: Sie kann mit ihrem Mann schöne Urlaubsreisen unternehmen, sie ist finanziell völlig unabhängig, ja, die Spesen eingerechnet, verdient sie sogar mehr als er. Sie fliegt schon so lange, daß sie beim Requestverfahren fast jeden Flug bekommt, den sie sich wünscht. Und sie braucht nicht mehr in der Touristen-Klasse zu arbeiten, sondern nur noch in der First-Class. Das ist weniger anstrengend. Andererseits wäre sie auch gerne öfter zu Hause. Sie hätte gerne mehr Zeit für sich, um etwas Sinnvolles zu tun, zum Beispiel ihre Diplomarbeit in Angriff zu nehmen. Es wäre gut, wenn Barbara ihr Studium abschließen könnte. Sie weiß, daß sie damit zwar wenig Chancen auf dem Arbeitsmarkt hat, aber es macht ihr einfach viel Spaß, und auch ihr Mann ermutigt sie, den Abschluß zu machen. Vielleicht könnte sie aber auch noch eine andere Ausbildung beginnen – irgendwas Kreatives ... In letzter Zeit denkt Barbara oft, daß sie nicht mehr die Jüngste ist und wie lange sie noch so weiterfliegen soll. Es strengt sie auch zunehmend an, besonders die Nachtflüge. Irgendwie sieht man ihr das Alter jetzt an, und das stört sie. Eine abgetakelte alte Stewardeß möchte sie nicht werden ...

Kinder möchte Barbara auf keinen Fall. Das war schon immer ziemlich klar. Sie möchte nichts aufgeben müssen, und so wie sie lebt, hat der Gedanke an ein Kind direkt etwas Bedrohliches.

Die Berufswahl von Frauen

Warum Stewardessen keinen Beruf haben ...

Stewardessen gelten als formal nicht qualifizierte Arbeitskräfte, ihr Beruf ist nicht als Ausbildungsberuf anerkannt. Warum ist »*Stewardeß*« kein offizieller Beruf? Zum einen sind von staatlicher Seite für die Anerkennung von (Ausbildungs-)Berufen Kriterien wie Mindestausbildungsdauer, ökonomischer Nutzen und Zukunftsperspektiven unabdingbar.[1] Diese Kriterien werden von den Fluggesellschaften, die die Ausbildung des Kabinenpersonals betriebsintern durchführen, nicht erfüllt. Stewardessen werden (international) in einem mehrwöchigen Grundkurs theoretisch und praktisch ausgebildet und angelernt.[2] Die Wissensvermittlung erfolgt nach Kriterien, die für die Luftfahrtunternehmen ökonomisch relevant sind, daher variiert auch die Dauer der Ausbildung je nach Marktlage. Die Ausbildung endet ohne staatlich anerkannten Abschluß mit einer firmeninternen Prüfung.

Die Ausbildung zur Flugbegleiterin vermittelt keine so allgemeinen oder übergeordneten Kenntnisse, daß sie von den Absolventinnen ohne weiteres bei anderen Fluggesellschaften zum Einsatz gebracht werden könnten. Vielmehr müssen Stewardessen bei der Bewerbung bei einem Konkurrenzunternehmen quasi ganz von vorn mit einer Grundausbildung beginnen, selbst wenn sie jahrelange Flugerfahrung mitbringen. Jede Fluggesellschaft bildet somit ihre eigenen Stewardessen aus, und anders als bei staatlich anerkannten Ausbildungen folgt daraus,

»... daß für eine Airhostess ... eine Freizügigkeit des Arbeitsplatzes im Sinne eines Wechsels von einer Fluggesellschaft zur anderen nicht oder kaum besteht. Das rührt u.a. auch daher, daß außer den USA in den meisten Ländern nur je eine – oft oder teilweise ganz verstaatlichte – nationale Fluggesellschaft im Linienverkehr fliegt, und der Besitz der jeweiligen Nationalität oft zu den Aufnahmebedingungen der Airhostess gehört.«[3]

Die Flugbegleiterinnen erlernen während der Ausbildung also besondere Fähigkeiten und Fertigkeiten, die anderswo in ähnlicher, aber – aufgrund der internationalen Konkurrenz unter den Fluggesellschaften – nicht gleicher Form benötigt werden. Durch die spezifische Abhängigkeit von ihrem Arbeitgeber erwirbt die Stewardeß keine Qualifikation, die ihr bei einem Arbeitsplatzwechsel Aufstiegschancen oder bessere Arbeitsbedingungen erbringen würde.

Die Fluggesellschaften – zumindest die quasistaatlichen Linienfluggesellschaften – zeigten bisher kein Interesse daran, ihr Ausbildungs- und Selektionsmonopol aufzugeben, mit welchem sie den Zugang zur fliegerischen Tätigkeit regeln und ihr Personal in besonderer Weise auswählen und an sich binden können. So argumentiert z.B. die Lufthansa in ihrer Funktion als (innerbetriebliche) Weiterbildungsorganisation:

»Wer sich innerhalb von Minuten immer wieder auf neue Menschen mit völlig unterschiedlichen Wünschen, Mentalitäten und Ansprüchen einstellen muß, braucht schon ein hohes Maß an Flexibilität und Fingerspitzengefühl. Ein Gutteil davon braucht auch der Flugbegleiter. Allerdings: Die Stewardeß oder den Steward findet man nicht am Arbeitsmarkt. Entsprechend bedarf es der internen Schulung und des geeigneten Personals, um junge Lufthanseaten auf ihre fliegerischen Berufe vorzubereiten.«[4]

Die dafür geeigneten Persönlichkeitsprofile können am besten in eigener Regie und unbehelligt von staatlichem Einfluß bedarfsgerecht zugeschnitten werden. Wäre Stewardeß ein anerkannter Beruf, entstünde neben den Wahlmöglichkeiten der FlugbegleiterInnen zwischen verschiedenen Arbeitgebern auch eine Verrechtlichung der Ausbildungssrichtlinien und insgesamt ein Kontrollverlust für die Luftfahrtgesellschaften.

In der fehlenden Anerkennung als Beruf kann schließlich ein Strukturmerkmal bestimmter, typischer Frauenberufe vermutet werden, die eine hohe Feminisierung aufweisen und stark von reproduktiven Arbeitsinhalten geprägt sind. So werden in der Bewertung und Kategorisierung von Berufen durch die Bundesanstalt für Arbeit (BfA) gerade diejenigen Tätigkeiten ausgeblendet, die strukturell in den meisten Frauenberufen angelegt sind und denen auch die Flugbegleiterin nachgeht. Neben der fast unüberschaubaren Vielfalt von Definitionen dessen, was Beruf für Individuum und Gesellschaft bedeutet, orientieren sich die meisten Definitionen an der männlichen Vollerwerbstätigkeit und Normalbiographie, aus der Frauenberufe aufgrund ihres Interimscharakters herausfallen.

Beruf wird funktionalistisch verstanden als auf Dauer angelegte, auf Gelderwerb gerichtete und der Existenzgrundlage dienende Tätigkeit, zu der bestimmte Qualifikationen nötig sind.[5] Dagegen wird aus historisch-materialistischer Sicht auf den Widerspruch zwischen Fremdbestimmung im Beruf und Sinnstiftung durch den Beruf hingewiesen und der Aspekt der ökonomischen Notwendigkeit gegenüber der Berufstätigkeit aus Berufung und Hingabe betont.[6]

Den Gegenpol zur Berufsgesinnung bildet der Job, der auf puren Gelderwerb abzielt. Ihn prägen große Fremdbestimmung und geringe Sinnstiftung.

Im subjektorientierten Ansatz Boltes et al. (1983) wird Beruf als ein Fähigkeitspotential von Menschen definiert, das jenseits von funktionalem Eingebundensein in bestimmte Positionen zunächst einmal durch soziale Bedingungen und Umstände, etwa durch die Schichtzugehörigkeit, gefördert oder behindert wird.[7]

Berufe sind so »*Ergebnis, Realisierung und Konkretisierung allgemeiner Strukturen sozialer Ungleichheit, die sie freilich wieder stabilisieren* ...«.[8] Diejenigen staatlichen – und im Falle der Stewardessen – privatwirtschaftlich organisierten Institutionen, die die Gestaltung und Ausprägung von Berufen bestimmen, »*haben nämlich im Grunde Schalthebel in der Hand, um gesellschaftliche Reformen in der Alltagspraxis zu fördern oder zu blockieren, um Interessengegensätze zwischen den Arbeitenden zu schüren oder abzubauen, um Autonomie und Partizipation der Arbeitenden zu verstärken oder zu verringern*«.[9]

Der Beruf eröffnet den Arbeitenden Rechte und Ansprüche auf Einkommen, Sozialleistungen, Gratifikationen etc. und weist ihnen soziale Positionen in der Unternehmenshierarchie zu. Mit diesen Positionen sind Kontroll- und Machtbefugnisse verbunden, die eng gekoppelt sind an den Status im hierarchischen Gefüge, den der Beruf einnimmt.[10]

Die Stellung in der beruflichen Hierarchie bestimmt auch das Sozialprestige des Berufes: Über die Höhe des Prestiges drückt sich die Bewertung aus, die der Beruf erfährt.[11]

Wo werden nun Stewardessen in der Praxis eingeordnet? Die von der Bundesanstalt für Arbeit BfA (1984) gegebene Berufsdefinition betrachtet Berufe als soziale Positionen innerhalb der Gesellschaft, die vom Leistungsprinzip geleitet werden.[12] Beruf ergibt so das Produkt aus den einzelnen Elementen Funktion, Qualifikation und sozialem Status.[13]

Aus dieser Definition folgt, daß die zentralen Kriterien zur Klassifikation und Bewertung von Berufen um die Merkmale Qualifikationsniveau, Machtbefugnis und dem daraus resultierenden Berufsprestige gelagert sind. In der Praxis werden diejenigen Berufe hoch bewertet, die viel Macht, Einfluß und Verantwortung mit sich bringen. Umgekehrt sind Berufe mit niedrigem Qualifikationsniveau und wenig Macht- und Kontrollfunktionen am unteren Ende der Hierarchie angesiedelt. Deutlich wird, daß nach dieser Zuordnung Frauenberufe generell eher im unteren Mittelfeld verortet werden, denn sie sind meistens – relativ unabhängig vom Qualifikationsniveau der einzelnen Stelleninhaberin – nicht mit Machtbefugnissen ausgestattet. Aufgrund des Anlerncharakters der Tätigkeit (= geringes Qualifikationsniveau) und des fehlenden formalen Ausbildungsabschlusses sind Stewardessen und Stewards auf dieser Skala eher im unteren Bereich anzusiedeln. Hier liegt vermutlich der eine, niedrige Pol ihres ambivalenten Sozialprestiges, der sich inhaltlich am reproduktiven Charakter der Arbeit im Flugzeug festmacht wie auch an der Tatsache, daß es sich hierbei um eine Tätigkeit handelt, die Elemente typischer Frauenberufe enthält.[14]

Was ist typisch für Frauenberufe?

Die Tätigkeit der Stewardeß ist historisch jung. Sie ist das Produkt einer neuen Technologie, der zivilen Luftfahrt, die sich im 20. Jahrhundert schnell fortentwickelt, und der damit verbundenen expansiven Vermarktung dieser Technologie als Dienstleistung. Die Anforderungen, die an Stewardessen gestellt werden, sind jedoch keineswegs neu, sondern auch anderen Frauenberufen eigen und historisch im Zuge der arbeitsteiligen Gesellschaft entstanden. Für Frauen gelten gewisse Spielregeln im Erwerbsbereich, die sich als These formulieren lassen: Im Beruf soll die Frau nicht von den Attributen weiblichen Rollenverhaltens abweichen und die damit verbundene Diskriminierung ihres Geschlechts möglichst nicht wahrnehmen.[15] Als erstes und zentrales Kriterium für typische Frauenberufe kann der Ausschluß von Frauen aus denjenigen beruflichen Positionen betrachtet werden, die Macht, Verantwortung, Entscheidungsbefugnis und -kompetenz beinhalten. Dies haben wir an Hand des beruflichen Klassifizierungsmodells der Bundesanstalt für Arbeit für die Praxis bereits gesehen. Der Ausschluß von Frauen läßt sich ebenso leicht auch mit einem Blick auf entsprechende Statistiken ablesen: So liegt der Frauenanteil unter den Hochschulprofessoren nach wie vor bei nicht mehr als 5% bis 8%, in anderen staatlichen Gremien, in denen es um Macht und Einfluß geht (wie Gerichten, Stiftungen, öffentlich-rechtlichen Anstalten) stagniert er seit zehn Jahren bei 7,2%.[16]

Schaffen einzelne Frauen dennoch den Zugang zu solchen prestigeträchtigen beruflichen Positionen, kommen sie meist über den Minderheitenstatus von Alibifrauen nicht hinaus.[17] Ist also die chronische Unterrepräsentanz von Frauen in höheren beruflichen Positionen die eine Seite der Typologie von Frauenberufen, so ist ihre Überrepräsentanz in unteren Positionen die Kehrseite davon. Nach Lisop (1989) liegt der Anteil der Frauen in typischen Frauenberufen bei mindestens 50%, meist jedoch höher als 80%. Das Lohnniveau bewegt sich unter 2 000 DM und ist damit so niedrig, daß es zu einer vom Mann unabhängigen Lebensführung nicht ausreicht. Das Sozialprestige ist entsprechend niedrig, das Qualifikationsprofil schmal, Aufstiegsmöglichkeiten fehlen. Der Beruf bringt häufig ein hohes Maß an (verdeckten) körperlichen Belastungen mit sich. Solche Belastungen sind z.B. Ausdauer, Fixierung auf sensumotorische Arbeitsabläufe, Zurückstecken eigener Bedürfnisse, Konzentration auf die Bedürfnisse anderer, Einfühlungsvermögen als *»Fähigkeit zur Habitualisierung von Handlungsabläufen«*[18] usw. Die typischen Belastungen in Frauenberufen beinhalten neben den berufsbedingten Belastungen wie Über- und Unterforderung, die Frauen hinzunehmen haben, auch Zeitdruck, unergonomische Arbeitsplatzgestaltung, einseitige muskuläre Anspannung und niedrige Qualifikationsanforderungen etc.[19] Typisch ist auch die ›Fristigkeit‹ der Frauenberufe: sie bieten keine längerfristigen Perspektiven, sei es durch die großen psychischen oder physischen Belastungen, durch zeitliche Befristung (Teilzeitarbeit, vorgezogene oder ›inoffizielle‹ Altersgrenze bei Berufen wie Friseuse, Arzthelferin, Erzieherin) oder durch das niedrige Lohnniveau.[20] Schließlich unterliegen berufstätige Mütter einer Mehrfachbelastung, indem sie es sind, die Familien- und Erwerbsarbeit zu vereinbaren haben.

Das Spektrum von Berufen, die Frauen offenstehen, ist nach wie vor sehr klein,[21] auch wenn sie formal nur noch von wenigen Berufen – im Ausbildungsbereich z.B. von den Bauhauptgewerbeberufen – ausgeschlossen werden. Diese Konzentration auf wenige Berufe kann als Folge fehlender Chancen und Perspektiven von Frauen auf dem Arbeitsmarkt angesehen werden, der sie zur Anpassung an ihre Geschlechterrolle im Patriarchat zwingt. Gleichzeitig ist die Arbeitslosigkeit der Frauen in den typischen weiblichen Berufen besonders hoch: bei Friseurinnen lag sie 1984 bei 19,7%, bei Arzthelferinnen bei 11,9%.[22] In typischen Frauenberufen wird also weit über den Bedarf hinaus ausgebildet, spätere Arbeitslosigkeit wird bewußt in Kauf genommen. Schließlich ist noch die familienähnliche Struktur vieler Frauenberufe zu nennen. Bei niedriger qualifizierten Tätigkeiten wie den Assistenzberufen wird das familiale Mann-Frau-Verhältnis hierarchisch reproduziert: Arzt/Krankenschwester, Manager/Sekretärin usw. Bei höher qualifizierten (akademischen) Frauenberufen wie Lehrerin, Sozialpädagogin, Ärztin, Therapeutin usw. wird eher das Verhältnis von Mutter und Kind beruflich reproduziert, wobei sich quasifamiliale Beziehungsmuster im Verhältnis der Frauen zu Klienten/Mandanten/Patienten niederschlagen.[23]

Zentrales Erkennungsmerkmal typischer Frauenberufe ist deren inhaltlicher Bezug zur Reproduktionssphäre.[24] Dieser Bezug läßt sich besonders durch den Anstieg des Frauenanteils an den personenbezogenen Berufen in den letzten 75 Jahren statistisch belegen.[25] Er zeigt sich besonders deutlich in den sozialen Berufen, wo *»inneres Engagement, Aufmerksamkeit, Sensibilität«*[26] gefordert werden, aber ebenfalls in den Dienstleistungsberufen, deren

Nähe zur Reproduktionssphäre kommerziell nutzbar wird, indem Eigenschaften wie Empathie, Freundlichkeit, Kontaktfähigkeit auf Kosten und mithilfe von Frauen in Form eines expressiven Kundenkontaktes vermarktet werden (z.B. bei den Verkaufsberufen). Der *»ideologischen Verblendung«*[27] dieser Frauenberufe immanent ist auch das Diktum, daß Frauen einer im Grunde anonymen Warenbeziehung zum Kunden den *»Anklang von Unmittelbarkeit und Persönlichkeit«*[28] geben sollen. Teil der ideologischen Verblendung ist weiterhin, daß Frauen für bestimmte Tätigkeiten als qua Geschlecht besonders geeignet erscheinen. Dabei spielt offenbar weniger der Inhalt der Tätigkeit als vielmehr der Unwille der Männer eine Rolle, monotone, repetitive, oder sonstwie für sie unvorteilhafte Arbeiten zu übernehmen.[29] Im übertragenen Sinne läßt sich der Bezug zur *»Einübung aufs Kleine, Genaue, Gewissenhafte«*[30] und daher Monotone als Grundmuster der meisten Berufe ausmachen, in denen Frauen in die Rolle der Handlangerinnen verwiesen werden, anstatt selbst Verantwortung zu tragen und Entscheidungen treffen zu können, wie dies besonders bei den Helferinnen- und Assistenzberufen wie Krankenschwester, Arzthelferin, medizinisch-technische Assistentin der Fall ist. Auch im Bereich der Teilzeitarbeit werden Frauen auf Tätigkeiten mit geringem Qualifikationsniveau reduziert, wobei sie dort weitgehend unter sich bleiben, so daß von einer *»Ghettoisierung«* bestimmter Arbeitsbereiche gesprochen werden kann.[31] Wie neuere Studien belegen, ist diese berufliche Degradierung der Frauen auf der sozialen Rangskala nicht zwangsläufig durch besseres Bildungsniveau oder berufliche Höherqualifikation der Frauen kompensierbar.[32] Vielmehr erweist sich das Merkmal Geschlecht als Karrierebremse, als Stigma, das den beruflichen Aufstieg verhindert.[33] Frauen im Beruf haben *»gewissenhaft, zuverlässig und pünktlich«* auszuführen, was in der Regel von Männern *»aufgetragen und angeordnet wird«*.[34] In typischen Frauenberufen wird die Abhängigkeit der Frauen von den Vorgaben und Anweisungen anderer verstärkt und die Sozialisation zur Frau als eher passives, gehorchendes Wesen zementiert. Als weiteres Kriterium typischer Frauenberufe lassen sich die Anforderungen an die ›weibliche Qualifikation‹ bezeichnen. Darunter sind diejenigen Verhaltensattribute zu verstehen, die der Frau ›wesensgemäß‹ in einem historischen Prozeß zugeschrieben wurden und von denen auch heute nur in Ausnahmefällen abgewichen wird. Es sind dies einerseits Attribute und Rollenklischees, die sich auf die vermeintlich-weibliche ›Natur‹ beziehen, wie Nicht-Aggressivität, Nicht-Ehrgeiz, Nicht-Leistungsorientiertheit, statt dessen Wärme, Passivität, Einfühlsamkeit. Andererseits fallen unter die weibliche Qualifikation Attribute des ästhetisierten Äußeren wie Schönheit, Gepflegtheit, Schlanksein, Modebewußtsein etc. Diese Attribute des Äußeren werden im Sozialisationsprozeß bei Mädchen überbetont, sie finden sich als Pflichtattribute in bestimmten Frauenberufen (Stewardeß, Mannequin, Verkäuferin, Friseuse, Bankangestellte etc.) wieder. Das Äußere der Frau fließt quasi in die Berufsinhalte mit ein, wird mehr oder weniger Teil des Berufes selbst.[35]

Schließlich zeigt sich als Charakteristikum typischer Frauenberufe, daß Frauen berufliche Belastungen als eher selbstverständlich hinnehmen sollen und mehr dazu tendieren, sich durch das Bewältigen dieser beruflichen Belastungen in ihrer Rolle als Frau bestätigt zu fühlen und dies als besondere Qualifikation zu betrachten.[36] So werden tendenziell auch Lohn- und Aufstiegsdiskriminierungen von Frauen eher individuell statt als systematische Benachteiligung wahrgenommen.[37] Diese Einstellung muß den Frauen den Blick verstellen für die Diskriminierungen, denen sie aufgrund ihres Geschlechts ausgesetzt sind, die sie aber als solche nicht wahrnehmen dürfen. Zusammenfassend und pointiert läßt sich als Kennzeichen typischer Frauenberufe formulieren, »*...daß Frauen immer dort eingesetzt sind, wo die Arbeitsplätze schwieriger oder schlechter, die Arbeitsanforderungen diffuser oder maßloser, die Positionen niedriger, die Aussichten kurzfristiger und die Bezahlungen schlechter sind als in vergleichbaren Männerberufen.*«[38]

Um zu meiner Ausgangsthese zurückzukehren: Es läßt sich sowohl objektiv als auch subjektiv feststellen, daß das weibliche Arbeitsvermögen im Erwerbsleben gezielt eingesetzt und nutzbar gemacht wird. Als Strukturmerkmale typischer Frauenberufe lassen sich thesenartig festhalten:

1. Eine Überrepräsentanz von Frauen in hierarchisch niedrig angesiedelten Positionen bei gleichzeitiger Unterrepräsentanz oder völliger Abwesenheit von Frauen in hierarchisch hochstehenden Berufspositionen.
2. Ein Frauenanteil von mindestens 50%.
3. Ein Lohnniveau, das so niedrig ist, daß eine Abhängigkeit der Frau vom Mann als ›Ernährer‹ zwangsläufig ist.
4. Niedriges Qualifikationsniveau der Arbeit und niedriges Sozialprestige.
5. Fehlende Aufstiegsmöglichkeiten.
6. Hohes Maß an beruflich bedingten Belastungen.
7. Nähe der Arbeit zur Reproduktionssphäre.
8. Ideologische Verblendung.
9. Überbetonung körperlich-ästhetischer Attribute.
10. Wenig instrumentelle, sondern eher emotionale Orientierung im Beruf.

Diese Faktoren typischer Frauenberufe bedingen die als ›Fristigkeit‹ bezeichnete Perspektivlosigkeit im Beruf. In welcher Form diese Strukturmerkmale typischer Frauenberufe auch auf Stewardessen zutreffen, werde ich in den folgenden Kapiteln zeigen.

Lebensentwürfe, Berufswünsche und Berufswahl von Frauen heute

Wie verhalten sich Lebensentwürfe, Berufswünsche und tatsächlich gewählte Berufe von Frauen zueinander? Welche Widersprüche und Ungleichzeitigkeiten ergeben sich aus ihnen?

Im Zuge der Bildungsreform hat die Gleichrangigkeit des Bildungsniveaus und der Bildungsabschlüsse den Frauen Teilhabe an beruflicher Arbeit eingebracht. Mädchen haben in den letzten dreißig Jahren insgesamt ein höheres Bildungsniveau erreicht als je zuvor. Im gymnasialen Bereich lag der Anteil der Mädchen 1960 (Sek. II) bei 36,5%, 1984 bei 50%. Im Realschulbereich erhöhte sich der Mädchenanteil im gleichen Zeitraum geringfügig um 1,3%, in der Hauptschule ist er leicht rückläufig.[39]

Die Erwerbsquote der Frauen ist gestiegen, besonders der Anteil verheirateter Frauen hat sich erhöht: 1988 waren 58,2% der alleinstehenden Frauen (Ledige und Witwen/Geschiedene) erwerbstätig und 43,3% der verheirateten Frauen.[40] So zeichnet sich bei Frauen eine *»tendenzielle Angleichung an die männliche Erwerbsbiographie«*[41] ab. Diese wird u.a. auch bedingt durch die längere Ausbildungsphase von Frauen vor Eintritt auf den Arbeitsmarkt, durch kürzere Berufsunterbrechungen während der Familienphase und durch den höheren Anteil verheirateter Frauen an den Erwerbstätigen.[42]

Eine der Ungleichzeitigkeiten, mit denen sich Frauen trotz besserer Bildungschancen auseinanderzusetzen haben, ist die höhere Arbeitslosenquote, von der besonders weibliche Auszubildende und hochqualifizierte Frauen betroffen sind. Obwohl junge Frauen heute besser ausgebildet sind als ihre Eltern, eröffnen sich ihnen keineswegs bessere berufliche Perspektiven. *»Im Bildungsbereich stehen den Mädchen die Türen offen, auf dem Bildungs- und Arbeitsmarkt werden sie wieder zugeschlagen.«*[43] Konstitutiv für den Lebensentwurf junger Frauen und empirisch belegt ist die Tatsache, daß heute die Realisierung ihres Berufswunsches an erster Stelle rangiert und somit fester Bestandteil weiblicher Lebensplanung geworden ist. In der repräsentativen Untersuchung von Seidenspinner/Burger (1982) nannte die klare Mehrheit (64%) der Mädchen zwischen 15 bis 19 Jahren dieses Ziel als vorrangig für ihre Lebensplanung.[44] Daß der anvisierte Beruf in erster Linie inhaltlich interessant und befriedigend sein soll, geht aus der Nachfolgeuntersuchung von Erler et al. (1988) hervor. Besonders qualifizierte Frauen legen Wert darauf, im Beruf eigene Vorstellungen verwirklichen zu können.[45]

Die Entscheidung von Frauen für oder gegen ein Kind wird am stärksten von ihrer Orientierung auf den Beruf beeinflußt.[46] Die meisten jungen Mädchen, die von Seidenspinner/Burger befragt wurden, wünschten sich beides: Kind und Beruf, wobei nach ihrer Vorstellung beides ohne Doppelbelastung zu vereinbaren sein sollte. Das Hauptkriterium für eine gute Partnerschaft stellte für die Befragten ein Partner dar, mit dem sie über alles reden können und der sich im Haushalt und bei der Kindererziehung engagiert.[47] Die Realisierung der Kinderwünsche bricht sich an der Erwerbsrealität: Fast die Hälfte der von Seidenspinner/Burger befragten Mädchen stellten sich vor, als Mutter erst einmal aus dem Beruf auszusteigen, solange die Kinder klein sind, analog dem sogenannten Drei-Phasen-Modell von Myrdal. (Diese Vorstellung teilten auch die jungen Paare in der Brigitte-Studie 1988). Ein Fünftel der Mädchen votierte für eine Teilzeitstelle, um Kind und Beruf zu vereinbaren. Nur eine Minderheit stellte sich vor, trotz Kind voll berufstätig zu bleiben.[48]

Eine weitere Ungleichzeitigkeit, ein Nebeneinander von alten und neuen Strukturmustern im Lebensentwurf von Frauen manifestiert sich besonders deutlich in ihrer Einstellung zur Mutterschaft: Trotz ihrer Orientierung auf den Beruf ist der Anspruch von Frauen, eine ›gute Mutter‹ sein zu wollen, nahezu ungebrochen. Eine ›gute Mutter‹ zu sein bedeutet nach dem Selbstverständnis der Frauen, die Betreuung ihres Kindes durch Fremdpersonen eher abzulehnen und selbst rund um die Uhr für das Kind zuständig zu sein, zumindest in der Kleinkindphase.[49]

Hier tritt der Widerspruch zwischen beruflicher und familialer Orientierung von jungen Frauen offen zutage. Zum einen stellt die Orientierung auf den Beruf heute ein zentrales Lebensziel junger Frauen dar. Gleichzeitig wird die Orientierung auf den Beruf durch gelebte Mutterschaft und normative, kollektiv verinnerlichte Mütterlichkeitsideologie gebremst und vermutlich durch fehlende öffentliche Kinderbetreuungsangebote noch verstärkt.[50]

In der Gegenwart liegt die Schwelle der Frauen zur Aufgabe ihres Berufes nicht mehr im Zeitpunkt der Eheschließung, sondern bei der Geburt eines Kindes.[51] Zwangsläufig wird der Ehemann dadurch (wieder) zum Ernährer, die Ehe bleibt materielle Versorgungsinstanz für die Frau.[52] Auch dies steht im Widerspruch zu den Berufskonzeptionen von Frauen, die ja ein Stück mehr Unabhängigkeit von männlicher Versorgung durch den Verdienst eigenen Geldes beinhalten.[53] Dieses Rekurrieren auf Formen der traditionellen familialen Rollen- und Arbeitsteilung bestätigt sich auch in empirischen Untersuchungen. In der Repräsentativ-Befragung von Metz-Göckel/Müller (1987) zur Einstellung von Männern gegenüber Frauen waren 80% der befragten Männer der Auffassung, daß die Rollenteilung in einer Familie mit Kindern so aussehen solle, daß die Frau zu Hause bleibt.[54] Das heißt, daß Hausarbeit und Kindererziehung von Männern – und in gewissem Umfang auch von Frauen selbst – nach wie vor als Frauensache betrachtet werden. Dementsprechend gering ist die reale Beteiligung des Familienernährers an Hausarbeit und Kinderbetreuung. Sie nimmt mit zunehmender Kinderanzahl sogar noch ab.[55]

Die Berufswahlforschung ergibt bezüglich der ›gewählten‹ Berufe von Mädchen und Frauen ein relativ stereotypes Bild: Mädchen tendieren danach zu Berufen, die der geschlechtsspezifischen Arbeitsteilung entsprechend Analogien zur weiblichen Sozialisation aufweisen und die in der Regel auch quantitativ als reine Frauenberufe bezeichnet werden können. Hauptschülerinnen bevorzugen eindeutig Dienstleistungsberufe vor gewerblich-technischen Berufen.[56] Die Tendenz zu Dienstleistungsberufen ohne Perspektive ist früh zu beobachten und empirisch u.a. für Arbeitertöchter belegt worden.[57]

Eine starke Konzentration auf wenige Berufe ist bei Mädchen und Frauen bis in die Gegenwart statistisch zu beobachten und empirisch belegt, ungeachtet der Tatsache, daß sie auch andere Berufswünsche äußern.[58] Die Rangfolge der von Mädchen am häufigsten ›gewählten‹ traditionellen Ausbildungsberufe lautet: Friseuse, Bürokauffrau, Verkäuferin, Arzthelferin, Zahnarzthelferin, Bankkauffrau, Rechtsanwaltsgehilfin, Bürogehilfin, Apothekenhelferin. Von der Bankkauffrau abgesehen liegt der Frauenanteil bei diesen Berufen zwischen 95% und 99,9%, so daß von regelrechten weiblichen Ghettoberufen gesprochen werden kann.[59] Sofern Mädchen sich überhaupt auf ›Männerberufe‹ einlassen, wählen sie solche mit starker Orientierung auf reproduktive Tätigkeiten (Köchin, Gärtnerin, Restaurationsfrau, Konditorin/Bäckerin). Zugleich sind dies Berufe, die wenig Aufstiegsmöglichkeiten bieten und aus denen die Männer abwandern.[60]

Junge Frauen mit höheren Bildungsabschlüssen zeigen ebenfalls starke Tendenzen zur Konzentration auf wenige Ausbildungsgänge und eine Anpassung an die Erfordernisse des geschlechtsspezifisch segregierten Arbeitsmarktes. Der Anteil der Frauen an den Studierenden hat sich im Zuge der Bildungsreform von 30% (1972) auf 38% (1987) erhöht.[61] Kaum verändert hat sich jedoch die Konzentration der Studentinnen auf die Lehramtsstudiengänge, in denen der Frauenanteil 1987 bei ca. 72% lag, und die Bevorzugung von Geistes-, Sprach- und Kulturwissenschaften (Frauenanteil 1987: ca. 61%) sowie Sozialarbeit/Sozialpädagogik an Fachhochschulen (Frauenanteil 1987/88: 70%).[62]

Zwar hat sich der Anteil der Frauen an bestimmten naturwissenschaftlich-technischen Studiengängen in den letzten Jahren leicht erhöht, aber ›harte‹ Fächer wie Maschinenbau und Elektrotechnik sind nach wie vor reine Männerdomänen.[63] Wenn Frauen sich für ein naturwissenschaftliches Studium entscheiden, so wählen sie meist Humanmedizin, Biologie, Chemie oder Mathematik.[64]

Mehrere Untersuchungen zu den Studienwünschen bestätigen, daß Abiturientinnen ›andere‹ Prioritäten bei dem gewählten Studienfach setzen als Männer: soziales Interesse, wesentlich seltener materielle, Status- und Karrieregründe. Für Frauen zählt a priori das inhaltliche Interesse am Studienfach, der Spaß an den Lehrinhalten, und zwar ungeachtet schlechter Berufsaussichten und niedriger Einkommenschancen. Diese Fächerwahl wird von Studentinnen häufig trotz und entgegen Warnungen vor schlechten Berufsaussichten verfolgt.[65]

Bei der Wahl des Lehrerinnenberufes liegt die Vermutung nahe, daß Frauen dabei am besten Familie und Beruf vereinbaren können.

Ein weiterer Begleitumstand geschlechtsspezifischer Berufswahl scheint bei Frauen in der bemerkenswerten Unkenntnis späterer Tätigkeitsfelder zu liegen. So zeigt sich in einer Untersuchung über Krankenschwestern, daß immerhin mehr als ein Drittel der Befragten zum Zeitpunkt der Berufsentscheidung keinerlei Vorstellung von der Berufsrealität einer Krankenschwester hatte. Dies, obwohl die beruflichen Verrichtungen in diesem Arbeitsfeld durch eigene Krankenhausaufenthalte oder Besuche allgemein bekannt sein dürften.[66] Auch die Tatsache, daß Frauen dazu tendieren, allen Warnungen zum Trotz Berufsoptionen zu verfolgen, die wenig Reputation und Geld, aber viel Bezug zur weiblichen Sozialisation mit sich bringen, deuten darauf hin, daß ihre Berufswahl von anderen, weniger zweckrationalen Vorstellungen geleitet wird als die männliche.

Zudem ist der Einfluß personaler Rollenvorbilder nicht zu unterschätzen. Damit sind solche Personen gemeint, die Mädchen aus ihrer häuslichen Umgebung kennen und die eine berufliche Tätigkeit ausüben, die ihnen in spezifischer Art und Weise sinnvoll und nützlich erscheint, und die sich nicht zuletzt für die Familie hilfreich erweisen könnte.[67] Bei Mädchen wird diese Orientierung an solchen Rollenvorbildern durch die *»soziale Gering-*

wertigkeit« der Frauenberufe, die sie vorgelebt bekommen, bereits stark eingeschränkt.[68] Sigrid Metz-Göckel (1987) formuliert für die Berufswahl von Frauen:

»Die ›eigenen Interessen‹ richten sich vielmehr nach den Verhältnissen. Junge Frauen lassen sich viele Optionen offen und vermögen sich auch im Nachhinein mit der ›erreichten Ausbildung‹ zu identifizieren.«[69]

In den dargestellten Ergebnissen repräsentativer Untersuchungen zu den Lebensentwürfen, den Berufswünschen und der Berufswahl von Mädchen und Frauen zeigen sich eine Reihe von Widersprüchen. Zunächst besteht eine offensichtliche Diskrepanz zwischen dem Anspruch von Frauen nach beruflicher Orientierung, die in der Lebensplanung an erster Stelle steht, und dem tatsächlichen Berufswahlverhalten, das auf solche Tätigkeiten ausgerichtet ist, die wenig zielgerichtet angegegangen werden und die kaum dauerhafte Perspektiven bieten können. Diese Diskrepanz ist umso größer, je höher das Bildungsniveau der Frauen ist, denn wie wir gesehen haben, erwarten sie vom Beruf inhaltliche Zufriedenheit noch vor hoher materieller Entlohnung und hohem Sozialprestige.

»Der Beruf und die materielle Selbständigkeit sind für die Lebensplanung von Mädchen zwar zentral geworden, was aber als Beruf realisiert werden kann, bestimmt sich durch die Realität des Arbeitsmarktes.«[70]

Der gewählte Beruf entspricht damit nicht zwangsläufig dem eigentlichen Berufswunsch von Frauen. Daher ist zu fragen, ob bei Frauen überhaupt von einer beruflichen ›Wahl-‹Freiheit gesprochen werden kann, oder ob nicht vielmehr von Berufsfindung als Anpassungsleistung an die bestehenden Verhältnisse die Rede sein müßte. Zugespitzt ließe sich behaupten, daß Frauen noch niemals *»... wirklich die Möglichkeit gehabt (haben, A.B.), sich in Kenntnis aller entscheidenden Umstände und ausgerüstet sowohl für ein Leben im Beruf als auch in der Familie frei entscheiden zu können.«*[71]

Das bedeutet, daß Frauen das ›Rüstzeug‹ für eine tatsächliche berufliche Orientierung und eine inhaltlich zufriedenstellende berufliche Tätigkeit erst noch erwerben müssen. Für eine echte Wahlfreiheit, d.h. für die Realisierung ihrer beruflichen Optionen bräuchten sie mehr und andere Vorbilder, mehr und andere Möglichkeiten und Perspektiven sowie einen anders strukturierten Arbeitsmarkt.[72] Solange diese Perspektiven nicht in Sicht sind, erzwingt die Struktur des Arbeitsmarktes und der Berufe offenbar die Anpassung von Frauen an typische Frauenberufe. Insofern ist die Entscheidung junger Frauen für einen solchen Frauenberuf – oder einen von Männern ›übriggelassenen‹ Männerberuf – durchaus als in sich schlüssige und logische Entscheidung zu bewerten, wenngleich sie nicht mit dem eigentlichen Berufswunsch übereinstimmen muß.[73] Durch die Anpassung der Berufswünsche von Frauen an die Struktur des Arbeitsmarktes entsteht die weibliche Normalbiographie als »*Zwangskarriere*«[74], deren Kennzeichen die Reduzierung der Perspektiven und Chancen auf typische Frauenberufe und Mutterschaft sind.

»Besonders für Mädchen erweist sich das zunächst vorhandene Spektrum an Berufsüberlegungen als immer weniger realisierbar, sie werden so wieder auf die Antizipation späterer Hausarbeit im Kontext der Familienorientierung zurückgedrängt. Diese Anpassungsleistung wird dadurch deutlich, daß schließlich bevorzugt werden solche ›berufliche(n) Erfahrungen, die im späteren Hausfrauen – und Mutterdasein gut verwertbar sind …‹.«[75]

Berufswahl von Stewardessen

Nachdem wir gesehen haben, wie sich weibliche ›Normalberufswahl‹ vollzieht und mit welchen Inkonsistenzen, Widersprüchen und Begrenzungen sie behaftet ist, soll nun das Berufswahlverhalten von Stewardessen, soweit es bisher erforscht wurde, dargestellt werden. Worin bestehen Abweichungen und/oder Übereinstimmungen zwischen der Berufsfindung von Stewardessen und der ›Normalberufswahl‹ von Frauen?

Über Berufswahlmotive, Berufszufriedenheit und berufliche Perspektiven von Flugbegleiterinnen liegen bisher drei Studien vor. Obwohl diese Untersuchungen von verschiedenen Fragestellungen ausgehen und sich auch methodisch unterscheiden, lassen sie dennoch einige übereinstimmende Ergebnisse erkennen, die Abweichungen von den bisher skizzierten Berufsoptionen von Frauen erkennen lassen. Alle drei Untersuchungen wurden bei jeweils einer Fluggesellschaft durchgeführt (North-West-Orient/Swissair/Lufthansa).

Harmon/Campbell (1968) untersuchten Unterschiede der beruflichen Interessen zwischen Zahnarzthelferinnen und Stewardessen in den USA. Die Autoren fanden erhebliche Unterschiede zwischen den ›bodenständigen‹ Zahnarzthelferinnen und den Stewardessen.[76] Während die Zahnarzthelferinnen an ihrer Tätigkeit besonders diejenigen Faktoren schätzten, die ein geregeltes Leben ausmachen, z.B. regelmäßige Arbeitszeiten, Stabilität, *»well-defined duties«* und höfliche Vorgesetzte, bevorzugten Stewardessen an ihrer Tätigkeit genau das Gegenteil: Instabilität und Mobilität, die sich manifestieren in *»Changing activities such as moving around, freedom in working out their own methods«*.[77]

Diese Lust an der Mobilität fand auch Sawitzki (1967) in seiner Untersuchung mit 120 Lufthansa-Stewardessen, allerdings irritiert sie ihn offenbar so, daß er bei der Interpretation seiner Ergebnisse über die Reproduktion von Klischees kaum hinauskommt:

»Die meisten Stewardessen haben in der Zeit vom Ende der Schulausbildung bis zum Eintritt in die DLH vier verschiedene Berufsausbildungen oder

Berufstätigkeiten angefangen ... Doch ist ... der Grad der Unstetigkeit (bei den Frauen, A.B.) erstaunlich hoch ..., gekennzeichnet durch eine hohe Inkonsistenz. In ihren Beschäftigungen wechseln die Mädchen häufig von Ausbildungen und Berufstätigkeiten und umgekehrt. Neu begonnene Ausbildungen werden oft ohne Abschluß abgebrochen.«[78]

Sawitzki ging es weniger um die Erforschung der Berufswahlmotive der Frauen, als vielmehr um eine Beschreibung des Stewardessenberufs im struktur-funktionalistischen Sinne. Die berufliche Inkonsistenz der Stewardessen war eher ein Nebenergebnis seiner Studie, das gegen die Frauen ausgelegt wird. Die für die Berufswahl Stewardeß vorausgesetzte ›Attitüdenkombination‹ der Anwärterinnen skizziert er so: die Stewardeß erwartet von ihrem Beruf neben der *»Außergewöhnlichkeit des ständigen Fliegens im Vergleich zur überwiegenden Mehrheit der Menschen«*[79],

»... daß sie die Welt kennenlernt, mit interessanten Menschen .... zusammenkommt, sich in einer gepflegten, modernen, internationalen Atmosphäre bewegt, eine attraktive Dienstkleidung trägt, dem Gleichklang des Büroalltags entflieht, Mittelpunkt ist und hohes Ansehen genießt, viel Geld verdient und in ihrer Berufssphäre als männliche Berufskollegen ausgesprochen virile Typen hat. Wichtig, wenn auch nie zugegeben, ist die von einer Stewardeß erwartete große Chance, einen dieser ... Kollegen oder aber einen Passagier zu heiraten, der ihr als Ehefrau den erwarteten Status und das entsprechende Lebensniveau bieten kann«.[80]

Abweichend zur weiblichen ›Normalberufswahl‹ finden wir in den Ausführungen Sawitzkis Hinweise auf eine Statusorientierung von Stewardessen, gekoppelt an eine höhere Einkommensorientierung, als eigennützige, zweckorientierte Motive, wie sie bisher eher von Männern verfolgt werden. Auch scheinen diejenigen beruflichen Wünsche, die um die berufsbedingte Mobilität, das Herumkommen in der Welt und fremden Ländern gelagert sind, für die Berufswahl Stewardeß zentral zu sein.

In der Erhebung Danusers schätzten 58% der Befragten das Reisen im Beruf außerordentlich. Besonders positiv bewerteten sie auch die Freizeit im Ausland, das Zusammensein mit der Crew unterwegs und die Teamarbeit im Flugzeug. Ihre Tätigkeit als Stewardeß empfanden sie mehrheitlich (68,5%) als abwechslungsreich.[81] Als weitere Motive für die Berufswahl können aufgrund der Untersuchung Danusers diejenigen Aspekte betrachtet werden, die von Stewardessen auch am Beruf am meisten geschätzt wurden: 45% versprachen sich von der Berufswahl die Erfüllung ihrer Reisewünsche bzw. *»Flucht aus den vier Wänden«*[82]. Der Kontakt mit Menschen war ein weiteres wichtiges Motiv (29,5%) neben der Anwendung der Fremdsprachenkenntnisse (16%). Besonders interessant ist an diesem Ergebnis, daß 95% der Swissair-Stewardessen zuvor eine andere Tätigkeit ausgeübt hatten (die Mehrheit im Büro oder Hotelgewerbe) und weibliche ›Normalerwerbsrealität‹ somit aus eigener Anschauung kannten.[83] Das bedeutet, daß die Entscheidung junger Frauen, Stewardeß zu werden, stark von Wünschen nach Ungebundenheit und Freiheit, auf jeden Fall aber auch von dem Bedürfnis, der Begrenztheit weiblicher ›Normalerwerbsrealität‹ zu entgehen, geprägt zu sein scheint. Das Motiv des Ausbrechens aus der Enge des weiblichen Lebenszusammenhangs läßt sich für Stewardessen verkürzt so zusammenfassen:

»Stewardesses say that they are more willing to take a chance and engage in thrilling dangerous activities, while dental assistants prefer to play it safe and engage in quiet activities.«[84]

Auch wenn diese Aussage der amerikanischen Studie (Harmon/Campbell) nicht ohne weiteres generalisiert und auf andere Länder übertragen werden kann, so stellt sie doch zwei entgegengesetzte weibliche Lebensstränge heraus: Die Synonyme von Gebundenheit, Sicherheit und Begrenztheit auf der einen, die Synonyme von Freiheit, Weite und Abenteuer auf der anderen Seite. Wie es zu dieser Berufsfindung kommt, wie sie verlaufen ist und inwiefern sich bei den Berufswahlmotiven der Frauen in den letzten Jahren Veränderungen ergeben haben, ist bisher nicht erforscht und wird Gegenstand meiner empirischen Untersuchung sein.

Die Dichotomie weiblicher Lebensentwürfe setzt sich auch bei den weitergehenden Berufswünschen von Stewardessen fort: Amerikanische Stewardessen favorisierten dabei eher ästhetische Berufe in exponierten Positionen wie Werbefachfrau, Schauspielerin, Architektin, Künstlerin oder Pilotin als Alternative zu ihrer Tätigkeit, während die Zahnarzthelferinnen sich eher ›solide‹ Berufe mit einer gewissen Affinität zu ihrer aktuellen Tätigkeit wünschten, wie Zahnärztin, *»Governor«*, Bibliothekarin, Krankenschwester etc.[85]

✈ Stewardeß – (k)ein typischer Frauenberuf? Stewardessen haben keinen offiziell anerkannten Beruf, obwohl sie ganz bestimmte Qualifikationen mitbringen und erwerben müssen. Ganz allgemein gilt für die meisten Frauenberufe, daß sie in der Praxis der Berufsklassifizierung kaum in Erscheinung treten bzw. dort hierarchisch nachgeordnet angesiedelt und damit wenig ›wert‹ sind, d.h. ein niedriges berufliches Sozialprestige mit sich bringen.

Typischen Frauenberufen ist gemeinsam, daß sie eine berufliche Kontinuität im weiblichen Lebenszusammenhang kaum ermöglichen: geringes Lohnniveau, überproportionaler Frauenanteil, Arbeiten am unteren Ende der beruflichen Hierarchieskala und die Nähe zu reproduktiven Tätigkeiten lassen eine dauerhafte Ausübung typischer Frauenberufe kaum zu. Die Fristigkeit rückt weibliche ›Normalberufe‹ in die Nähe von Jobs, zumal wenn sie wenig sinnstiftende Inhalte und inoffizielle Altersgrenzen aufweisen. Die Berufswahl von Frauen ist als Anpassungsleistung an den geschlechtersegregierten Arbeitsmarkt zu begreifen. So ergreift die Mehrheit der Frauen bis heute ganz allgemein in erster Linie personenorientierte Dienstleistungsberufe, in denen die Strukturmerkmale typischer Frauenberufe mehr oder weniger zum Tragen kommen. Dennoch ergeben sich Widersprüche und Abweichungen in den Lebensentwürfen besonders junger Frauen, für die der Beruf in der Lebensplanung heute an erster Stelle steht, und zwar ein Beruf, der sie auch inhaltlich zufriedenstellen soll. Kinderwünsche werden später realisiert. Doch verdrängt die berufliche Orientierung der Frauen nicht ihre familiale Orientierung, in der noch immer die strengen konservativen Leitbilder des 19. Jahrhunderts gelten: Danach soll Mutterschaft, zumindest solange die Kinder klein sind, mit Haut und Haaren gelebt werden, die Frau ganz vereinnahmen, selbst wenn sie so nicht gelebt werden *kann*.

Auch wenn weibliche Berufswünsche meist auf personenorientierte Arbeiten abzielen, ist die Bandbreite dieser Wünsche längst nicht so eingeschränkt wie die die tatsächliche Berufswahl und die realen Möglichkeiten und Chancen von Frauen auf dem Arbeitsmarkt. Oft haben Frauen keine andere Wahl, als sich den Vorgaben des Arbeitsmarktes anzupassen.[86] Frauen folgen anderen, weniger instrumentell-zweckrationalen Überlegungen bei der Berufsfindung als Männer, nicht zuletzt weil sie die im Sozialisationsprozeß erworbenen Qualifikationen im Beruf zum Einsatz bringen möchten.[87]

Aus den wenigen bisher vorliegenden Ergebnissen zur Berufswahl von Stewardessen kann auf einige von der weiblichen ›Normalberufswahl‹ abweichende Muster geschlossen werden: Stewardessen treibt eher das Ungeregelte, Ungebundene und Unabhängige in den Beruf, und zwar bezogen auf die Arbeitsstruktur und auf die Umstände, die die Arbeit bedingen: z.B. das Reisen als Ausdruck hoher geographischer Mobilität. Außerdem scheint bei ihnen, anders als bei anderen Frauen, eine Status- und Einkommensorientierung mit der Berufswahl verbunden zu sein; ein hoher Lebensstandard wird anvisiert und zwar (zunächst) über die eigene Arbeit im Flugzeug, nicht über die Versorgung durch den Ehemann. Mit dieser instrumentellen Ausrichtung folgen Stewardessen eher männlichen Berufsfindungen als typisch weiblichen. Dennoch ist eine große Übereinstimmung zur weiblichen Normalberufswahl nicht zu übersehen; die personenorientierte Dienstleistungstätigkeit im Beruf, die sich als Kontakt mit vielen Menschen niederschlägt.

Die Berufswahl von Stewardessen kann so als weibliches Widerspruchskonzept zwischen Anpassung und Ausbruch angesehen werden, als Versuch, weibliche ›Zwangskarrieren‹ zu durchbrechen.

Vom »fliegenden Mädchen« zur »Bedienung im Flugzeug«

Zur Geschichte eines weiblichen ›Traumberufs‹ ab 1930 in Deutschland

»Für den Mann von der Straße symbolisiert die Stewardeß ein geheimnisvolles Bild von weiblicher Anmut, technischen Kenntnissen und der Illusion des In-der-Welt-Herumreisens.«[1]

Seit den Anfängen der kommerziellen Luftfahrt in den dreißiger Jahren verband sich mit dem Einsatz von Frauen im Flugzeug ein mehr oder weniger großes öffentliches Interesse an der Persönlichkeit von Frauen, die als erste beruflich in die Männerdomäne der Eroberung des Luftraums eindrangen und einen *»neuen Frauenberuf«* ausübten. Die seither kursierenden vielfältigen Phantasien, Projektionen und Imaginationen über die Weiblichkeit fliegender Frauen waren stets eng verknüpft mit den in den jeweiligen Dekaden herrschenden Frauenbildern.[2]

Wodurch sind diese Imaginationen erklärbar, die sich zum Teil bis heute über die Tätigkeit von Frauen im Flugzeug wie über kaum einen anderen Frauenberuf legen? In seiner Befragung von Stewardessen fand Danuser noch 1975 als von den Frauen am häufigsten gehörte Klischees Bilder von der *»fliegenden Serviertochter«*[3], die einen lockeren Lebenswandel pflegt, viel Freizeit und wenig Arbeit hat und den Passagieren als Lustobjekt dient.

Imaginationen, Mythen und Rollenklischees über Stewardessen übernehmen meines Erachtens eine ganz bestimmte Funktion: Frauen, die sich für die Berufswahl Stewardeß entschieden haben, werden so in ihre (Geschlechter-)Grenzen zurückverwiesen. Mythen gelten in der Psychoanalyse als eine Form der Projektion, bei der *»... das Subjekt Qualitäten, Gefühle, Wünsche ... die es verkennt oder in sich ablehnt, aus sich ausschließt und in dem Anderen, Person oder Sache, lokalisiert.«*[4] Wie ich zeigen werde, war das, was Stewardessen angedichtet wurde, was auf sie projiziert und über ihr ›Wesen‹ imaginiert wurde, immer wieder die Angst (der Männer) vor der unkontrollierbaren Freiheit und vermeintlichen Unabhängigkeit der Frauen über den Wolken.

Die ersten Stewardessen: Fliegende Mädchen – Muster an Takt und Charme

Die Geschichte der Stewardessen beginnt in Deutschland mit der Nutzung der Propellerflugzeuge für zivile Zwecke der Luftfahrt in den dreißiger Jahren dieses Jahrhunderts. Bis dahin wurde die zivile Luftfahrt von den Luftschiffen – Zeppeline genannt – beherrscht. Die Luftschiffe, an deren Konstruktion schon Ende des 19. Jahrhunderts gearbeitet worden war, galten als erfolgreiche Erfindung besonders im militärischen, aber auch im zivilen Bereich der Luftfahrt.[5] Bereits 1901 war der Pariser Eiffelturm von einem Luftschiff umflogen worden. 1910 war das erste deutsche Luftschiff fertiggestellt worden.[6] Vor Beginn des Ersten Weltkrieges wurden die Zeppelin-Luftschiffe in Deutschland von der Deutschen Luftschiffahrts-Aktien-Gesellschaft (Delag) für Passagierflüge eingesetzt. Die Delag verfügte über eine Flotte von fünf Luftschiffen, mit denen sie als erste kommerzielle Fluggesellschaft der Welt zwischen deutschen Großstädten planmäßig hin- und herflog.[7] Die Zeppelin-Luftschiffe besaßen eine Reichweite von bis zu 2 000 km und konnten Geschwindigkeiten von 60 bis 120 km/h erreichen. Ihre Reisehöhe betrug ungefähr 2 000 m. Ein solches Luftschiff konnte bis zu 20 Stunden ohne Zwischenlandung in der Luft bleiben, was auch Transatlantik-Überquerungen ermöglichte.[8]

Das Reisen per Luftschiff richtete sich an ein exklusives Publikum und war ein luxuriöses Vergnügen. Ein Flug kostete ca. RM 400 *»pro einfacher Fahrt«*.[9] Nicht selten wurden *»bevorzugte Gäste«* von der Mannschaft des Luftschiffes persönlich per Automobil abgeholt und zum Flugplatz gebracht.[10] An Bord der Luftschiffe konnten, je nach Größe, 24 bis 35 Passagiere Platz finden, die von einem männlichen Steward mit Getränken und kalten Speisen versorgt wurden. 1936 wurde die erste Frau, Emilie Imhoff, als Stewardeß in einem Zeppelin eingesetzt.

Im Inneren der Luftschiffe befand sich die *»elegante Passagierkabine«*[11] mit Küche, Speisekammer und Toiletten. Ein Bild vom Service innerhalb eines Luftschiffes gibt die Beschreibung in einer zeitgenössischen Zeitschrift von 1919:

»Der gewandte Steward reicht knusprige Semmeln mit Kaviar und Ölsardinen, Hamburger Rundstücke mit kaltem Brathuhn oder Schinken. Dazu gibt es ganz nach Wunsch Bordeaux, Burgunder, Portwein oder Sekt und, da es recht frisch geworden, auch heißen Tee mit oder ohne Schuß ...«[12]

Das Zeitalter der Luftschiffe ging 1937 mit der Explosion und völligen Zerstörung der ›Hindenburg‹ in Lakehurst, USA, mit fünfzig Passagieren an Bord, zu Ende. Bei diesem Unglück kam auch Emilie Imhoff ums Leben.[13]

Im ersten Weltkrieg hatte Deutschland über mehr als 100 Luftschiffe der Marke ›Zeppelin‹ verfügt, die militärisch eingesetzt worden waren.[14] Gleichzeitig war während des Krieges und zu Kriegszwecken die Entwicklung der Propellerflugzeuge vorangetrieben worden, die später für zivile bzw. kommerzielle Zwecke der Luftfahrt nutzbar wurde.[15] Diese Entwicklung der sogenannten Großflugzeuge aus Ganzmetall mit Propellern führte ab den zwanziger Jahren zum Ausbau des Luftverkehrs. In Deutschland wurden von 1923 bis 1925 mehrere kleine Fluggesellschaften gegründet, die 1926 von der deutschen Reichsregierung zur Einheitsgesellschaft Luft-Hansa zusammengefaßt wurden.[16] Die Luft-Hansa verfügte schon im ersten Jahr ihres Bestehens über 162 Flugzeuge, mit denen deutsche und europäische Städte angeflogen wurden. Die Luft-Hansa-Flotte umfaßte neben kleineren einmotorigen Maschinen auch die sogenannten Großflugzeuge.[17] Diese beförderten bis zu 40 Passagiere, ab 1934 auch über den Atlantischen Ozean. In den USA war schon 1930 die erste Frau als Stewardeß eingesetzt worden, die Krankenschwester Ellen Church, in der Schweiz flog 1934 Nelly Diener als erste Frau für die Swissair.[18] Bis 1937 beschäftigte die Luft-Hansa nur Männer als Stewards und Köche, während bei der Pan-Am in Deutschland schon 1933 über fünfzig Stewardessen beschäftigt waren.[19]

Der Einsatz von Frauen im Flugzeug als Stewardessen, von der nationalsozialistischen Presse pathetisch als *»neuer Frauenberuf«* bejubelt, entsprang keineswegs emanzipatorischem Gedankengut, sondern basierte auf rein marktwirtschaftlichem Kalkül. Mit Blick auf das europäische Ausland und die USA, wo 1938 bereits 274 Stewardessen Dienst taten, wurden bei der Luft-Hansa Überlegungen angestellt, ob und wie Frauen als Stewardessen eingesetzt werden sollten.[20] Im Jahresbericht der Flugbetriebsleitung der Deutschen Luft-Hansa von 1938 hieß es hierzu:

»Der Einsatz von Großflugzeugen, der im Berichtsjahr (1938, A.B.) erstmals die Typen FW 200 und JU 90 in Erscheinung treten läßt, bot gleichzeitig eine willkommene Möglichkeit, die Bequemlichkeit auf Luftreisen

durch eine Steigerung des Kundendienstes noch weiter zu erhöhen. Durch den Einsatz von Flugbegleitern konnte diese Möglichkeit voll ausgenutzt werden ... Ehe man jedoch zur Einstellung von Flugbegleitern schreiten konnte, war die Frage zu klären, ob es günstiger sei, männliche oder weibliche Flugbegleiter zu beschäftigen. Für den Einsatz männlicher Flugbegleiter sprach die Tatsache, daß diese jederzeit auf allen, auch auf Fernstrecken verwendet werden können; dagegen läßt die bei ausländischen Luftverkehrsgesellschaften beobachtete Werbewirkung den Einsatz weiblicher Flugbegleiter vorteilhafter erscheinen. Da auf diesem Gebiet eigene Erfahrungen noch nicht vorlagen, wurde sowohl männliches als auch weibliches Personal vorgesehen.«[21]

1938 hielt die Luft-Hansa den ersten Ausbildungslehrgang für zukünftige Stewards und Stewardessen ab. Mangels eigener Erfahrungen mit der Auswahl des weiblichen Personals orientierte man sich am Ausland. In den USA flogen als Stewardessen zum Beispiel ausgebildete Krankenschwestern und Kindergärtnerinnen.[22] Während man bei den männlichen Bewerbern auf ehemalige Schiffsstewards zurückgriff, wählte die Luft-Hansa ihre ersten fünf Stewardessenanwärterinnen unter Frauen aus, die »*als Stenotypistinnen, Kindergärtnerinnen oder im Haushalt tätig gewesen*« waren.[23] Der erste Lehrgang, in dem »*5 Damen und 5 Herren*« auf die Arbeit im Flugzeug vorbereitet wurden, dauerte vier Wochen und umfaßte neben einer fliegerärztlichen Tauglichkeitsuntersuchung Unterweisungen in folgenden theoretischen Fächern:

- Entwicklung und Bedeutung der Deutschen Luft-Hansa
- Organisation der Deutschen Luft-Hansa
- Streckennetz
- Verkehrsgeographie
- Streckenkunde
- Wetterkunde, Navigation, Bodenorganisation
- Flugzeuge
- Beförderungs- und Versicherungsbedingungen
- Flugschein, Tarife
- Zoll-, Paß- und Devisenbestimmungen
- Platzbelegung
- Luftkrankheit, Sanitätsdienst
- Sicherheitseinrichtungen
- Wirtschaftsbetrieb[24]

Von den Aspiranten und Aspirantinnen wurde eine Vielfalt theoretischer Kenntnisse gefordert. Im praktischen Teil wurden sie unterwiesen in »*An-*

richten und Servieren, Abrechnungswesen, Kursbuchkunde, Fremdsprachen, Abfertigungsdienst«.[25] Ausschlaggebend für den fliegerischen Einsatz der Stewards und Stewardessen waren Testflüge, *»insbesondere ein längerer Höhenflug«*, bei dem die AspirantInnen ihre Eignung für die Arbeit in der Luft unter Beweis zu stellen hatten. Von den zehn TeilnehmerInnen des ersten Ausbildungslehrgangs wurden neun von der Luft-Hansa in den Dienst übernommen.[26]

Der Andrang auf den *»neuen Frauenberuf«* war vermutlich nicht gering. Genaue Zahlen sind nicht verfügbar, doch erwähnt die zeitgenössische Presse einen *»Berg von Bewerbungsschreiben«*, der bei der Deutschen Luft-Hansa eingegangen sei. Aus der *»Unzahl der Bewerbungsschreiben«* mußte man *»nach Spreu und Weizen«*[27] selektieren. Man war sich bald bewußt, daß *»die öffentliche Meinung«*[28] und vor allem die männlichen Passagiere den Einsatz der *»weiblichen Bedienung«* begeistert aufnehmen würden. Die Stewardessen wurden aufgrund strenger Selektion ausgewählt und zunächst nur auf kürzeren Strecken eingesetzt: *»Der härtere Dienst auf den großen Weltstrecken wird nach wie vor von den Männern geleistet werden müssen«*.[29] Vor allem als imaginäre *»Ehekameradinnen«* wurden die ersten *»Luftstewardessen«* augenzwinkernd der Öffentlichkeit angepriesen:

»Kein Wunder, daß diese tapferen, bescheidenen, umsichtigen, gebildeten und gegenwartsnahen Mädchen eine magnetische Anziehungskraft auf die männlichen Fluggäste ausüben. Sie sind in der Tat, das hat sich diese acht Jahre schon gezeigt, glänzende Ehekameradinnen.«[30]

Die Qualitäten, die diese Frauen erstrebenswert erscheinen ließen, wurden als allumfassend mütterlich, fürsorgend und mutig anpackend geschildert:

»Die kleine elektrische Küche in der ›JU 90‹ oder in der Fokke-Wulf ›Condor‹ bietet uns alles, was das Herz begehrt, und eine ebenso tüchtige Köchin wie liebenswürdige Beraterin in allen Fragen, den Luftverkehr betreffend, steht uns als helfender, fürsorgender ›Kabinengeist‹ zur Seite. Ein neuer weiblicher Beruf bildet sich in Deutschland heran: die ›fliegenden Mädchen von Tempelhof‹, die Reisebegleiterinnen der Lufthansa, die uns die Luftreise noch angenehmer, bequemer und schöner gestalten sollen, als sie es an und für sich schon ist.«[31]

Die Stewardeß wurde so zum Aushängeschild und Werbeträger der Luft-Hansa, die zu Beginn des Zweiten Weltkrieges nach eigenen Angaben bereits *»die Nummer eins in Europa (war, A.B.). Sie befördert in diesem*

Jahr (1939) rund 258.000 zahlende Fluggäste und fliegt auf einem Europa-Streckennetz von 33.000 Kilometern 75 Flughäfen im In- und Ausland an.«[32]

Stewardessen wurden so nach anfänglichem Zaudern und Zögern bald zielgerichtet in ihrer Rolle als Frau im Flugzeug eingesetzt. Schnell war erkannt, welche marktwirtschaftlichen Chancen in der ›Betreuung‹ der Passagiere durch weibliches Personal lagen, einer Betreuung, die es in dieser Form während der Luftschiffära nicht gegeben hatte.

In den ›Leipziger Neueste Nachrichten‹ vom 13.4.1933 wurde über Stewardessen der Pan-Am berichtet und der staunenden Öffentlichkeit *»der neueste Frauenberuf«* vorgestellt: *»Gesellschaftsdame im Flugzeug«*. Dieser neue Frauenberuf war gekennzeichnet durch widersprüchliche, ja gegensätzliche Anforderungen an die Weiblichkeit der Bewerberinnen. Die Aspirantinnen sollten grazile, feenhafte Damen und zutiefst weibliche Wesen sein, die zugleich über faschistische Männertugenden verfügen sollten. Erwartet wurden:

- *»Gewichtsbegrenzung auf 57 kg ›ein Reiseköfferchen eingerechnet‹*
- *›Mut, starke Nerven‹*
- *›eine unwandelbar gute Laune‹*
- *›eine Persönlichkeit‹*
- *Entschlossenheit und Tapferkeit*
- *keine Anfälligkeit gegen Luftkrankheit«*[33]

Unmißverständlich wurde deutlich gemacht, daß der Gesellschaftsdame an Bord in erster Linie Aufgaben der ›weiblichen Natur‹ oblagen:

»Da erscheint, freundlich lächelnd, die Air-Hostess, reizend anzusehen – und sie nimmt sich deiner an und versichert dir, daß die Reise für dich ein Vergnügen sein wird und den angenehmsten Verlauf nehmen wird …« Die Arbeit der Air-Hostess schien darin zu bestehen, darauf zu achten, »… daß zur rechten Zeit alles sitzt, und sie sorgt dafür, daß sich die Reisenden auch etwas Bewegung machen. Außerdem verteilt sie kleine Päckchen mit Watte und Kaugummi an die Reisenden. Die Watte wird in die Ohren getan, der Gummi wird gekaut.«[34]

Die Stewardeß begegnete dem Fluggast nicht dienstlich als Personal der Fluglinie, sondern als Dame, die den Reisenden das Gefühl vermittelte, *»Gäste der Linie zu sein, nicht einfach Reisende«*.[35] Ihr oblag die Befriedigung der verschiedensten Bedürfnisse:

»Die Air-Hostess wird sich mit dir unterhalten, wenn du das Bedürfnis hast, zu sprechen; sie wird dir sagen, welche Gegend das Flugzeug eben über-

fliegt; sie wird dir flugtechnische Auskünfte erteilen – und wenn dir beim Kreuzworträtsel der Name für den ›Gebirgszug in Österreich‹ fehlen sollte, so nennt sie dir vielleicht die Alpen. Sie kann vorzüglich Bridge spielen und ist die vierte Partnerin. Sie serviert die Bouillon am Morgen, den Tee am Nachmittag.«[36]

Ganz gewiß war die Stewardeß der ersten Generation eine Persönlichkeit, die im Mittelpunkt des Interesses der Passagiere stand. Eine heimelige und persönliche Atmosphäre herzustellen war schon von der Größe der damaligen Flugzeuge und von den Sitzplätzen her keine Zauberei: in der JU 52 fanden z.B. maximal 17 Passagiere Platz, für deren Betreuung zwei bis drei Stewardessen zuständig waren.[37] Der Geschäftsbeziehung, der Warenbeziehung[38] zum Passagier verleiht die Stewardeß der ersten Generation den Schein des Persönlichen, indem sie die Rolle der bürgerlichen Hausfrau spielt, die eine Gesellschaft gibt. Ihre Arbeit ist unsichtbar; das Servieren von Speisen und Getränken geschieht wie nebenbei; Konversation führen, Trost spenden, Auskunft geben gelten nicht als Arbeit, sondern als ihrer Rolle immanent. Heldenhaftigkeit und Mut treten an dieser Stelle in den Hintergrund.

Ganz anders las sich dagegen die Beschreibung des Arbeitsfeldes von Deutschlands erstem »*Luftsteward*«, Arthur Hove, seit 1928 im Dienst, dem die ›Leipziger Neueste Nachrichten‹ 1935 einen Artikel widmeten. Dort wird Hove gefeiert als »*Herrscher der fliegenden Küche*«, der in »*eintausend Meter Höhe seinen Kochlöffel schwingt*«.[39] Die Arbeit des Arthur Hove besteht aus dem Anrichten bereits am Boden vorgekochter Speisen und dem Servieren derselben zusammen mit Getränken an Bord. Seine Arbeit ist sichtbar, greifbar; sie gilt dem Arrangieren von Platten, allen Unbilden des Wetters zum Trotz, und nicht der Sorge um die Fluggäste. Der Luft-Steward hat »*alle Hände voll zu tun*«. Auftretenden Magenbeschwerden der Passagiere begegnet er mit dem richtigen »*Magenfahrplan*« anstelle von fürsorglicher Einfühlsamkeit. In dem Artikel wird gefordert, die Arbeit des Stewards »*rückhaltlos*« anzuerkennen, da er sich »*seine Sache nicht leicht gemacht hat*«. Schließlich sei das Zusammenstellen einer »*Speisefolge in tausend Meter Höhe eine Leistung, vor der man schon etwas Respekt haben*« müsse.[40]

Die Arbeit des Stewards bezieht sich primär auf sachlich-instrumentelle und technische Verrichtungen wie das Anrichten und Servieren von Speisen, während die Arbeit der Stewardeß mit personenorientierten, emotionalen Inhalten assoziiert wird. Seiner Arbeit soll Respekt gezollt werden, ihre Arbeit erscheint als selbstverständlich und bedarf keiner besonderen

Würdigung. Tatsächlich lagen nach Angaben der Luft-Hansa die Aufgaben der ersten Stewardessen »*zu rund 80 Prozent in der allgemeinen Betreuung und nur zu höchstens 20 Prozent im ›Küchen- und Servierdienst*‹«.[41] Daß die Berufsrealität der ersten Stewardessen dennoch bereits in den Anfängen anders aussah und daß die Frauen auch schwere körperliche Arbeit verrichten mußten, berichtet eine der ersten Luft-Hansa-Flugbegleiterinnen rückblickend:

»*Eines muß ich noch erzählen. Wir haben damals (1939, A.B.) noch die Flaschenkörbe und unsere Verpflegung selbst an Bord geschleppt ... Aber wir haben uns wegen der Schlepperei bald beschwert und gesagt: ›So geht das nicht weiter.‹ Wir standen nämlich verschwitzt und mit schmutzigen Händen an Bord, wenn die Gäste kamen ... Übrigens, Abwaschen mußten wir damals auch noch.*«[42]

In der Luftfahrt eröffneten sich durch die professionelle Vermarktung von Weiblichkeit völlig neue wirtschaftliche Perspektiven. Die am Bild der bürgerlichen Hausfrau der Jahrhundertwende orientierten Fähigkeiten und Kenntnisse der Stewardeß wie Fürsorglichkeit, Mütterlichkeit und höhere Bildung wurden für die (in der Regel männlichen) Passagiere für die Dauer des Fluges quasi käuflich erwerbbar, während die rein körperliche Arbeit ideologisch den Stewards zugeschrieben wurde, in Wirklichkeit jedoch auch von Frauen verrichtet werden mußte.

Der Einsatz von Frauen im Flugzeug wurde von der Presse im Dritten Reich widersprüchlich rezipiert: zum einen entwarf sie ein pathetisches Bild dieses neuen Frauenberufes, das sich hin- und herwand bei dem Versuch, der nationalsozialistischen Ideologie entsprechend Weiblichkeit in tatkräftige, aufopfernde Mütterlichkeit umzumünzen. So sollte die Stewardeß einerseits »*richtig ein bißchen Hausfrau sein*«[43] und den Fluggästen helfen, sich in der Luft wie zu Hause zu fühlen. Sie sollte »*ihre Person in den Dienst der Fluggäste stellen*«[44], zugleich Mutter und Krankenschwester sein, indem sie Knöpfe annähte, Kinder, ältere Damen oder Gebrechliche versorgte. Der ›Westdeutsche Beobachter‹ warnte vor dem bedrohlichen Gegenentwurf, der falschen und selbstsüchtigen Vorstellung, die sich zahllose Bewerberinnen offenbar machten von dem vermeintlichen »*Talmi-Beruf*« in der Luft, dem eigennützige Motive, Glanz und Glamour anhafteten.[45] Die Stewardeß sollte ihre Arbeitskraft vielmehr tapfer und uneigennützig in den Dienst der ›großen Sache‹ stellen, bereit sein, im Notfall ihr Leben zu riskieren und mit dem Piloten in den Tod zu gehen.[46]

Die unverheirateten Stewardessen wurden als »*Muster an Takt und Charme*« gepriesen, als heldenhafte, mutige, sich selbst aufopfernde

»glänzende Ehekameradinnen« idealisiert, die dem Fluggast begehrenswert erscheinen mußten. Den Objektstatus der ersten Stewardessen in puncto Weiblichkeit reflektiert die zeitgenössische Presse am Beispiel des Problems des ›Weggeheiratetwerdens‹ durch männliche Fluggäste. Der Naziideologie gemäß wurden die attraktiven Frauen zu Heldinnen stilisiert, die nicht reiche Fluggäste, sondern eher *»Fliegerkameraden«* ehelichten.

Tatsächlich scheint in den ersten Jahren die Heiratsquote der Stewardessen relativ hoch gewesen zu sein. So versah in den USA 1937/38 keine Stewardeß länger als zwei Jahre *»ihr Amt ... Dann wurde sie weggeheiratet«*.[47] Als potentiellen Ehegattinnen wurde den ersten Stewardessen eine *»magnetische Anziehungskraft«*[48] auf männliche Passagiere nachgesagt. Bei der niederländischen Fluggesellschaft KLM erhielten die ersten Stewardessen angeblich *»so viele Heiratsanträge, daß selten eine der schmucken Flugzeugstewardessen längere Zeit im Beruf«* verblieb.[49]

Die wirtschaftliche Blüte der Luft-Hansa begann schon 1939 mit Beginn des Zweiten Weltkrieges zu verblassen. Das Personal wurde größtenteils zum Kriegsdienst eingezogen, Flugzeuge wurden für militärische Zwecke eingesetzt und zerstört. Damit war die Ära des *»neuen Frauenberufes«* nach einem Jahr schon wieder zu Ende; sie blieb ein kurzes Intermezzo. 1944 beschäftigte die Luft-Hansa noch zwölf Flugbegleiter und Flugbegleiterinnen, die jedoch nicht mehr im fliegerischen Einsatz, sondern im Bodendienst eingesetzt waren.[50]

✈ Die Anfänge der zivilen Luftfahrt in den zwanziger Jahren waren geprägt von Pionierhaftigkeit und Abenteuerlust nicht nur bei den aktiven Fliegern, sondern auch unter reger Anteilnahme der Öffentlichkeit. Die Tatsache, daß Flugzeuge neben Post und Fracht auch Menschen befördern konnten, erregte allgemeines Aufsehen und Staunen. Davon zeugen Bilddokumente, auf denen Menschenmassen neben gerade gelandeten oder startenden Flugzeugen zu sehen sind, aber auch die Häufigkeit fliegerischer Berichte in der zeitgenössischen Presse. Die Prioritäten der Luftfahrtgesellschaften lagen am Anfang eindeutig im technischen Bereich, d.h. in der technischen Durchführung eines Fluges, und weniger in der Sorge um die Betreuung der Flugpassagiere.

Bis 1938 wurde im Flugzeug durch ehemalige Schiffsstewards und Köche als Kellner auf bestimmten Routen Speisen und Getränke serviert, mit dem Ziel, den wohlhabenden Kunden während des Fluges nicht seine gewohnte Mahlzeit missen zu lassen. Eine weitergehende soziale Betreuung der Fluggäste durch die Stewards fand nicht statt. Sie erfolgte erstmals mit der Einstellung von Frauen als Stewardessen ab 1938. Bis dahin war die Tätigkeit der Stewards ein reiner Männerberuf, vergleichbar mit dem des Kellners. Mit dem Einsatz von Frauen, die zunächst noch wenig professionell, aber sehr sorgfältig ausgewählt wurden, erhielt die Arbeit im Flugzeug allmählich einen anderen Charakter: den der Betreuung der Passagiere; eine Betreuung, die ausschließlich von Frauen geleistet wurde, die dafür eigens eingestellt wurden. Als Stewardessen erbringen diese Frauen von Anfang an Dienstleistungen, die orientiert sind an den Aufgaben der bürgerlichen Hausfrau und Mutter im Deutschen Kaiserreich. Elemente von Hausarbeit und Betreuungsarbeit fallen zusammen, es entsteht ein diffuses Bild der Arbeit von Stewardessen. Die Arbeit dieser Frauen bleibt wie die Arbeit der bürgerlichen Hausfrau von Anfang an unsichtbar.[51] Gleichzeitig wird die Stewardeß zur mütterlichen Heldin stilisiert, der eigennützige Motive wie Freude am Beruf fremd sind. Solche Motive mußten vielmehr frühzeitig abgewehrt werden, denn der *»neue Frauenberuf«* schien allzuviele Frauen zu einem abenteuerlichen Berufsleben zu verlocken. Zugleich wurde – über die noch in den Anfängen steckende Professionalisierung der Hausarbeit als Dienstleistung hinaus – auch die Stewardeß selbst vermarktet: als Lockmittel, um augenzwinkernd potentielle Kunden anzulocken und bereits vorhandene zu binden und damit der jungen Wirtschaftsbranche Luftfahrt zur Expansion zu verhelfen.[52] Das Bild der Stewardeß in den dreißiger Jahren ist eine widersprüchliche Komposition aus bürgerlicher Dame, geschlechtsneutraler Mutter und heldenhafter *»Ehekameradin«*, die auf keinen Fall ihre Individualität ausleben durfte. Die Kommerzialisierung des zivilen Luftverkehrs und der Einsatz von Frauen als Flugbegleiterinnen währte nur kurz und endete abrupt mit Beginn des Zweiten Weltkrieges.

Ehen werden im Himmel geschlossen – das Bild der Stewardeß in den fünfziger Jahren

> *»Die gute alte Erde, denkt der Mann im Flugzeug. Ein neues Überlegenheitsgefühl ergreift von ihm Besitz. Ist nicht auch das Flugzeug sein Werk? Hätten Frauen es jemals erfinden können? Ach, Frauen, erdgebunden gehören sie irgendwo in die Tiefe. Sie passen nicht in die Höhen, die der Mann, dem Raubvogel gleich, nun durcheilt, in die Höhen, wo er die Einsamkeit sucht und findet.«*[53]

Dieses Zitat aus einer zeitgenössischen Zeitschrift illustriert den ›Zeitgeist‹ der fünfziger Jahre: es zeigt den Stolz der Männer auf die neuen technischen Errungenschaften im Zuge des ›Wirtschaftswunders‹, zu denen auch der Ausbau des Luftverkehrs gehörte. Es zeigt aber zugleich, wie bedrohlich die berufliche und gesellschaftliche Teilhabe von Frauen an diesen Errungenschaften, die im Nationalsozialismus gerade ein Jahr gewährt hatte, auf Männer wirken mußte. Nun galt es, Frauen wieder in die Grenzen ihres Geschlechts zurückzuverweisen.

Die wirtschaftspolitische Situation Deutschlands in den fünfziger Jahren war bestimmt durch massive Kapital- und Wirtschaftshilfe von seiten der alliierten Besatzungsmächte, die den Aufbau einer industriellen und sozialen Infrastruktur und die Herstellung einer Deutschen Wirtschaftsmacht zum Ziel hatten.[54] Mit dem Wirtschaftsaufschwung eng verbunden war eine zunehmende Tertiarisierung der Gesellschaft, die einen neuen Mittelstand hervorbrachte. Diese Veränderung setzte den Modernisierungsprozeß der Gesellschaft maßgeblich in Gang.[55] Am wirtschaftlichen Aufschwung Deutschlands waren Frauen als Erwerbstätige beteiligt: ihre Erwerbsquote nahm rasch zu. 1955 herrschte wieder Vollbeschäftigung, und ein Drittel der Beschäftigten waren Frauen.[56]

Der wirtschaftliche Aufschwung begann sich schnell auch in der Luftfahrtbranche niederzuschlagen. 1953 wurde die Lufthansa zunächst unter dem Namen Luftag wiedergegründet. Am 1. April 1955 durfte mit Genehmigung der Alliierten der zivile Luftverkehr wieder aufgenommen werden. Im ersten Geschäftsjahr wurden 104 000 Passagiere befördert, 1958 waren es bereits sechsmal so viele, und bis 1960 hatte sich das Passagieraufkommen mit über einer Million verzehnfacht.

In dieser frühen Phase der Expansion entbrannte unter den konkurrierenden Fluggesellschaften der ›Kampf‹ um den Rohstoff der Dienstleistungsbranche, den Kunden, den Fluggast.[57] So entstand ein vermehrter Bedarf an fliegendem Personal, und es bedurfte keiner Diskussion mehr darüber, ob Frauen als Stewardessen einzusetzen seien oder nicht.

Stillschweigend schien man sich offenbar darüber im klaren, daß Stewardessen als Werbeträgerinnen den Kundenkreis vergrößern und damit den Gewinn der Luftfahrtunternehmen nur steigern konnten. So mußten Stewardessen – im Gegensatz zu ihren männlichen Kollegen – unverheiratet sein, wollten sie ihren Dienst ausüben, eine Bedingung, an der die Lufthansa noch bis in die siebziger Jahre hinein festhielt. Dies entsprach ganz dem konservativen Frauenbild der fünfziger Jahre, in dem weibliche Berufstätigkeit nur als Übergangslösung bis zur Rückkehr der Männer aus dem Krieg vorgesehen war. Die durch den Nationalsozialismus schwer angeschlagene kulturelle und politische Identität der Deutschen wurde in der Adenauer-Ära durch die Propagierung eines Frauen- und Familienleitbildes stabilisiert, das sich am Entwurf der bürgerlichen Hausfrau und Mutter des 19. Jahrhunderts orientierte. Dieses Leitbild stand häufig im Widerspruch zu den Leistungen und Erfahrungen der Frauen aus der Kriegsgeneration, die in *»aufgezwungene(r) Alleinverantwortlichkeit«*[58] gelernt hatten, für sich und ihre Kinder zu sorgen und die Familie allein zu ernähren. Berufliche Tätigkeit von Frauen wurde in den fünfziger Jahren als bedrohlich empfunden. Frauen wurden nicht nur als Konkurrentinnen im Beruf betrachtet; man befürchtete vielmehr eine *»Denaturierung«* des weiblichen Wesens, das als Quell emotionaler Versorgung in dieser angeschlagenen Zeit besonders vonnöten schien.[59] Mit der Durchsetzung eines Frauenleitbildes, das mehr am Beruf und weniger an Hausarbeit und Mutterschaft orientiert war, würde, so die Befürchtungen, den weiblichen Charakter eine unerträgliche und irreversible Versachlichung heimsuchen.[60] Solange eine Frau ihrem Beruf nachging, um damit die Familie zu unterstützen, war dies tolerabel. Der weibliche Gegenpol dazu war aber die Frau, die arbeiten ging, um *»das Leben voll ausschöpfen«* zu können und selbstsüchtig Freude an ihrer Arbeit zu haben.[61] Grundsätzlich war die Berufstätigkeit von

Frauen unerwünscht, auch wenn sie ökonomisch gebraucht wurde. Selbstverständlich war sie jedoch bei jungen Frauen bis zum Zeitpunkt der Heirat, *»für den Fall, daß etwas schiefgeht«*[62]. Hingenommen wurde sie als zwangsläufige Notwendigkeit bei verwitweten und alleinstehenden Frauen, deren Mann oder Verlobter im Krieg gefallen oder verschollen war. Die eigentliche ›Bestimmung‹ der Frau war in den fünfziger Jahren aber auf jeden Fall die Ehe, die ›heile‹ Familie *»das glückverheißende Leitbild der Nachkriegsgesellschaft«*.[63]

Bevor die ersten Nachkriegs-Flugbegleiterinnen ausgebildet wurden, legte die Lufthansa erstmals Zugangsvoraussetzungen für das fliegende Personal fest. Ein Kriterienkatalog wurde nach amerikanischem Vorbild aufgestellt, der als conditio sine qua non bis heute für die Einstellung von Flugbegleitern und Flugbegleiterinnen Gültigkeit behalten hat:

- Altersbegrenzung
- Begrenzung der Körpergröße
- Gewichtsbegrenzung
- Gesundheitszustand
- Schulischer Bildungsabschluß
- Zusätzliche Qualifikation, meist Fremdsprachenkenntnisse
- Familienstand (nur für Frauen, bis in die siebziger Jahre)
- Anforderungen an das Äußere
- Anforderungen an die »weibliche Qualifikation«[64]

Diese Einstellungsvoraussetzungen für Stewardessen aus dem Jahre 1955 verlangten neben dem Verzicht auf die Ehe eine *»äußerlich ansprechende, gut gewachsene und gepflegte«* Aspirantin, die mindestens 22, höchstens 28 Jahre alt war, nicht kleiner als 1,58 m, nicht größer als 1,72 m und nicht schwerer als 65 kg.[65] Die Bewerberin mußte gemäß den Lufthansa-Richtlinien *»vollkommen gesund«* sein und über normale Sehkraft verfügen, d.h. keine Brille benötigen. Sie hatte sich einer fliegerärztlichen Tauglichkeitsuntersuchung zu unterziehen. Außerdem wurde mindestens die mittlere Reife oder eine abgeschlossene höhere Schulbildung verlangt, mit über Schulkenntnissen hinausgehenden Fremdsprachenkenntnissen in Englisch sowie einer weiteren Fremdsprache, vorzugsweise Französisch, Spanisch oder Portugiesisch. Ferner wurden von der Bewerberin ein *»guter Leumund«* und ein einwandfreies polizeiliches Führungszeugnis gefordert; sie durfte politisch nicht belastet sein. Diese Forderung ist als Zugeständnis an die Alliierten zu sehen, die der Bundesregierung die Wiederaufnahme des Luftverkehrs 1955 genehmigten. Schon 1956 wurde diese Anforderung an die BewerberInnen wieder aufgegeben. Weiterhin mußten die zukünftigen

Stewardessen in *»geordneten Verhältnissen«* leben, über eine gute Erziehung und praktische Lebenserfahrung verfügen. Eine Ausbildung als Krankenschwester, Kinderpflegerin oder im Hotelfach war erwünscht.[66] Diese Anforderungen zielten auf Töchter aus gutem Hause, junge Frauen aus den (neuen) Mittelschichten, die nach wieder etabliertem wilhelminischem Vorbild über die Qualifikationen einer Dame verfügen sollten. Dazu gehörten gute Umgangsformen, höhere Allgemeinbildung und das Bewußtsein, im Flugzeug die Rolle der bürgerlichen Hausfrau zu übernehmen. Ob die Allgemeinbildung dieser jungen Frauen am zukünftigen Arbeitsplatz jedoch über das Niveau des Small talk hinausgehen sollte, darf nach der Beschreibung einer zeitgenössischen Zeitung von 1955 bezweifelt werden.

»Eine Stewardeß muß alles wissen – alles – und fast noch mehr! Hier einige Fragen, die eine Luftwirtin beantworten muß. Welche Bücher hat Hemingway zuletzt geschrieben? Welche Funktion erfüllt eine elektrische Sicherung? Wann wurde das Kolosseum in Rom gebaut? Wie bereitet man gefüllten Paprika zu? In welchem Land wird der beste Whisky produziert? ... Außerdem muß sie sich über Literatur, Kunstgeschichte und Musik unterhalten können. Sie muß über Bach und Beethoven ebenso Bescheid wissen wie über die typischen Merkmale des Samba und Be-Bop ...«[67]

Für die ersten Lehrgänge, in denen die jungen Frauen zu Stewardessen ausgebildet werden sollten, suchte die Lufthansa 1954 ca. dreißig Bewerberinnen. Von Anfang an wurde stark selektiert: *»Nach der ersten Siebung«*[68] wurden 300 Bewerberinnen zum Vorstellungsgespräch nach Köln eingeladen. Dort wurden die benötigten dreißig Personen ausgewählt. Der Bedarf an fliegendem Personal war groß, Mangel an (geeigneten) Arbeitskräften wurde beklagt.[69] Trotz der starken Selektion war die Aussicht, Stewardeß zu werden, für viele Frauen äußerst verlockend: Mannequin und Stewardeß hießen die Modeberufe der fünfziger Jahre, die ein – zumindest vorübergehendes – Ausbrechen aus der Enge der sittenstrengen, konservativen und moralinsauren gesellschaftlichen Lebensentwürfen für Frauen versprachen.[70] Die Presse berichtete von jährlich 2 000 Bewerbungen, die bei der Lufthansa eingingen, 75% davon wurden von vorn herein aussortiert.[71] Besonders die Tätigkeit der Stewardeß galt in den fünfziger Jahren als Traumberuf für junge Mädchen.

»Ein solcher Traumberuf war eigentlich kein Beruf, sondern ein Symbol für eine aufregende und kurzweilige Existenz – die dann über kurz oder lang in Ehe und Familie mündete: das große, alles überdeckende Leitbild der fünfziger Jahre.«[72]

Zum ersten Ausbildungslehrgang der wiedergegründeten Lufthansa wurden achtzehn TeilnehmerInnen zugelassen, von denen dreizehn Personen, sieben Frauen und sechs Männer, die sechs- bis achtwöchige Ausbildung in Hamburg erfolgreich absolvierten.[73] Das Anfangsgehalt lag 1955 bei 450 bis 500 DM für 70 Flugstunden pro Monat, zuzüglich Spesen. Stewardeß zu sein war also für Frauen auch finanziell durchaus lukrativ, vergleicht man dieses Anfangsgehalt mit dem einer Sekretärin, die 1956 ca. 295 DM netto verdiente.[74]

1958 beschäftigte die Lufthansa 200 Personen als Kabinenpersonal, davon dreimal soviele Stewardessen (150) wie Stewards (50). 1960 hatte sich die Anzahl des Kabinenpersonals mit 447 Personen bereits mehr als verdoppelt. Der Frauenanteil lag damit schon kurz nach der Wiederaufnahme des Luftverkehrs im Jahr 1958 bei 75%, 1960 bei 66%. Damit war der ehemalige Männerberuf des Stewards rein quantitativ zu einem hochgradig feminisierten weiblichen ›Traumberuf‹ geworden.

Das Bild, das in der Öffentlichkeit in den fünfziger Jahren von der Stewardeß gezeichnet wurde, hatte nur wenig mit ihrem beruflichen Alltag gemein. Zwar war in der Presse des öfteren von *»harter Arbeit«* in der Luft die Rede, wie diese jedoch genau aussah, blieb unerwähnt. Eine Zeitungsnotiz aus dem Jahre 1955 zitierte das Institut für Flugmedizin in Bonn, nach dessen Untersuchungen *»die Stewardessen fünfmal soviel wie die Kellner eines großen Hotels arbeiten müssen«*.[75] Selbstverständlich galten die Frauen als *»von Haus aus für Küchen- und Servierdienste vorbelastet«*, was bei ihren männlichen Kollegen nicht der Fall war.[76] Diese wurden von der Lufthansa zur Aufbesserung ihrer gastronomischen Kenntnisse zu einer dreimonatigen Schulung auf die Hotelfachschule nach Bad Reichenhall entsandt; nach erfolreichem Abschluß des Lehrgang erhielten die Stewards einen Zweijahresvertrag von der Firma. Da Stewardessen ihr Metier qua Geschlechtszugehörigkeit schon zu beherrschen schienen, *»fällt für sie Bad Reichenhall aus«*.[77] Das heißt, für Stewardessen gab es weder dieselben Qualifikationsmaßnahmen noch dieselben Arbeitsverträge wie für ihre männlichen Kollegen.

Einen Eindruck von der Arbeit im Flugzeug vermittelt ein Interview mit der damaligen Chefstewardeß der Lufthansa, Ursula Tautz. Sie berichtet über einen Eröffnungsflug nach Israel 1956:

»Flug Begleiter: Wie verlief der Service damals?
Tautz: Ach, wissen Sie, ich mußte mich um alles selbst kümmern. Vom Einkaufen der Bordverpflegung bis zum Service. Jedoch muß man sagen, daß die Passagiere reizend waren und mich unterstützten, wo sie konnten. Auf jeder Zwischenlandung ging ich mit dem Stationspersonal zum Markt und

kaufte alle Zutaten für das Essen an Bord ein. Das war schon manchmal abenteuerlich. Ich hatte das Geld für die gesamte Bordverpflegung für den ganzen Flugumlauf dabei. Aber es hat trotzdem Spaß gemacht.«[78]

Doch das Bestreben der unverheirateten Flugbegleiterinnen nach exotischer Erwerbstätigkeit konnte bestenfalls als Zeitvertreib geduldet, keinesfalls aber auf Dauer toleriert werden. Waren schon im Nationalsozialismus hedonistische Motive der Frauen als *»Talmi-Beruf«* bekämpft worden, wurde dies in den fünfziger Jahren fortgeführt: von der Stewardeß wurde erwartet, sich (unter männliche Autorität) unterzuordnen und *»keinesfalls an sich (zu) denken«*.[79] Denn ein großes moralisches Problem stellte in den fünfziger Jahren der ›Frauenüberschuß‹ und seine tabuisierte Kehrseite, der Männermangel dar:

»1953 lebten in der Bundesrepublik ca. 26 Millionen Frauen und 23 Millionen Männer ... 1,2 Millionen Frauen hatten durch den Zweiten Weltkrieg ihren Mann verloren ... zählt man diejenigen hinzu, die gar nicht erst heiraten konnten, weil ihr Freund oder Verlobter fiel oder vermißt war ..., wird das Problem noch deutlicher: Über zwei Millionen Frauen, die 1958 etwa zwischen 31 und 46 Jahre alt waren, hatten statistisch praktisch keine Chance, noch einen Mann zu bekommen – es gab einfach keine altersmäßig passenden Männer mehr für sie.«[80]

Diesem Thema wurde durch Berichte und Reportagen männlicher Flugpassagiere besondere Aufmerksamkeit gewidmet. Ein nicht unerheblicher Teil dieser Passagiere schien sich in der Rolle des potentiellen Ehemanns einer Stewardeß zu gefallen – während der Geschäftsreise auf der Jagd nach einer schönen, gebildeten Partie. Ihre im Flugzeug oder außerhalb gewonnenen Eindrücke von Stewardessen teilten Geschäftsreisende freimütig der Öffentlichkeit mit. In diesen Berichten mischen sich Staunen über die Schönheit mit Wut über die Unnahbarkeit der Stewardessen und dem Wunsch, mehr über diese zu ergründen und sie zu erobern. Die Arbeit, die die Stewardeß leistete, scheint hinter den Phantasien, deren Objekt sie wird, völlig zu verschwinden.

Vermutlich bot ihr Arbeitsplatz auch den Stewardessen (vor dem Hintergrund des Männermangels) durchaus Möglichkeiten der gesellschaftlich adäquaten Partnersuche. Wie sie sich dabei verhielten, inwieweit sie überhaupt an einem Ehemann interessiert waren, bleibt offen. Wir wissen nur, was Männer der Öffentlichkeit von ihrer Suche nach einer Stewardeß als potentieller Ehefrau mitteilten. Diese Suche konnte verschiedene Formen annehmen, wie folgendes Zitat belegt:

»Viele Männer, die nachts über den Atlantik nach New York fliegen, drükken vierzehn Stunden kein Auge zu. Sie blicken nicht einmal in ihre Zeitung. Sie beobachten die Stewardeß und machen sich Gedanken über ihre Person. Sie überlegen, welche Saiten in ihrem Gemüte die Bewegungen dieses Mädchens anstimmen ... Sie suchen zu ergründen, aus welchen Verhältnissen die Stewardeß kommen kann, warum sie gerade diesen und keinen anderen Beruf erwählt und ob sie mit ihrer Tätigkeit glücklich und zufrieden sei. Die Phantasie der fliegenden Männer bemächtigt sich der Stewardeß, noch bevor sie sich nähert und nach den Wünschen des einzelnen fragt. Diese Wünsche hören niemals auf, wenn das Mädchen ein Herz oder mehrere Herzen unter den Reisenden entzündet hat ... Die Stewardessen, so greifbar nahe, sind darum die unnahbarsten aller Frauen (...). Eine Stewardeß zur Frau nehmen ... bedeutet für den gehetzten Mann von heute eine der wenigen Möglichkeiten, eine Katze nicht im Sack kaufen zu müssen.«[81]

Stewardessen wurden mehr als zu erlangendes *»schönes Eigentum«*[82] und weniger als Berufstätige ernstgenommen. Daher ist es nicht erstaunlich, daß reichlich über ihr ›Wesen‹ in der Öffentlichkeit spekuliert wurde. Aus den Einstellungsvoraussetzungen der Lufthansa ergab sich nämlich, daß die Stewardeß *»hübsch, charmant, zierlich und liebenswürdig«* sein sollte. Hierin diente die *»Chefstewardeß«* der Lufthansa als lebendes Vorbild.[83] Aufgrund der strengen Selektionskriterien war die *»gute Partie«* für interessierte Männer garantiert. Bezüglich ihres Äußeren – sie mußte *»gut gewachsen«* sein – erwartete man beispielsweise schmale Hüften – *»denn breite Hüften sind in den engen Flugzeuggängen, in denen sich das Leben der Stewardessen abspielt, störend und sehen in den engen Kostümen auch nicht gerade gut aus«*.[84] Und natürlich mußten die Stewardessen lächeln, *»immer wieder lächeln«*.[85] Das Lächeln sollte jedoch individuellen Charakter behalten, nicht stereotyp wirken. Mütterliche Wärme wünschte sich der Passagier von der Stewardeß. So bemerkte ein Redakteur 1955:

»Stewardessen vermögen, was so viele Frauen auf Erden verlernt haben, Herzen zu rühren, die in der Polarnacht ihrer Gefühllosigkeit kaum noch als solche spürbar sind. Stewardessen lächeln zwanzigmal, sechsundvierzigmal, neunundsechzigmal, je nach der Zahl der Passagiere und der Größe des Flugzeugs. Aber jedesmal ist das Lächeln ein anderes.«[86]

Über ihr vermeintlich individuelles Lächeln, ihre Zuvorkommenheit und Schönheit wünschte der Flugpassagier eine persönliche Beziehung zur Stewardeß herzustellen. Er mochte den Warencharakter[87], der ihn mit der Angestellten der Fluggesellschaft verband – und der ihn zugleich von ihr trennte –, nicht als solchen wahrnehmen. Daß die Angestellte dafür bezahlt wurde, zu lächeln, schön zu sein und ihm die Wünsche von den Augen abzulesen, daß sie als Frau eingesetzt wurde, um ihn zu vermehrtem Kauf der Dienstleistung Flug zu animieren, blieb dem Fluggast verborgen. Daß die Stewardeß darüber hinaus noch gelernt hatte, eigene Bedürfnisse zurückzustecken, sich unterzuordnen, prädestinierte sie quasi zur perfekten potentiellen Ehefrau des Geschäftsreisenden.[88] So drehte sich die Diskussion auch immer wieder um die Frage, ob und wen Stewardessen denn heirateten. Noch 1955 wurde in der Presse die Vorkriegsstatistik kolportiert, nach welcher die Arbeitsdauer einer Stewardeß durchschnittlich zwei Jahre betragen hatte, bevor sie ›weggeheiratet‹ worden war. Es wurde betont, daß Ehen mit Stewardessen zu 90% glücklich verliefen.[89] 1958 wurde berichtet, daß von 120 Lufthansa-Stewardessen dreißig geheiratet hatten, immerhin ein Viertel. Für die restlichen drei Viertel der Frauen schien ein Leben ohne Ehe zumindest vorübergehend offensichtlich denkbar. Von besonderem Interesse war auch die Frage, ob Stewardessen lieber Fluggäste oder Piloten und Berufskollegen heirateten. Hierbei stellte sich heraus, daß von den dreißig ersten Lufthansa-Stewardessen nur eine einen Passagier geheiratet hatte.[90]

Nach ihrer Heirat mußte die Flugbegleiterin aus ihrem Beruf ausscheiden. Dies entsprach den juristischen Grundlagen des BGB, wonach der Ehemann eine Erwerbstätigkeit der Ehefrau untersagen konnte,[91] und dem Frauenbild dieser Zeit. Während die Stewardeß im Flugzeug quasi für eine Schar anonymer Ehemänner die imaginierte Hausfrau und Mutter darstellte, konnte sie mit der Heirat ihrer ›wahren Bestimmung‹ nachkommen. Denn die unverheiratete Frau galt in den fünfziger Jahren als wenig gesellschaftsfähig und als potentielle Bedrohung für jede Ehe. Unverheiratet zu bleiben hieß für Frauen, soziale Isolation und Geringschätzung auf sich zu nehmen:

»Die gesellschaftlichen Zwänge waren stark, Restaurant- oder Kneipenbesuche allein unmöglich; allenfalls in der Dunkelheit des Kinos konnte sich die alleinstehende Frau verkriechen. Das Familienleben verheirateter Freundinnen war dermaßen hermetisch abgeschlossen, daß meist nur an den Wochenenden formale Besuche möglich waren. Und bei Kollegenfrauen galt die Alleinstehende als potentielle Gefährdung der Ehe und war ungern gesehen. Einen männlichen Freund zu haben, einen Geliebten gar, konnte sie sich nicht leisten: sie war ohnehin nicht ganz gesellschaftsfähig und mußte auf ihre Moral achten.«[92]

Moralisch legitimiert wurde die Notwendigkeit der Berufsaufgabe zum Zeitpunkt der Heirat mit dem in den fünfziger Jahren gültigen Frauenleitbild: Man sah die verheiratete Stewardeß in die *»Mühle zwischen der Pflichtenteilung zwischen Beruf und Hausarbeit«* geraten. Süffisant wurde hervorgehoben, daß man bei der Lufthansa *»trotz aller Gleichberechtigung ... in personenstandlicher Hinsicht (bei den Stewards, A.B.) etwas großzügiger«*[93] verfahre. Diese durften verheiratet sein, ohne deshalb einem faktischen Berufsverbot zu unterliegen, wie es für ihre Kolleginnen galt. Dies entsprach der geschlechtsspezifischen Arbeits- und Rollenverteilung, die durch die Abwesenheit der Männer im Krieg ins Wanken geraten war. Nun galt es, die Rolle des Mannes als Familienoberhaupt und -ernährer wiederherzustellen.

Der Ausschluß verheirateter Flugbegleiterinnen kann in diesem Zusammenhang als ein Versuch gesehen werden, etwaigen Emanzipationsbestrebungen jener Frauen entgegenzuwirken, die Freude an einem für ihr Geschlecht noch gänzlich pionierhaften Leben in finanzieller und geographischer Ungebundenheit hatten und sich die Welt als Stewardeß mit eigenen Augen betrachten wollten.[94] Verunsicherungen der jungen Frauen in ihrer neuen Berufsrolle konnten durch die Heiratsklausel zugunsten einer Zementierung althergebrachter Verhaltensweisen aufgefangen werden. Wie im einleitenden Zitat angedeutet, stellte schon die bloße Anwesenheit einer arbeitenden Frau im Flugzeug eine Provokation für die männlichen Geschäftsreisenden dar. Das in den fünfziger Jahren noch immer neue Verkehrsmittel Flugzeug symbolisierte wirtschaftlichen und technischen Fortschritt durch Männermacht. Daß gerade Frauen Anteil an diesem Fortschritt haben sollten, indem sie all seiner Vorteile teilhaftig wurden – der schnellen Bewegung von einem Ort zum anderen, dem Kennenlernen fremder Länder –, ließ sie leicht in den Verdacht der Konkurrenz zum männlichen Geschlecht geraten.

Mit der Wieder- bzw. Neugründung der Deutschen Lufthansa im Jahr 1953 wurde an Erfahrungen aus der Vorkriegszeit angeknüpft: Weibliche Arbeitskräfte im Flugzeug waren nun erwünscht und benötigt, da sie sich in ihrer Funktion, Kunden anzulocken, offenbar bewährt hatten. Diese Funktion wurde durch eine Heiratsklausel, die nur für Frauen galt, noch verstärkt: Es war bekannt, daß Stewardessen nicht verheiratet sein durften. Zugleich professionalisierte die Deutsche Lufthansa ihre Arbeitsstrukturen, indem sie z.B. 1954 erstmals einen Kriterienkatalog zur Auswahl von Stewardessen aufstellte, der bis heute nur unwesentlich verändert wurde. Darin dominierte das Äußere: Wer den äußeren Kriterien von Körpergröße, Körpergewicht, ›Gut-Gewachsensein‹ etc. nicht genügte, konnte dies nicht etwa durch andere Qualifikationen kompensieren, sondern scheiterte bereits in der Vorauswahl. Dieses Verfahren verfestigte die Funktion der Stewardeß als Werbeträgerin. Die ebenfalls im Kriterienkatalog enthaltenen Bildungsvoraussetzungen von mittleren bis höheren Bildungsabschlüssen sowie fließenden Fremdsprachenkenntnissen zielten auf Mittelschichtsangehörige. Von Anfang an wurde eine starke Selektion betrieben, die dem neuen Frauenberuf einen attraktiven, weil unerreichbaren, und zugleich exotischen Charakter verlieh. Trotz großen Bedarfs an fliegendem Personal und allgemeinem Arbeitskräftemangel wurden nicht mehr als 10% bis 25% der BewerberInnen zur Vorstellung von der Lufthansa eingeladen. Dies machte den Mode- und Traumberuf der fünfziger Jahre für viele Frauen erst recht interessant. Obwohl die Frauen für die Fluggesellschaft unentbehrlich waren, mußten ihre Freiheitsbestrebungen, die sie mit dem Beruf assoziierten, kanalisiert und kontrolliert werden: daher wurde klargestellt, daß Frauen, die als Stewardeß ihre Individualität verwirklichen und eigennützige Motive verfolgen wollten, ungeeignet waren. Solche Frauen stellten das Familienleitbild der fünfziger Jahre massiv in Frage. Die Arbeitsbedingungen waren so angelegt, daß Stewardessen früher oder später im sicheren Hafen der Ehe landeten.

In den fünfziger Jahren wird die tatsächlich zu leistende (Haus-)Arbeit von Stewardessen – das Servieren von Speisen und Getränken, die Betreuung der Fluggäste – in der Presse fast gar nicht beschrieben. Damit setzt sich die seit den Anfängen dieses Frauenberufs bestehende Tendenz fort, die Arbeit der Stewardeß als verberuflichte Form von Hausarbeit nicht sichtbar werden zu lassen. Das öffentliche Augenmerk der Männer, die die hauptsächliche Kundschaft darstellen, richtet sich statt dessen auf die Person der Stewardeß. Sie erscheint jetzt als

Symbol einer vermeintlich persönlichen Beziehung zwischen Mann und Frau, mit allen der weiblichen Rolle innewohnenden ›wesensgemäßen‹ Zügen. Davon abweichende Verhaltensweisen von Stewardessen wie Unnahbarkeit werden von den männlichen Kunden kritisch registriert, bedrohen sie doch die Illusion der persönlichen Beziehung. Es entsteht ein vehementes Interesse an der Stewardeß als potentieller Ehefrau: Als solche wird sie von der Luftfahrtgesellschaft werbewirksam eingesetzt und vom Kunden phantasiert. Die strenge Auswahl der Lufthansa und die Gewißheit, daß Stewardessen gelernt haben, sich unterzuordnen, läßt sie als ideale (imaginierte) Ehefrau erscheinen.

Die sechziger Jahre – Stewardessen müssen mit beiden Beinen fest auf der Erde stehen

Die fünfziger Jahre waren die Ära des eher gemächlichen Fliegens in persönlicher Atmosphäre. Dies betraf neben dem Komfort im Flugzeug auch die Geschwindigkeit, mit der Propellermaschinen wie die ›Super-Constellation‹ sich fortbewegt hatten. Ein Flug nach Bangkok hatte beispielsweise 36 Stunden gedauert, vier Zwischenlandungen inbegriffen. Nordamerika hatte man durchschnittlich nach 20stündiger Flugzeit erreicht.[95] Demgegenüber waren die sechziger Jahre das Zeitalter technologischen Wandels, zunehmender Mobilität und Reiseaktivität der Bevölkerung. Die Spar- und Wiederaufbaupolitik wurde durch eine Politik des *»extensiven Konsums«* abgelöst.[96] Propellerflugzeuge wurden bei der Lufthansa durch Düsenjets ersetzt, die mit der doppelten Geschwindigkeit flogen und die Flugreisezeit erheblich reduzierten. Zugleich konnten in den Düsenflugzeugen doppelt soviele Passagiere Platz finden wie in den Propellermaschinen.[97] So vollzog sich in den Sechzigern eine Expansion im Luftverkehr, ausgelöst durch schnellere, größere und leistungsfähigere Flugzeuge. Am 17.3.1960 setzte die Lufthansa den ersten Düsenjet, die Boeing 707 nach USA ein.[98] Darin konnten 150 bis 170 Passagiere befördert werden; in der ›Super-Constellation‹ waren es nur 86 gewesen. Mit dem Ankauf von insgesamt 23 Boeing 707-Maschinen konnte die Lufthansa innerhalb von zehn Jahren ihr interkontinentales Streckennetz in völlig neuem Umfang auf- und ausbauen.[99] Diese enorme Expansion schlug sich in den kontinuierlich steigenden Passagierzahlen nieder: das jährliche Fluggastaufkommen der Lufthansa vergrößerte sich von 1960 bis 1970 um 5,7 Millionen (von 1,2 Mio 1960 auf 6,9 Mio 1970), was einer Steigerungsrate von 560% (!) entspricht. Diese Expansion erforderte – nicht nur bei der Lufthansa, sondern allgemein in den sechziger Jahren – die Einstellung von qualifizierten und flexiblen Arbeitskräften, die sich dem technologischen Wandel anpaßten und ihn mittragen konnten.[100] Der erhöhte Bedarf an Kabinenpersonal führte bei der Lufthansa zu *»Nachwuchssor-*

gen«[101], die nicht allein in einem Mangel an genügend Bewerbungen junger Frauen und Männer begründet lagen. Der politisch vieldiskutierte *»Bildungsnotstand«*[102] warf seine Schatten auch auf die Lufthansa. Die Geschäftsleitung klagte über das niedrige Niveau ihres Kabinenpersonals, dessen *»Leistungsdurchschnitt ... hinsichtlich Sprachkönnen, Sicherheit im Auftreten, charakterliche Reife ... gegenüber früheren Jahrgängen gesunken«* sei.[103] Die Gründe hierfür wurden als *»allgemeine Zeiterscheinungen«* der herangewachsenen Kriegsgeneration gesehen.[104] Diese Interpretation war sicher nicht ganz abwegig, denn auch die gesellschaftlichen Sitten jener Jahre unterlagen einem Wandel: insgesamt wurden die starren und autoritären Verhaltensregeln der fünfziger Jahre gelockert; die junge Generation (der 1940 Geborenen) war kritischer und weniger autoritätsgläubig als ihre Eltern. Statt der blinden Unterwerfung unter patriarchale Autorität wurde nun der Glaube an ein Realitätsprinzip erwartet, das durch Expertenwissen untermauert wurde.[105] Auch zur Rekrutierung geeigneten Personals wurden neue Methoden entwickelt. Die elitären Auswahlkriterien der fünfziger Jahre hatten dabei keineswegs ihre Gültigkeit verloren, sondern wurden Anfang der sechziger Jahre trotz Personalmangels zunächst verschärft. Nun wurde von den BewerberInnen zusätzlich ein längerer Auslandsaufenthalt gewünscht sowie Erfahrung in Kontaktberufen oder Kenntnisse in Kinder- und Krankenpflege und eine überdurchschnittliche Allgemeinbildung.[106] Mithilfe des Einsatzes psychologischer Eignungstests, die das Auswahlverfahren perfektionierten, versprach man sich die Auswahl qualifizierten Personals. Diese Methoden werden erstmals 1962 erwähnt.[107] Mit einem solchen Testinstrumentarium und den angehobenen Basisvoraussetzungen konnten aus der Vielzahl der Bewerbungen weniger als 10% selektiert werden. Der Mythos von der Exklusivität des Stewardessenberufs war aus der Anfangszeit der zivilen Luftfahrt ins anbrechende Zeitalter des Massentransports von Passagieren hinübergerettet.[108] So deklamierte z.B. die Rheinische Post:

»Noch in diesem Jahr müssen 350 Flugbegleiter ausgebildet werden. Gemessen an den hohen Anforderungen sind jährlich 2.000 Bewerbungen dafür nicht ausreichend.«[109]

Dabei bot die Fliegerei in den sechziger Jahren durchaus keine lebenslange Berufsperspektive: für Stewards und Stewardessen galt das Erreichen des vierzigsten Lebensjahres als Altershöchstgrenze, mit der sie aus ihrem Beruf ausscheiden mußten. Beim Ausscheiden mit vierzig Jahren wurde entweder eine *»Versicherungsprämie«*[110] ausbezahlt oder eine Umschulung innerhalb der Lufthansa für Tätigkeiten im Bodendienst angeboten. Inwiefern diese Umschulungen auch für Frauen weitergehende Berufsperspektiven boten, ist aus dem vorliegenden Material nicht klar ersichtlich. Es kann jedoch vermutet werden, daß ehemalige Stewardessen, deren durchschnittliche Arbeitsdauer im fliegerischen Einsatz bei acht Jahren lag,[111] eher in untergeordneten Arbeitsfeldern z.B. als Bodenangestellte anzufinden waren, während ehemalige Stewards sich als *»Bezirksverkaufsleiter«*, *»Stationsleiter«* oder sogar als *»Kapitäne und als Copiloten«*[112] innerhalb der Firma neue, anspruchsvolle Berufsgebiete erschließen konnten. Die Berufstätigkeit von Frauen galt in den sechziger Jahren noch immer als Interimsbeschäftigung und Vorbereitung auf ihre eigentliche Aufgabe als Hausfrau und Mutter.[113] Bei der Lufthansa spekulierte man, daß das Leben *»aus dem Koffer«* für die jungen Damen auf Dauer *»gewiß wenig ersprießlich«* sei und daß Stewardessen *»wie andere Frauen auch – bei aller Freude am Beruf, eines Tages im eigenen Heim Gastgeberin«* werden wollten.[114]

Dennoch scheinen die Frauen mehr Freude an ihrer Tätigkeit gehabt zu haben, als das normative Weiblichkeitsbild zuließ. So waren die durch Eheschließung bedingten ›Abgänge‹ bei Stewardessen relativ gering: 1968 gaben 15% der Frauen aus diesem Grunde ihre Tätigkeit im Flugzeug auf.[115] Der dadurch nochmals erhöhte Personalbedarf bei der Lufthansa führte zu einer – zunächst internen – Aufweichung der Heiratsklausel für Stewardessen: zwar wurden bis Ende der sechziger Jahre nach wie vor nur unverheiratete Frauen für den fliegerischen Bereich neu eingestellt, einer weiteren Beschäftigung als Stewardeß nach ihrer Heirat wurde jedoch nichts mehr entgegengesetzt. Von 700 Flugbegleiterinnen waren 1967/68 120 verheiratet und berufstätig.[116] Die Lufthansa beschäftigte 1960 nur 447 Flugbegleiter und Flugbegleiterinnen. 1970 waren es bereits 1 587, mehr als dreimal soviele. Im Jahre 1969 wurden in einer internen Stellenausschreibung auch verheiratete weibliche Bodenangestellte der Lufthansa aufgefordert, sich als Flugbegleiterinnen zu bewerben[117] – eine notwendige Reaktion der Lufthansa auf den Einsatz der Boeing 747, mit der 200 bis 300 Passagiere nach Nord- und Südamerika transportiert werden konnten. Der Personalbedarf war jetzt so groß, daß auch junge Männer gezielt akquiriert werden mußten. Das unzureichende Bildungsniveau, von der Lufthansa Anfang der sechziger Jahre noch beklagt, war schnell vergessen, zumindest was Stewards betraf. Die Einstellungsbedingungen für Männer wurden vielmehr gelockert. Unter dem Motto *»Flugbegleiter – eine Chance für junge Männer«* warb der Lufthansa-Artikeldienst mit Erfolg Stewards:

»Sie tragen eine schicke Uniform, ihr Arbeitsplatz ist die gepflegte Atmosphäre einer Jet-Flugzeug-Kabine und sie lernen ›im Dienst‹ die weite Welt kennen und werden noch dafür bezahlt. Kein Wunder, daß immer mehr junge Männer die Chance wahrnehmen, die ihnen der Beruf des Flugbegleiters bietet.

Die Aussichten waren noch nie so günstig wie jetzt: Im Hinblick auf die Einführung der Boeing 747 mit ihrem erheblich größeren Personalaufwand hat die Lufthansa die Einstellungsbedingungen für männliche Flugbegleiter abgeändert. Es genügt jetzt, wenn der Bewerber die mittlere Reife hat und über gute, in der Schule erworbene Englisch-Kenntnisse verfügt ... Die Bezahlung, die dafür winkt, läßt sich durchaus sehen: Am Anfang sind es bereits über 1.000 DM, später werden es mehr als 2.000 DM. Natürlich ohne Spesen ... Bei entsprechender überdurchschnittlicher Leistung kann ein strebsamer Flugbegleiter zum Purser oder Check-Steward aufsteigen oder eine andere Position mit Kontroll- und Menschenführungsaufgaben erhalten ... Wer aus Altersgründen ›vom Himmel‹ geholt wird, braucht deswegen jedoch nicht aus der Lufthansa auszuscheiden ... Zum Beispiel sind zwei ehemalige Flugbegleiter inzwischen als Flugkapitäne auf Strecke, drei weitere fliegen als Copiloten und ein rundes Dutzend ›Ehemaliger‹ bereitet sich in der Fliegerschule auf die Flugzeugführerlaufbahn vor ...«[118]

Den jungen Männern wurde ein lockerer, attraktiver Job angeboten, bei dem neben Aufstiegsmöglichkeiten sogar noch eine Bezahlung *»winkte«* – Formulierungen, die es bei der Rekrutierung von Frauen nie gegeben hatte. Die Werbung zeitigte Erfolge: 1968/69 betrug das Verhältnis von Stewardessen zu Stewards $^3/_5$ zu $^2/_5$. Fast jeder zweite Flugbegleiter war männlichen Geschlechts. Ohne die elitären Einstellungs-Standards für Frauen aufgeben zu müssen, konnte die Lufthansa so neue männliche Mitarbeiter gewinnen.

Das ausgehende Jahrzehnt war charakterisiert durch eine anbrechende internationale Reiseaktivität und Mobilität der Massen; Expertenwissen über die Kundschaft im Flugzeug war gefordert. Marktforscher erstellten Passagierprofile, in denen die Ängste und Wünsche der Passagiere beim Fliegen erforscht wurden, um zielgerichtet dem Kunden als *»Rohstoff der Dienstleistungsbranche«*[119] ein besseres Dienstleistungsprodukt bieten zu können. In der ›Flugwelt‹ wurde 1964 berichtet, daß die Luftfahrtbranche seit Ende des Zweiten Weltkrieges eine der höchsten Wachstumsraten aufweise, obwohl das Fliegen noch als die teuerste und exklusivste Art der Fortbewegung galt. Die ›Flugwelt‹ zitierte eine Repräsentativerhebung, nach der *»genau ein Viertel der erwachsenen Bevölkerung«* in der Bundesrepublik von 1961 bis 1964 mindestens eine Auslandsreise (inklusive Urlaubsreisen) unternommen hatte. Davon hatten jedoch nur 2% der Reisenden das Flugzeug als Transportmittel benutzt.[120] Nach dieser Untersuchung stellten Privat- und Geschäftsreisende, die jedoch relativ selten flogen (ein- bis dreimal von 1961-1964), das Gros der Flugreisenden dar. Es zeigte sich, daß das Flugzeug als Verkehrsmittel noch Anfang der sechziger Jahre wenig frequentiert wurde und noch immer tendenziell das exklusive Privileg eines kleinen, ausgewählten Publikums, vornehmlich Geschäftsreisender, war. Die Untersuchung ergab auch, daß das Fliegen für die Mehrheit der Befragten als emotionales *»Erlebnis«* bezeichnet wurde. *»Vielflieger«* schätzten zusätzlich Schnelligkeit, Komfort und Service an Bord. Diejenigen, die noch nie ein Fluzeug benutzt hatten, begründeten dies mit ihrer Angst vor dem Fliegen und den hohen, für sie unerschwinglichen Flugpreisen sowie der sozialen Exklusivität. (Ein Flug nach USA kostete 1964 US $ 300, 1951 US $ 711, 1939 US $ 675).[121] Die Benutzung eines Flugzeugs wurde von den Nicht-Fliegern eher den Angehörigen gehobener sozialer Schichten wie Politikern, Diplomaten, Direktoren etc. zugeschrieben.[122] Diese Erhebung des DIVO-Marktforschungsinstituts zielte darauf ab, dem Luftverkehr neue Käuferschichten zu erschließen und ein Vordringen in andere soziale Gruppierungen zu ermöglichen.

Eine weitere, in der Presse referierte Studie ergab aufschlußreiche Aspekte des neuen Stewardessenbildes: danach mußten ›Glamour-Girls‹ abdanken, denn sie wirkten abschreckend auf die Passagiere. *»Herausfordernd wirkende Frauen«* lösten unter den Fluggästen *»unterschwellige Hilflosigkeit«* aus.[123] Nun war von der Stewardeß *»mütterliche Fürsorglichkeit«* und *»weibliche Ausstrahlung«* gefordert, da die Flugbegleiterin laut Lufthansa-Werbung die *»wichtigste Bordeinrichtung«* darstellte.[124] Mit Rückgriff auf das Stewardessenbild der fünfziger Jahre ließ die Chefstewardeß der Lufthansa in der Presse verlauten, der Stewardessen-Beruf sei die beste Ehevorbereitung, denn *»... man lernt dienen und repräsentieren«*.[125] Nach wie vor sollte die Flugbegleiterin an Bord *»Gastgeberin comme il faut«*[126] spielen. Dafür waren nicht nur ihre weiblichen Fähigkeiten entscheidend, sondern auch ihr Erscheinungsbild, das in der öffentlichen Diskussion zunehmend Raum einnahm. Einerseits wurde vor einer Überbetonung des Äußeren gewarnt – potentielle Stewardessen durften nicht von (Größen-)*»Wahnvorstellungen befallen«*, keine Stars oder Schönheitsköniginnen, andererseits aber auch keine *»zopfige(n) Blaustrümpfe«* oder *»hausbackene(n) Dickerchen«* sein.[127] Wie unterschiedlich die informellen Anforderungen an Stewards und Stewardessen waren, zeigt das folgende Zitat:

»›Wir suchen einen ganz bestimmten Typ‹, sagt Ursula Tautz (damals Chef-stewardeß bei LH, A.B.). ›Glamour-Girls und Snobs sind genauso wenig gefragt wie der überehrgeizige Mädchentyp.‹ Kritisch betrachtet die Chef-Stewardeß die Figur einer schlanken 23jährigen aus Düsseldorf ... Warum will ein Mädchen diesen anstrengenden Beruf ergreifen? ›Wissen Sie‹, sagte dieser Tage eine 23jährige Auslandskorrespondentin in Frankfurt zu Ursula Tautz, ›ich mag nicht immer im Büro sitzen. Ich möchte mit Menschen zusammenkommen, meine Sprachen praktizieren und die Welt sehen.‹ Auf diese Wünsche, die von fast allen Bewerberinnen in ähnlicher Form geäußert werden, hat Ursula Tautz immer diesselbe Antwort: ›Schön‹, sagt sie, ›das alles erwarten Sie von diesem Beruf. Und was wollen Sie geben?‹ Die Antworten darauf sind oft verschwommen und naiv. Nur wenige erkennen sehr klar, daß sie bereit sein müssen, als Stewardeß mehr zu geben als zu fordern.«[128]

Die Stewardeß der sechziger Jahre brauchte das *»gewisse Etwas«*, um den diffusen und vielfältigen Anforderungen der Fluggesellschaften, der Passagiere und der Presse zu entsprechen. Paßte sie nicht in das gültige Bild, war sie zu heftig von Freiheitsbestrebungen oder gar von blankem Hedonismus getrieben, bestand bei der Ausbildung die Möglichkeit, ihr durch das Lehrpersonal *»kleine Tips«* zu geben, *»wie Sie Ihre eigene Persönlichkeit noch besser entfalten ... und welche Eigenschaften Sie sich abgewöhnen ...«* sollte.[129] Hatte die Flugbegleiterin erst die Einstellungshürden geschafft, wurde es gerne gesehen, wenn sie *»brav versprochen hatte«*, daß sie sich *»in mancherlei Beziehung noch ändern würde ...«*.[130] Mit Hilfe psychologischer Einstellungstests ließen sich bei den Frauen vermeintlich charakterliche Defizite ablesen, die eine Veränderung ihrer Persönlichkeit scheinbar nötig machten. Diese psychologisch erzwungene Anpassung der Bewerberinnen an die Firmennormen wurde seit den sechziger Jahren bis in die achtziger Jahre praktiziert, wie ich aus eigener Anschauung weiß.

Die Stewardeß mußte nun *»mit beiden Beinen auf der Erde«* stehen, nach Belieben *»Krankenschwester, Schauspielerin und Dame«*[131] in einer Person vereinigen. Das Profil der Stewardeß wandelte sich zu einer auf Marktbedürfnisse zugerichteten Arbeitskraft, die sich den Erfordernissen der expandierenden Luftfahrtbranche anzupassen hatte. Das allmählich aufkeimende Interesse an den Arbeitsbedingungen von Stewardessen führte erstmals zu einer im Ansatz kritischen Berichterstattung. 1962 wurden zum ersten Mal die Schattenseiten des Stewardessendaseins von einer Reporterin, die selbst als Flugbegleiterin nach New York geflogen war, öffentlich beleuchtet. Die Reporterin bezeichnete abschließend die Arbeit der Stewardessen als *»einen der härtesten Frauenberufe«* überhaupt.[132] Im Stern hieß es 1967: *»... die Stewardessen leisten Schwerarbeit. Sie schuften wie die Kellnerinnen auf dem Oktoberfest.«*[133]

Die Arbeit, die eine Stewardeß tatsächlich zu leisten hatte, wurde hier erstmals transparent gemacht, wurde greifbar und nachvollziehbar. Die neuen Einsichten standen in eklantantem Widerspruch zum mystischen Nebel, der in der Vergangenheit über der Tatsache, daß Stewardessen überhaupt Arbeit verrichteten, gelegen hatte. So war zu lesen, daß eine Stewardeß *»... in anderthalb Stunden fünfzig Passagieren ein Essen zu servieren«* hatte,[134] daß sie als einziges Besatzungsmitglied im Flugzeug körperliche Arbeit leisten mußte,[135] daß ihr zum Gespräch mit den Fluggästen kaum Zeit blieb,[136] daß sie an einem Arbeitstag auf Inlandsflügen ungefähr 600mal guten Tag zu sagen hatte[137], daß ihre Arbeitszeit wie im Flug verging mit *»ansagen, servieren, abservieren, Getränke reichen, Kaffee kochen, Cocktails mixen, Alkohol und Parfüm verkaufen«*.[138]

Diese Verschärfung der Arbeitsbedingungen waren dem Einsatz der Düsen-Jets zuzuschreiben, in denen in kürzerer Zeit mehr Passagiere als je zuvor zu versorgen waren. In der Anfangsphase wurde von jedem Flugzeugtyp ein(e) Flugbegleiter(in) abgezogen, da die Personalkalkulation noch wenig effektiv war.[139] Die Lufthansa kreierte dazu die *»gezielte Fluggastbetreuung«*, auf die das Kabinenpersonal in der Ausbildung intensiv geschult wurde.[140] Auch die Folgen dieser Arbeit für die Persönlichkeit der Frauen wurden nun thematisiert. Diese lagen u.a. im reduzierten Privatleben zu Hause, in häufiger Abwesenheit, den Schwierigkeiten bei der Partnersuche und dem Fehlen intellektueller Auseinandersetzung.[141]

So wurde für eine breitere Öffentlichkeit erstmals sichtbar, daß sich hinter der Fassade der perfekten Gastgeberin, die ihre Passagiere vorbildlich zu betreuen hatte, eine körperlich schwer arbeitende, monotonen Arbeitsabläufen unterworfene und von mannigfaltigsten Anforderungen überhäufte Arbeitskraft verbergen konnte. Auf diese Weise wurde zum ersten Mal der Arbeit von Stewardessen Anerkennung gezollt.

Diese neue Sicht auf die Arbeit der Flugbegleiterinnen thematisierte nicht nur die beschwerlichen Arbeitsbedingungen, sondern auch die gesundheitlichen Folgen der Fliegerei für die Frauen. Diese konnten sich äußern in genereller Erschöpfung durch Klimawechsel und Zeitverschiebung, in Form von Schlafstörungen, Kopfschmerzen, Blutdruckabfall, Herzbeschwerden, Menstruationsstörungen etc.[142]

Eine kritische Berichterstattung über die Schattenseiten des Stewardessenberufs blieb jedoch zunächst die Ausnahme. Die Regel war eine

Hofberichterstattung im Sinne der Fluggesellschaften, in der zwar die *»harte Arbeit«* durchaus thematisiert wurde, jedoch eher unter der Zielsetzung, potentielle ›Glamour-Girls‹ oder unnahbare ›Vamp-Typen‹ von der Berufswahl Stewardeß abzuschrecken. Dagegen galt die bereitwillige Anpassung an die vielfältigen, sehr unterschiedlichen Anforderungen, die an angehende Flugbegleiterinnen gestellt wurden, als besonders zu würdigende Tugend der Frauen, nicht jedoch der männlichen Kollegen.

Mit der Expansion der Luftfahrt in den sechziger Jahren endet die Ära der Stewardeß in ihrer Rolle als bürgerliche Hausfrau. War die Stewardeß in den fünfziger Jahren noch ein Mythos, dessen Persönlichkeit es zu ergründen galt, so wird sie jetzt qua Marktforschung als Frau marktgerecht ›gemacht‹. Es bricht das Zeitalter massenhaften Reisens an, und das bedeutet für Stewardessen: die Vermarktung ihrer von Experten auf Kundenwünsche zurechtgestutzten Person.

✈ Mit dem Einsatz neuer, leistungsfähigerer Flugzeuge kann die Luftfahrtbranche in bis dahin einmaligem Ausmaß expandieren. Das Fluggastaufkommen der Lufthansa verfünffacht sich innerhalb einer Dekade nahezu. Parallel dazu verdreifacht sich die Anzahl des Kabinenpersonals von 1960 bis 1970 um 355%. Das Passagieraufkommen verhält sich überproportional zum Personalaufkommen in den Flugzeugkabinen. Das Verhältnis von Stewardessen zu Stewards gleicht sich Ende des Jahrzehntes kurzzeitig fast an, da der Personalbedarf der Lufthansa mit dem Einsatz der Jet-Flugzeuge enorm gestiegen ist. Eine widersprüchliche Personalpolitik ist die Folge: trotz des erhöhten Personalbedarfs hält die Lufthansa am Prinzip strenger Selektion (für Stewardessen) fest: mittels verfeinerter Auswahlmethoden (psychologische Eignungstests) wird die Anzahl der aus den Bewerbungen eingestellten FlugbegleiterInnen auf unter 10% gehalten. Somit kann in der Öffentlichkeit der Mythos von der Exklusivität des Stewardessenberufes aufrechterhalten werden. Gegen Ende der sechziger Jahre muß sogar die Heiratsklausel aufgeweicht werden. Erstmals werden auch verheiratete Berwerberinnen eingestellt (zunächst nur firmenintern); bereits verheiratete Frauen dürfen weiterfliegen. Für Männer galt diese Regelung schon immer. 1969 werden die Einstellungsbedingungen für männliche Bewerber sogar herabgesetzt, sie werden mit lukrativen Angeboten angelockt.[143]

Die Stewardeß erscheint in den sechziger Jahren nicht mehr als Persönlichkeit und potentielle Ehefrau des Geschäftsreisenden; dieses Bild paßt nicht mehr ins Zeitalter zunehmenden Fluggastaufkommens, in dem das Benutzen eines Flugzeugs zwar immer noch nichts Alltägliches, aber doch kein reines Luxusvergnügen einiger weniger Privilegierter mehr ist. Die Stewardeß hat nun den Anforderungen eines größeren Publikums zu genügen, dessen Wünsche von Marktforschern eruiert werden. Nach diesen Wünschen entsteht ein neues Stewardessenbild, eine wohldosierte Mischung aus *»Krankenschwester, Schauspielerin und Dame«*[144], die Vertrauen einflößt und dennoch eine Augenweide für die männlichen Passagiere darstellt. Die Anpassung der Frauen an die vielfältigen, diffusen Anforderungen wird als neue, lobenswerte weibliche Tugend honoriert. Die neue Tugend liegt in der Unterordnung und Anpassung an veränderte, erschwerte Arbeitsbedingungen; Abweichungen stören das Bild der Stewardeß als Werbeträgerin, das im Zeitalter der Massenreisen neu und marktgerecht ausgerichtet werden muß. Den Gegenentwurf zur Stewardeß als mütterlicher Schönheit bildet das vielzitierte ›Glamour-Girl‹, dessen Konturen merkwürdig unscharf bleiben. Das ›Glamour-Girl‹ symbolisiert Anteile von Verweigerung, Selbstsucht und Hedonismus, vielleicht eine ›kalte Schönheit‹, die ihren Beruf weniger um der Arbeit willen als vielmehr aus Reiselust und Abenteuerdrang liebt. Das Konstrukt des ›Glamour-Girls‹ kann als männliche Projektion betrachtet werden: Freiheiten, die Frauen für sich in Anspruch nehmen könnten, werden darauf übertragen, befürchtete Ausbrüche aus der Rolle der Hausfrau und Mutter, aber auch aus bodenständigen Frauenberufen. Bezeichnenderweise habe ich nirgendwo ähnliche Ängste und Projektionen gegenüber der fliegerischen Tätigkeit von Männern gefunden.

Zunehmendes öffentliches Interesse am Mythos Stewardeß führt auch zu einer ansatzweise kritischen Berichterstattung über Flugbegleiterinnen. Arbeitsbedingungen und -abläufe werden beschrieben oder sogar persönlich durchlebt und transparent gemacht. Es wird offensichtlich, daß der Mythos im Zeitalter der Rationalisierung Schattenseiten zu zeigen beginnt. Der Traumberuf der fünfziger Jahre erfährt erste Entzauberungen.

Die »Kulis im Jet«? – Stewardessen im Zeitalter des Umbruchs

Mit den ausgehenden sechziger Jahren setzt ein weiterer gesellschaftlicher Wandel ein. Es folgen die Jahre des ungebrochenen Glaubens an ein ungehemmtes wirtschaftliches Wachstum (trotz wirtschaftlicher Krisen 1966 und 1973), die Zeit der ausschließlichen Fixierung auf neue Technologien als Träger des Fortschritts, die Zeit des Massenkonsums und der verbesserten sozialen Sicherung und Bildung der Bevölkerung, zu deren Vorreiterin sich die SPD machte. In diesem Klima formieren sich politische Gegenkulturen, die neuen sozialen Bewegungen, die radikal ›mehr Demokratie‹ und vor allem andere Formen von Demokratie fordern. Insgesamt gelten die siebziger Jahre als Zeit der Befreiung, des hoffnungsvollen Aufbruchs in die Moderne.[145]

Der Glaube an ungezügeltes Wachstum konnte in der Luftfahrt auch durch die Wirtschaftskrisen hindurch aufrechterhalten bleiben: So betrug der Zuwachs an Fluggästen innerhalb von zehn Jahren (1970-1980) gut 200%, insgesamt betrachtet von 1960 bis 1980 sogar über 1 000%. Trotz kurzzeitiger Einbrüche infolge der Ölkrise konnte die Lufthansa jedes Jahr eine Steigerungsrate von einer Million beförderten Passagieren verzeichnen. Das erste Düsenflugzeug, die Boeing 707, 1960 noch eine technische Revolution der Luftfahrt, gehörte bald schon zum alten Eisen, war technisch überholt und wurde langsam durch die Großraum-Jets Boeing 747 (Jumbo-Jet) und McDonell Douglas (DC 10) abgelöst. Mit diesen Massentransportmitteln, in denen zwischen 250 und 350 Passagiere Platz fanden, konnte das internationale Streckennetz um viele Frequenzen erweitert werden.[146]

Unter diesen Umständen mußte sich auch das Arbeitsfeld des Kabinenpersonals wandeln und der neuen Technologie anpassen. Kein Zweifel konnte mehr daran bestehen, daß im Flugzeug hart und rationell gearbeitet werden mußte. In den siebziger Jahren häuften sich auch in den Medien spektakuläre Schlagzeilen *»im Sinne einer aufklärerischen Tabuverlet-*

zung«[147], die kritisch auf die Situation von Stewardessen hinwiesen. So lauteten die Titel beispielsweise *»Stewardeß – ein Job, kein Traum«* (Rheinische Post, 1974), *»Stewardessen – die Kulis im Jet«* (Frankfurter Rundschau 1970), *»Ein himmlischer Job?«* (Nora 1976), *»Neu Delhi sehen und schlafen«* (Flughafennachrichten 1977) usw.

Diese recht provokativen Schlagzeilen kratzten nicht nur am bis dahin erfolgreich verbreiteten Stewardessen-Image, sondern setzten auch die in den sechziger Jahren aufkeimende Kritik an der Arbeitswelt im Flugzeug fort. Der Entzauberung des Traumberufes aus den fünfziger Jahren folgt nun Ernüchterung, denn die Stewardeß, das wird deutlich, muß in ihrem ›Job‹ über den Wolken hart und diszipliniert arbeiten wie ein Mann.

Inwieweit die veränderte Sicht auf die Arbeit der Stewardeß im Zusammenhang mit den neuen sozialen Bewegungen, insbesondere mit der neuen Frauenbewegung steht, kann nicht genau beurteilt werden. Es kann lediglich ein Zusammenhang zwischen dem Echo der Frauenbewegung in den Medien und der Demontage herkömmlicher Stewardessenklischees in der Presse vermutet werden. Die Darstellung von diskriminierenden Arbeitsbedingungen und der Ungleichbehandlung der Stewardeß in den siebziger Jahren hat jedoch nicht zwangsläufig zu Veränderungen geführt, wie die bis heute fortexistierenden Klischees zeigen.

Im übrigen kann in den siebziger Jahren von einem Nebeneinander verschiedener Stewardessenbilder gesprochen werden: das ›neue‹ Bild der körperlich schwer arbeitenden und mannigfaltig überforderten Frau neben der Stewardeß als ›Sexbombe‹ und als jugendliches Hausmütterchen, das mit Hilfe psychologischer Methoden an Passagierwünsche angepaßt wird.[148] Verstärkt war jetzt die Rede von (sexueller) Belästigung der Stewardessen durch männliche Passagiere, von erniedrigender Schmutzarbeit wie dem Putzen von Toiletten, dem Entfernen von Erbrochenem, von steigender Unlust der Flugbegleiterinnen an ihrem ›Job‹.[149] Anders als in der Bundesrepublik haben sich in den USA 1972 Stewardesses For Womens Rights (SWFR) zusammengeschlossen, um gegen ihre Diskriminierung als Frauen durch männliche Vorgesetzte, mangelnde Aufstiegschancen, ihre Vermarktung als Sexobjekte in der Werbung, subjektive Einstellungsverfahren und Leibesvisitationen im Sinne von *»underwear-inspections«* zu protestieren und sich zur Wehr zu setzen.[150] Daß bei der Einstellung von Frauen andere, informelle Normen gelten als bei Männern, daraus machte die Lufthansa keinen Hehl: Im Bewerbungsgespräch wurde bei Frauen besonders auf *»die Haltung. Auf das Make-up. Auf die Fingernägel«* geachtet.[151]

In der Bundesrepublik meldeten sich zwar Stewardessen zu Wort, es kam anders als in den USA aber nicht zu einer Organisation als Berufsgruppe. Die Diskriminierung wurde individuell öffentlich gemacht, und die Konsequenzen trugen ebenfalls stark individuellen Charakter, denn sie lagen z.B. in der Kündigung einzelner Frauen. Eine Angestellte der belgischen Fluggesellschaft Sabena klagte vor dem Europäischen Gerichtshof gegen ihren Arbeitgeber, der Frauen nur bis zum vierzigsten Lebensjahr im fliegerischen Einsatz beschäftigte.[152] Seit 1970 besteht bei der Lufthansa die Möglichkeit, nach Vollendung des dreißigsten Lebensjahres gegen Auszahlung einer Abfindung aus dem fliegerischen Dienst auszuscheiden (sogenannte Option). Diese Option wurde im Zusammenhang mit der Verlängerung der Lebensarbeitszeit für das Kabinenpersonal mit den Gewerkschaften ausgehandelt. Danach dürfen Frauen und Männer nun bis zum 55. Lebensjahr als FlugbegleiterInnen tätig sein. Zum einen bildet die Option eine bessere finanzielle Absicherung für Frauen, die ihre fliegerische Tätigkeit aufgeben wollen. Gleichzeitig ist sie eine inoffizielle Altersbegrenzung im Beruf, was für Frauenberufe typisch ist. Für die Fluggesellschaft stellt diese Abfindung ein Mittel dar, das Durchschnittsalter ihres weiblichen Personals niedrig zu halten, denn, wie es in der Zeitschrift ›Jasmin‹ heißt: *»Die Lufthansa will keine Omas als Stewardessen. Deshalb zahlt sie hohe Abfindungen.«*[153]

So gesehen wurde die Tätigkeit der Stewardeß in den siebziger Jahren erstmals tarifvertraglich einem Beruf gleichgestellt, der bis zum Erreichen des Rentenalters ausgeübt werden kann. In der Praxis scheint die nun mögliche Perspektive, bis zur (vorzeitigen) Pensionierung zu fliegen, für Frauen zunächst wenig attraktiv gewesen zu sein.[154]

Durch den Einsatz der neuen Langstreckenflugzeuge Boeing 747 und DC 10 entstand bei der Lufthansa wieder mehr Bedarf an Personal. Aus diesem Grunde versuchte die Lufthansa 1972 während der Olympischen Spiele in München Olympia-Hostessen als Stewardessen anzuwerben. Zwar gingen jährlich ca. 3 000 Bewerbungen ein, aus denen jedoch weiterhin nur 500 Personen zum Vorstellungsgespräch eingeladen wurden.[155] Es mußten allerdings die Eingangsvoraussetzungen gesenkt werden, um die entsprechende Anzahl an Kabinenpersonal rekrutieren zu können. Nun genügten ein mittlerer Bildungsabschluß sowie eine *»gewandte Ausdrucksweise in Englisch«* und Kenntnisse einer weiteren Fremdsprache.[156] Die Einstellungsverfahren wurden weiter rationalisiert und perfektioniert. Daneben wurde bei Frauen jetzt die Formel *»Körpergröße in cm minus 110 = Idealgewicht«* angewandt, für Männer galt ein *»angemessenes Verhältnis zur Größe«* als ausreichend. Das Wiegen gehörte zum Einstellungsverfahren.

In den siebziger Jahren hatte die Lufthansa Probleme mit der Rekrutierung von Nachwuchs, da *»es sich unter den Schulabgängerinnen herum-*

gesprochen hat, daß der siebte Himmel im Arbeitsleben nicht unbedingt in der engen Kabine eines Flugzeugs liegt«.[157]

Das Anfangsgehalt einer Stewardeß lag 1970 bei 1 100 DM, 1972 bei 1 325 DM monatlich, zuzüglich Spesen. Der ›Industriekurier‹ verwies 1970 darauf, daß eine Sekretärin mehr verdiene und bessere Arbeitsbedingungen habe als eine Flugbegleiterin.[158] 1977 wurde das Anfangsgehalt auf 1 760 DM angehoben. Es lag damit noch erheblich unter dem durchschnittlichen Monatseinkommen von Frauen, die im Handel, Gaststättenwesen oder im Öffentlichen Dienst 1975 beschäftigt waren.[159] Die Tätigkeit der Stewardeß verlor an Attraktivität. Allenthalben wurde der Niedergang des Mythos, der die Fliegerei umgibt, festgestellt. Das Flugzeug als Massentransportmittel, daher durchrationalisierte und standardisierte Serviceabläufe, »Beziehungslosigkeit und Gleichgültigkeit«, »ignorante *Arroganz*« der FlugbegleiterInnen, Verlust persönlicher Beziehungen unter den Arbeitskollegen (Crew), Anonymität und Desinteresse lauteten die vielfach beklagten Symptome in den siebziger Jahren.[160] Angeprangert wurde auch die *»Anspruchlosigkeit«* der Fluggesellschaften bei der Personalauswahl, die sich darin äußere, daß Stewardessen jetzt *»sogar verheiratet«* sein und eine Brille tragen dürfen.[161] Kritisiert wurde das falsche Image, von dem diese mittlerweile umgeben seien.[162] Aber auch Flugbegleiterinnen beklagten in der Presse den Verfall moralischer Werte, die gesunkenen Anforderungen und ihr schwindendes Ansehen unter den Passagieren wie im privaten Umfeld.[163] Sie beklagten auch ihre Arbeitsbedingungen, die sie stumpf und antriebslos werden ließen, innerlich leer und unzufrieden:

»Man ist ein gepflegter, hübscher Roboter, der die Fähigkeit verloren hat, sein Leben aus eigener Initiative zu gestalten.«[164]

Moralisiert wurde über den Sittenverfall unter den Stewardessen seit Einführung der Pille, die zur Polygamie führe bzw. verleite, einem Privileg, das ihre männlichen Kollegen lange schon für sich in Anspruch nahmen. Es war die Zeit der ›freien Liebe‹. Eine ehemalige Stewardeß berichtet darüber:

»Liebe mit dem Kapitän, das ist ein Thema, das die Phantasie jeder Stewardeß schon einmal beschäftigt hat … Ich kann nicht leugnen, daß es Stewardessen bei uns gegeben hat und und immer geben wird, die ›nur nach links gucken‹, wie wir es nennen. In der Flugkanzel sitzt der Kapitän immer auf der linken Seite … Jeder Kapitän, der es darauf anlegt, wird irgendwann eine Stewardeß finden, die dem Reiz seiner graumelierten

Schläfen nicht widerstehen kann oder eine solche, die einen König der Lüfte auf ihrer Liste abhaken möchte ...«[165]

Alte Stewardessenbilder geraten ins Wanken. Allzu deutlich erweisen sich die Versprechungen der Werbeabteilungen im Jetzeitalter als uneinlösbar. Die Stewardeß als Gastgeberin eines Massenpublikums ist unglaubwürdig, auch als Sex-Objekt taugt sie nur bedingt, seit ihre Arbeit standardisiert und bis ins Detail vorgegeben ist. Individuelle Fluggastbetreuung wird zur leeren Verheißung angesichts 400 zu bedienender Passagiere im Großraumflugzeug. Das Lächeln der Stewardeß erstarrt zur Grimasse.[166] Widersprüche tun sich als Abgründe auf: Die ›Kulis‹ im Jet werden nach getaner Arbeit am Zielort in Luxushotels untergebracht, haben teil an einem Lebensstil, der nicht eigentlich der ihre ist, sie werden bedient und umhegt, um dann nach Ablauf ihres Aufenthalts bzw. ihrer Ruhezeit ihrerseits im Flugzeug ein Massenpublikum bedienen zu müssen.[167]

Dem Unmut und den Ermüdungserscheinungen des fliegenden Personals begegnen die Lufthansa und andere Unternehmen mit neuen psychologischen Strategien: TACT (Transactional Analysis in Customer Treatment nach Eric Berne) lautet nun die Zauberformel zur Motivation des Personals. Kurse zur Aus- und Weiterbildung sollen Kabinen- und Bodenpersonal befähigen, zu analysieren, *»warum der eine was zum anderen gesagt hat«*,[168] und so Unmut und Mißverständnisse in der Interaktion mit der Kundschaft im Keim ersticken helfen. Diese psychologischen Konzepte dienen zugleich als Instrument zur Verfeinerung der Beziehungsarbeit, die am Kunden zu leisten ist: Gefühle, die von verstehender Freundlichkeit und Einfühlsamkeit abweichen, sind unerwünscht und stören empfindlich die Dienstleistungsethik. Bezeichnenderweise wird TACT im Zeitalter der Großraum-Jets eingeführt, die Hunderte von Passagieren auf einmal befördern, was Stewardessen erhöhte Belastbarkeit abfordert. Mit Hilfe dieser psychologisch verfeinerten Ausbildungsprogramme kann die Lufthansa auch die *»Wahrscheinlichkeit, die bestmögliche personalpolitische Entscheidung zu treffen, von 60 auf 85% ...«* erhöhen.[169]

Bei der Einstellung wurden seit Anfang der siebziger Jahre auch Intelligenz-Tests durchgeführt; *»wer nur ein ›hübsches Dummchen‹ und damit nach landläufiger Ansicht hinreichend befähigt ist, Stewardeß zu werden«*[170], fiel durch. Nicht mehr Schönheit, sondern Intelligenz wurde verlangt und gemessen. Höflichkeit, Anpassungsfähigkeit, Situationsgewandtheit und Charme, diese weiblichen Tugenden zählten neben der Intelligenz weit mehr als Schönheit. Darüber hinaus sollte die Aspirantin in den Augen der Lufthansa eine *»echte Beziehung zum Beruf der Stewardeß«* mitbringen, denn: *»das betreuerische Element spielt in diesem Beruf eine große Rolle. Wenn ein Mädchen insgeheim zu stolz oder zu kühl ist, um anderen Menschen herzlich und vorbehaltlos entgegenzukommen und für sie dazusein, dann wird es als Stewardeß immer ungeeignet sein.«*[171] Stolz, Unnahbarkeit und Kühle galten als hinderliche Eigenschaften und verweisen auf den Gegenentwurf zur mütterlichen Stewardeß, auf das ›Glamour-Girl‹ aus den sechziger Jahren. Bei den Bewerbungsgesprächen wurden von den Ausbildern Überlegungen angestellt, ob *»das Mädchen innerhalb unseres Lehrgangs ›zu machen‹ ist«*.[172] Präpariert werden mußten die Bewerberinnen für ihre in ›Für Sie‹ mit acht Berufen gekennzeichnete Tätigkeit als: *»Verkäuferin, Kindermädchen, Putzfrau, Auskunftsdame, Krankenschwester, Kellnerin, Zeitungsbote, Gastgeberin«*.[173]

Diese Tätigkeitsfelder einer Stewardeß umreißen zusammen mit Elementen der Hausarbeit die Bandbreite typisch weiblicher Betätigung in untergeordneter Position. Die neue Stewardeß der siebziger Jahre *»muß eine kluge, charmante, sie muß eine ideale Gastgeberin sein. Und sie muß es stundenlang auch für einen Gast sein können, der ihr herzlich unsympathisch ist«*.[174]

Diese Eigenschaften finden sich im Zeitalter der Unzufriedenheit vermeintlich besonders bei den asiatischen Stewardessen. *»Die können noch wirklich dienen. Die sind so süß.«*[175] Hier lebt das alte Bild der aufopferungsvollen, hausfraulichen Stewardeß wieder auf. Es offenbart sich aber auch der sexistisch-patriarchale Blick auf künftige Flugbegleiterinnen, der vollständige Anpassung unter den Primat des Dienens und der Dienstleistungsethik fordert, wie sie sich angeblich besonders bei Asiatinnen findet. In diesem Blick bricht sich zugleich, daß Stewardessen des Dienens allmählich müde zu werden scheinen.

✈ Das Benutzen eines Flugzeugs ist in den siebziger Jahren kein exklusives Privileg mehr, sondern fast schon ein Konsummittel, dessen sich viele Millionen Menschen bedienen können. Der technokratische Glaube an die ›Machbarkeit‹, an die Möglichkeit immer neuen und größeren Wachstums prägten die Entwicklung der Luftfahrt entschieden. Daher braucht es entsprechendes Fluggerät, in dem diese Massen transportiert werden können, und in diesem müssen die Serviceabläufe

durchrationalisiert sein. So dringt der auf Stewardessen gerichtete Blick in dieser Zeit erstmals hinter die Kulissen des ehemaligen Traumberufs. Vermutlich im Zusammenhang mit den medienöffentlichen Aktionen der neuen sozialen Bewegungen, insbesondere der neuen Frauenbewegung, in den Jahren nach 1968 werden Diskriminierungen, Arbeitsbedingungen, Arbeitsbelastungen und die Auswirkungen der Arbeit im Flugzeug nun kritisch in Augenschein genommen. Das Bild der Stewardeß zerfällt nun in die intelligente Gastgeberin und Hausfrau auf der einen und den wie ein Mann schwer körperlich arbeitenden ›Kuli‹ im Flugzeug auf der anderen Seite, durchsetzt mit Sex-Appeal im Zeitalter der freien Liebe. Nicht zuletzt äußern sich Stewardessen selbst kritisch zu ihrer Arbeit. Sie tun dies unter dem Einfluß größerer Arbeitsbelastung durch die starke Expansion in der Luftfahrtbranche. Der Einsatz neuer, größerer Flugzeuge und höherer Fluggeschwindigkeiten sowie die Standardisierung und Durchrationalisierung der Arbeitsabläufe im Flugzeug führten zu monotoner und wenig abwechslungsreicher Berufstätigkeit. Das massenhafte Bedienen von Passagieren läßt die auf Individualität angelegte Rolle der Gastgeberin zur hohlen Geste werden. Die Perspektive, jetzt bis zur Pensionierung fliegen zu können, stellte einen wichtigen Schritt zur Verberuflichung der historisch als ›Job‹ angelegten Interimstätigkeit dar. Trotzdem scheint die Fluktuation unter den Stewardessen groß zu sein. Für die Schweiz berichtet Danuser (1975) von einer durchschnittlichen Berufstätigkeit der Stewardessen von vier Jahren.[176] Vermutlich ist diese Fluktuation neben Motiven der weiblichen Normalbiographie (Ehe und Familie) auf Unzufriedenheit bzw. Überforderung am Arbeitsplatz zurückzuführen; einzelne ›Aussteigerinnen‹ berichten darüber in der Presse. Stewardeß als lebenslange Perspektive scheint für Frauen in den siebziger Jahren wenig attraktiv. Obwohl sich die strategische Vermarktung der Flugbegleiterin als ›Gastgeberin‹ offensichtlich nicht mehr halten läßt, weil sie auch von den Frauen selbst nicht mehr ausgefüllt werden kann, wird sie von den Fluggesellschaften weiterhin um so nachhaltiger propagiert. Mittels IQ-Tests und psychologischer Eignungsverfahren werden die Bewerberinnen selektiert, in den Ausbildungslehrgängen zu Gastgeberinnen *»gemacht«*. Die von staatlichen Eingriffen unberührte Festlegung und Veränderung der Auswahlkriterien für FlugbegleiterInnen durch die Lufthansa festigt deren Ausbildungsmonopol und verstärkt gleichzeitig die Abhängigkeit des Kabinenpersonals vom Arbeitgeber. Für Frauen gelten dabei doppelte Standards: einmal müssen sie die neuen, jetzt ›objektiven‹, meßbaren Kriterien erfüllen, d.h., ihr Körpergewicht muß der neu eingeführten Formel entsprechen, sie müssen die psychologischen Eignungstests bestehen; daneben wird bei ihnen jedoch auch auf das persönliche Erscheinungsbild gesehen. Dennoch führt die – aus welchen Motiven auch immer durchgeführte – kritische Berichterstattung über die Arbeit der Stewardessen erstmals in der Geschichte des Berufes zu mehr Transparenz in der Öffentlichkeit. Diese Einsicht in die Arbeitsbedingungen von Stewardessen trägt nicht unwesentlich zur Entmystifizierung ihrer Tätigkeit bei.

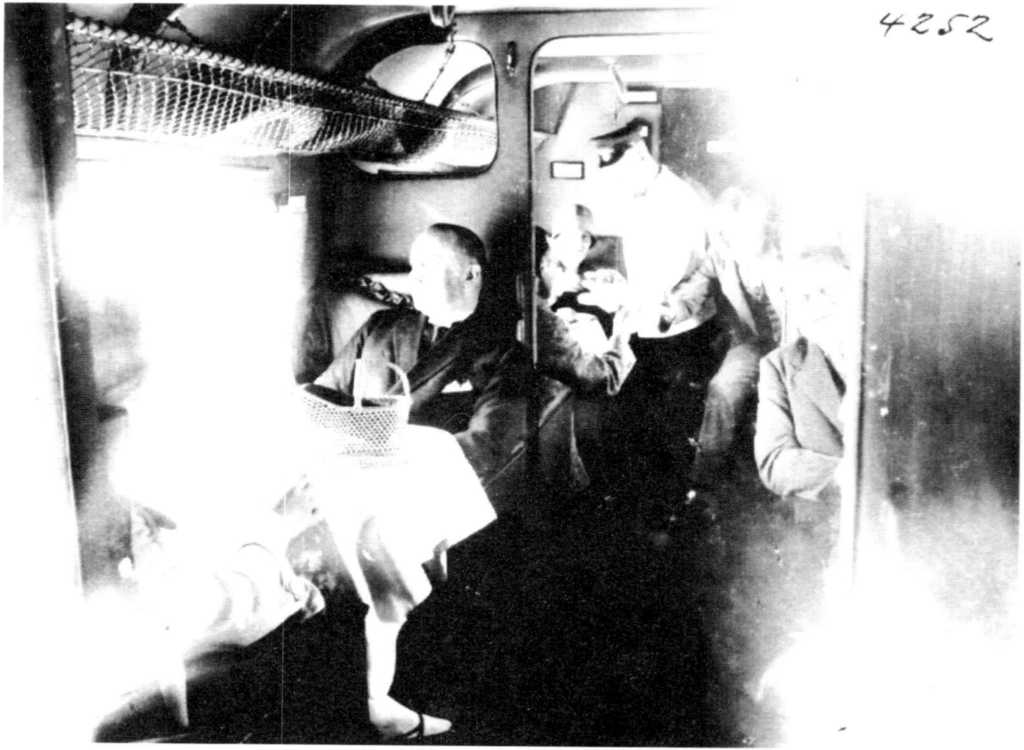

4252

TERMINUS AVIATION
BUFFET
1310
LUFT HANSA

RAUCHER

Zwischenbilanz: Die imaginierte Freiheit? Hausfrau im Flugzeug versus Glamourgirl in der großen weiten Welt

Die Ausgangsfragen dieses Kapitels suchten nach Entwicklungslinien und -tendenzen des Stewardessenberufs von den Anfängen in den dreißiger bis in die ausgehenden siebziger Jahre. Hierbei sind für den genannten Untersuchungszeitraum Tendenzen und Veränderungen der Arbeitsbedingungen sichtbar geworden.

- Frauen wurden im Flugzeug von Anfang an gezielt eingesetzt. Anders als die bis dahin in den Luftschiffen und ersten Propellerflugzeugen als Kellner arbeitenden *»Luftstewards«* lagen ihre Aufgaben zunächst in der neu geschaffenen Betreuung der Passagiere. Die Gründe für den Zugang von Frauen zu dieser ehemaligen Männerdomäne waren ökonomische, die Stewardessen ein Pfund, mit dem es sich werbewirksam wuchern ließ. Dessen ungeachtet waren die Arbeitsbedingungen dieser Frauen von Anfang an auch von körperlicher Arbeit geprägt, die Aufgabenfelder vielschichtig.
- Die technische Entwicklung in der Luftfahrt ermöglichte erst zu Beginn der sechziger Jahre Großraumflugzeuge, in denen keine individuelle Betreuung einzelner Passagiere mehr möglich war. Deshalb trug die Arbeit der Stewardeß bis Ende der fünfziger Jahre durchaus persönliche Züge: der Service war ›Handarbeit‹, Gespräche zwischen Passagier und Stewardeß fanden statt, die Atmosphäre im Flugzeug trug heimelige Züge. Dessen ungeachtet wurde die Arbeit der Stewardeß als Hausfrau im Flugzeug kaum erwähnt.
- Eine Verschärfung der Arbeitsbedingungen erfolgte mit der Ablösung der Propellermaschinen durch düsengetriebene Jets: das Passagieraufkommen pro Flugzeug konnte so verdoppelt werden, die Flugzeiten verkürzten sich, das Langstreckennetz konnte ausgebaut und die Frequenzen vergrößert werden. Der Service wurde rationalisiert und standardisiert, es wurden höhere Anforderungen an das Kabinenpersonal

gestellt als vorher. Diese Entwicklung, die in den siebziger Jahren zum Tragen kam, kennzeichnete den Modernisierungschub in der Luftfahrt. Unter diese Arbeitsbedingungen galt es sich jetzt anzupassen. Für individuelle Passagierkontakte blieb da kein Raum.

- Schon immer galten für Frauen im Flugzeug andere Maßstäbe als für ihre männlichen Kollegen. Stewardessen mußten noch bis Ende der sechziger Jahre unverheiratet sein und unterlagen damit (zumindest seit Einführung des Grundgesetzes) einer faktischen Ungleichheitsbehandlung. Bei der Einstellung wurde diese Ungleichbehandlung fortgeführt: Der Körper der Frauen spielte dabei eine herausragende Rolle, er wurde zur *informellen* Eintrittskarte zum Beruf der Stewardeß, er wurde begutachtet, vermessen und gewogen, wie dies bei Männern so nicht der Fall war. Daß Stewardessen anders behandelt wurden als Stewards, deutet auf die fehlende *Gleichwertigkeit* des weiblichen Geschlechts hin. Diese zeigt sich besonders darin, daß die *formalen* Einstellungsbedingungen bei der Lufthansa für Männer oder Frauen je nach Marktlage verschärft oder gelockert wurden. Männer wurden tendenziell als Arbeitskräfte *angelockt*, während Frauen tendenziell *eher abgeschreckt* wurden. Dies ist ein bemerkenswerter Widerspruch in der Personalpolitik einer Fluggesellschaft, deren größter Teil des Kabinenpersonals sich ja aus Frauen zusammensetzt und die Frauen als *Werbeträger* für ihr Dienstleistungsprodukt dringend benötigt. Dank der Monopolstellung, die die Lufthansa bei ihrer Personalrekrutierung nach wie vor innehat und die weitgehend frei von staatlichen Eingriffen bleibt, kann die Stewardessentätigkeit, in den siebziger Jahren vom Hauch der Exklusivität umhüllt, attraktiv und erstrebenswert bleiben, weil der Zugang nicht einfach ist, während diejenigen, die es geschafft haben, die Hürden der Selektion zu nehmen, in enger Abhängigkeit verbleiben.
- Dieser tendenziellen Entwicklung der Arbeitsstrukturen im Flugzeug entsprechen bestimmte Bilder von der Stewardeß, die eng gekoppelt sind an die jeweils gültigen normativen Weiblichkeitsentwürfe der Zeit. Durchgängig zeigt sich jedoch ein klarer und eindeutiger Tenor: *die Stewardeß hat sich unterzuordnen.* Über vier Jahrzehnte hinweg ändert sich nichts daran, daß diese Frauen – ideologisch immer der jeweiligen Zeit gemäß – an herrschende Weiblichkeitsbilder angepaßt werden. Ob als tapfere Ehekameradin im Nationalsozialismus, als reizende potentielle Ehefrau in den fünfziger Jahren und danach als etwas künstliches Konstrukt aus Krankenschwester, Hausfrau und Schauspielerin – immer ist dies der gesellschaftliche Stoff, aus dem die ›guten‹

Frauenbilder gewoben sind. Immer existiert auch ein Gegenentwurf zu diesen Bildern, der äußerst bedrohlich wirkt. Er kreist um diejenigen Elemente in der Frau und der Stewardeß, die um Eigenständigkeit, Selbstkontrolle und Selbstverwirklichung, um weibliche Unabhängigkeit und Autonomie durch Berufstätigkeit gelagert sind. Er gipfelt im Konstrukt des ›Glamour-Girls‹ in den sechziger Jahren. Anders als die Ehekameradin oder Krankenschwester denkt das Glamour-Girl an sich selbst (zuerst?), es hat Spaß und sogar Lust über den Wolken und in der Ferne, es genießt Freiheiten. Das Glamour-Girl tut nichts anderes als seine männlichen Kollegen. Gerade deshalb ist dieser Gegenentwurf so gefährlich und entspricht dem Bild der ›schlechten‹ Frau. Schlecht, weil er die Angst vor der weiblichen *Gleichrangigkeit* mit dem männlichen Geschlecht schürt, die Angst, daß die Stewardeß tatsächlich nicht nur wie ein Mann arbeiten, sondern auch wie er Lust an der Distanz, die das Reisen herstellt, und an all den Annehmlichkeiten des Stewardessen-Lebens verspüren könnte.

Aber diese Imagination hat auch positive Aspekte: um das Bild einer weiblichen Freibeuterin ranken sich Phantasien der wahrhaft freien Frau in der Moderne. In der Imagination von Freiheit bleibt alles Reale ausgeblendet; die Arbeit, die Zwänge und alles andere, was die weibliche Normalbiographie betrifft. Die so imaginierte Frau ist frei, sonst nichts. Sie lebt das Nichtnormale, ist phantastisch befreit von jeglicher Norm. Über diese Phantasie erfährt die Stewardeß, wie ich meine, eine ungeheure Übersteigerung ins Irreale. Und darin liegt der andere Pol der Bewertung ihres Berufes, auch die Überhöhung des beruflichen Sozialprestiges.

Arbeits- und Lebenszusammenhänge von Stewardessen

Interdisziplinäre Arbeiten, die sich ausdrücklich mit Stewardessen beschäftigen, sind die Ausnahme. In seiner Literaturrecherche führt Minas (1981) insgesamt zehn Publikationen auf, die Stewardessen zum Thema haben; sie stammen überwiegend aus den USA und wurden in den sechziger und siebziger Jahren verfaßt. Bei den von Minas aufgeführten Titeln handelt es sich u.a. um zwei Informationsbroschüren über das Tätigkeitsfeld von FlugbegleiterInnen. Von den verbleibenden acht wissenschaftlichen Beiträgen beschäftigen sich vier mit der *»Persönlichkeitsstruktur«* bzw. mit Defiziten in der Persönlichkeit von Stewardessen, zwei Artikel mit dem Thema Schwangerschaft und weitere zwei mit anderen gesundheitlichen Problemen von Stewardessen. Diese Übersicht gibt bereits einen ersten Eindruck davon, worauf das wissenschaftliche Interesse an Stewardessen konzentriert ist.

Ich habe bei meinen Recherchen in den USA und in Deutschland weitere, von Minas nicht bibliographierte Untersuchungen über Stewardessen gefunden. Ein Problem dieser (überwiegend psychologischen) Studien besteht darin, daß in ihnen Flugbegleiterinnen sehr oft bloß als Forschungsobjekte benutzt werden, mit denen bestimmte Tests durchgeführt werden, ohne daß aussagefähige Ergebnisse über diese Frauen getroffen würden. Solche Arbeiten beschäftigen sich z.B. mit der Berufswahl oder den Karrieremöglichkeiten von Stewardessen[1] oder mit ihrer Persönlichkeit[2]. Aussagefähiger, wenn auch einem Defizitansatz von Frauen geschuldet und nicht mehr sehr aktuell, sind die Untersuchungen von Danuser (1975) und Sawitzki (1967) über das Berufsbild und die Arbeitsbedingungen von Stewardessen. Bei meinen Recherchen habe ich keine einzige Studie über männliche Flugbegleiter gefunden, auch keine vergleichende Untersuchung mit beiden Geschlechtern. Hier scheint mir ein erheblicher Forschungsbedarf zu bestehen.

Zu diesem Literaturbestand sind in den achtziger Jahren in den USA einige Untersuchungen hinzugekommen, die von Women's Studies beeinflußt sind. Littler-Bishop et al. (1982) untersuchten die sexuelle Belästigung von Stewardessen am Arbeitsplatz; Hochschild (1983) die Kommerzialisierung der Gefühle von Flugbegleiterinnen durch die Fluggesellschaften. Hochschilds Studie wurde in den letzten Jahren auch in Deutschland in Psychologie und Soziologie rezipiert.[3]

Das Interesse wissenschaftlicher Forschung an der Luftfahrt konzentriert sich ganz eindeutig auf den medizinischen Bereich. Dort liegen auch die umfangreichsten Ergebnisse über Auswirkungen der Fliegerei auf die Gesundheit vor – allerdings die Gesundheit des Cockpitpersonals, nicht des Kabinenpersonals. Auch in der Statistik führen Angehörige des Kabinenpersonals ein marginales Dasein. So existiert bis heute keine einheitliche bundesweite statistische Erfassung der Anzahl von Flugbegleiterinnen und Flugbegleitern. Sie rangieren beim Statistischen Bundesamt innerhalb des fliegenden Personals unter *»sonstige Beschäftigte«*. Die Anzahl des Kabinenpersonals gab das Luftfahrtbundesamt für 1986 bundesweit mit 10 793 Personen an, eine Differenzierung nach Geschlecht wurde nicht vorgenommen. Die personelle Entwicklung im Kabinenbereich seit 1955 nach Geschlecht konnte nur aufgrund der statistischen Daten der Lufthansa errechnet werden und besitzt somit keine bundesweite Gültigkeit.[4]

Die Arbeitsbedingungen von Stewardessen in der Gegenwart

Im folgenden sollen die aktuellen Arbeitsbedingungen der Flugbegleiterinnen in Deutschland, und hier bei der Lufthansa/Condor, kurz beleuchtet werden. Abweichungen ergeben sich bei deutschen Chartergesellschaften, bei denen die Arbeitsbedingungen insgesamt schlechter sein dürften; Stichworte sind mehr Arbeitszeit und weniger Bezahlung.

Aufgaben

Wie wir bereits gesehen haben, ist die zentrale Aufgabe der Stewardessen die Betreuung der Passagiere im Flugzeug. Daran hat sich in der Gegenwart nichts geändert.

»Ziel dieser Betreuung soll es sein, eine angenehme, entspannte und persönliche Atmosphäre entstehen zu lassen, wobei besonderes Einfühlungsvermögen in die verschiedene Art, Herkunft und Erziehung der Fluggäste verlangt wird.«[5]

Bis heute ist dieser Kundenkontakt für das Luftfahrtunternehmen von existentiellem Interesse, da davon ausgegangen wird, daß von allen Kontakten, die der Passagier mit den Repräsentanten der Fluggesellschaft hat – z.B. bei Buchung, Reservierung, Check-in etc. – derjenige mit der Stewardeß im Flugzeug der nachhaltigste ist, der angeblich über das Bild entscheidet, *»das sich der Fluggast von der von ihm gewählten Fluggesellschaft macht.«*[6] Daher trägt nach der Wettbewerbsideologie die Person der Stewardeß quasi die Verantwortung dafür, *»ob ein einmal für die Gesellschaft gewonnener Fluggast ein in der Zukunft ständiger Kunde der Gesellschaft bleibt oder ob er bei der nächsten Reise lieber die Dienste einer anderen Gesellschaft in Anspruch nimmt«*.[7]

Die Aufgaben des Kabinenpersonals sind daher maßgeblich von expressivem Kundenkontakt geprägt, wobei sich die Anforderungen durch die Entwicklungen der letzten Jahre erheblich verschärft haben: rapide Steigerung der Passagierzahlen in den letzten dreißig Jahren um 1 800%, die Verschärfung des internationalen Wettbewerbs und die daraus resultierenden Veränderungen (Einführung neuer Klassensysteme wie Business-Class, Intensivierung des Service und der Betreuung), nicht zuletzt längere Flugzeiten ohne Zwischenlandungen.[8] Diese Verschärfung manifestiert sich auch in der – bereits historisch angelegten – Familiarisierung und Intimisierung der anonymen Warenbeziehung zwischen Kunde und Fluggesellschaft. Hochschild (1983) bezeichnet diese Familiarisierung treffend als *»living-room-analogy«*[9]: jene vom Unternehmen geschaffene Illusion, die die Stewardeß zur Gastgeberin, den Passagier zum *»Fluggast«* werden läßt. Die Flugbegleiterin soll den Kunden behandeln, als säße er bei ihr zu Hause im Wohnzimmer – *»the passenger as a good friend«*.[10] Diese Analogie basiert jedoch nicht auf Gegenseitigkeit, hat der vermeintliche Gast doch keinerlei Verpflichtung, sich als solcher zu verhalten, d.h. seinerseits höflich, zuvorkommend oder gar hilfsbereit zu sein. Danuser (1975) und auch Sawitzki (1967) sehen die Hauptaufgabe der Stewardessen in der *»vorwiegend psychologischen Funktion ... der ›Mutter-Rolle‹«*[11] an Bord, die zur Aufgabe hat, den (männlichen) Passagieren die Flugangst zu nehmen bzw. ihnen als Projektionsfläche für Ängste, Nervosität und Aufregung zur Verfügung zu stehen. Zwar sieht Danuser sowohl die Gegenwart einer Stewardeß als auch eines Stewards als vertrauenseinflößende Maßnahme im Flugzeug, dennoch kommt er zu dem Schluß, daß zum Abbau von Angst in der beengten Situation sich *»Weibliche Besatzungsmitglieder ... hierzu naturgemäß besser (eignen, A.B.) als Stewards; dies umso mehr, als der Hauptteil der Passagiere auch heute noch aus Männern besteht«*.[12] Als ein weiteres Mittel zum Abbau der männlichen Flugangst sieht Hochschild (1983) die Verbreitung einer sexualisierten Atmosphäre in der Kabine durch die Präsenz von Frauen.[13] Während Hochschild die Aufgaben der Stewardeß in die Bereiche physische, mentale und emotionale Arbeit untergliedert, unterscheidet Minas zusätzlich verschiedene Funktionen.

- Präsenzfunktion (Vertrauen einflößen, Ängste abbauen)
- Betreuungsfunktion (Hilfreiche Verhaltensweisen im Umgang mit Passagieren, Service, Auskünfte erteilen, Bordverkauf durchführen)
- Repräsentativfunktion (Gastgeberin sein)
- Sicherheitsfunktion (Vorführung der Notausrüstung, erste Hilfe, Evakuierung)

– Administrativfunktion (Verwaltungsaufgaben, Listen führen, Zollformalitäten, Abrechnungen erstellen)[14]

Diese Auflistung gibt zwar die detaillierteste Darstellung der vielfältigen Aufgaben von Stewardessen wieder, sie verwässert aber die unterschiedliche Gewichtung, die die einzelnen Aufgaben der Stewardeß für die Fluggesellschaft besitzen. Absolute Priorität hat die Personenorientierung, der Kundenkontakt. Hier wäre noch hinzuzufügen, daß sich die Repräsentationsaufgaben für das Unternehmen auch auf das Privatleben ausdehnen. So schreibt der Manteltarifvertrag der Lufthansa vor, daß das Personal *»in besonderem Maße verpflichtet (ist, A.B.) sich jederzeit und außer Dienst so zu verhalten, daß das Ansehen des Unternehmens nicht geschädigt wird«*.[15]

Arbeitszeit, Freizeit

Die Arbeitszeit des fliegenden Personals unterliegt den Regeln der International Civil Aviation Organisation (ICAO), die dazu dienen, Unfälle in der Luftfahrt zu vermeiden. Nationale Regelungen für die BRD finden sich in der Zweiten Durchführungsverordnung zur Betriebsordnung für Luftfahrtgerät (2. DV LuftBo).[16] Hierbei ist in erster Linie an die Mitglieder des Cockpit gedacht, in deren Händen die Verantwortung für die sichere Durchführung des Fluges liegt. Das Kabinenpersonal ist jedoch automatisch mitgemeint, da auch ihm im Notfall die Verantwortung zur Evakuierung und Lebensrettung der Passagiere obliegt. Die tarifvertragliche Regelung der Arbeitszeit wird auf der Grundlage der ICAO-Vorschriften zwischen Fluggesellschaft und Tarifpartnern ausgehandelt und ist international nicht einheitlich.[17]

Gemäß dem Manteltarifvertrag von 1987 für Lufthansa und Condor ist die Arbeitszeit definiert als Flugdienstzeit. Diese beinhaltet die reine Flugzeit (vom Off blocks = Wegrollen bis zum On blocks = Andocken am Flughafen), die Bodenzeit (Transit, Zwischenlandungen), die Wartezeit bei Verspätungen, je eine Stunde für vorbereitende und abschließende Arbeiten vor und nach dem Flug (Briefing/Abrechnung von Bordverkauf) und Bereitschaftsdienst (Stand by) am Flughafen. Weitere Bestandteile der Arbeitszeit sind betriebsinterne Schulungen, Public-Relation-Tätigkeit für das Unternehmen, betriebsärztliche Untersuchungen, Bereitschaftsdienst zu Hause usw.[18] Ein Bild der vorbereitenden Tätigkeiten gibt Frerichs:

»Der Dienst der Flugbegleiter beginnt je nach zu fliegender Strecke und je nach Flugzeugtyp etwa 1 1/2 Stunden vor dem Start mit einem bis zu dreißigminütigen Briefing (Flugvorbesprechung zwischen Stewardessen/Stewards und Purser/ette A.B.). Danach bespricht der Kapitän mit der Besatzung den genauen Ablauf des Fluges. Während anschließend die Cockpitbesatzung die Flugdienstberatung und den Wetterdienst aufsucht, begibt sich die Kabinenbesatzung bereits zur Maschine. In der Kabine wird die Vollständigkeit und der einwandfreie Zustand der Einrichtungen und der Ausrüstung für Notfälle überprüft.«[19]

Die Dauer der Flugdienstzeit ist abhängig von der Abflugzeit (vereinfacht: je später der Zeitpunkt des Abfluges, desto kürzer die Dienstzeit) und der Anzahl der Landungen (je mehr Landungen, desto kürzer die Dienstzeit). Ein Maximum von sechs Zwischenlandungen ist zulässig bei einem Arbeitsbeginn bis 15 Uhr; dies betrifft ausschließlich europaweite Kurzstreckenflüge.[20] Die maximale Flugdienstzeit beträgt 14 Stunden, kann aber durch Sonderregelungen auf 18 Stunden erhöht werden.[21] Flüge von solcher Dauer sind ausschließlich interkontinentale Langstreckenflüge, die das Überfliegen mehrerer Zeitzonen beinhalten. Dies stellt eine zusätzliche körperliche Belastung dar. An den Flug schließt sich die Ruhezeit an, die mindestens zehn Stunden betragen muß. Sie errechnet sich aus der vorangegangenen Flugdienstzeit, zu der zwei Stunden addiert werden.[22] Nach mindestens acht Stunden Flugdienstzeit beträgt die Ruhezeit am Heimatort 36 Stunden. Die Länge dieser Ruhezeit ist abhängig von der Dauer der Abwesenheit. So haben Angehörige des fliegenden Personals der Lufthansa Anspruch auf zehn freie Tage pro Monat zu Hause, davon vier zusammenhängende Tage. Die zusammenhängenden freien Tage erhöhen sich ebenfalls je nach Dauer der vorangegangenen Abwesenheit.[23] Die durchschnittliche Flugzeit des Kabinenpersonals beträgt monatlich ca. 70 Stunden.

Dieses komplizierte System der Berechnung von Flugzeit, Flugdienstzeit, Ruhezeit etc. wird durch Sachbearbeiter der Crew-Einsatzplanung vorgenommen. Die Einflußmöglichkeiten von Stewardessen und Stewards auf die Gestaltung ihres Einsatzplanes sind relativ gering. Einsatzwünsche (sogenannte Requests) können monatlich schriftlich eingereicht werden, sie werden nach dem Senioritätsprinzip vergeben, wonach dienstältere KollegInnen Vorrang genießen. Der Einsatzplan wird am Ende eines Monats für den Folgemonat herausgegeben, so daß die Freizeitplanung des fliegenden Personals sehr eingeschränkt ist.

Minas (1981) ist zuzustimmen, wenn er zu der Einschätzung kommt, daß die gesamte Arbeitszeit des fliegenden Personals – außer bei Chartergesellschaften – erheblich kürzer ist als die anderer ArbeitnehmerInnen. Die tägliche Arbeitszeit ist jedoch erheblich länger – für Stewardessen gibt es keinen Achtstundentag. Die Arbeit ist gekennzeichnet durch vielfältige zusätzliche Belastungen wie extreme Schichtdienst (Nachtflüge, Zeitverschiebung, Klimawechsel etc.), Wochenend- und Feiertagsarbeit, die für andere Beschäftigte in dieser Konzentration eher die Ausnahme, für das fliegende Personal aber die Regel sind.

»Man muß ... jedoch berücksichtigen, daß erstens ein großer Teil der freien Zeit gezwungenermaßen in fremden Städten verbracht wird und zweitens die Arbeitszeiten außerordentlich unregelmäßig sind. Die Freizeit ist zudem nicht voll nutzbar, da Zeitzonenflüge und Schlafmangel eine längere Erholungszeit erfordern.«[24]

Der Erhalt des Arbeitsplatzes ist darüber hinaus an Leistungsnachweise gebunden, die jährlich erbracht werden müssen. Das Kabinenpersonal muß nach den Vorschriften der ICAO seine Fluglizenz durch Ablegen eines Emergency-Tests erhalten, in dem Kenntnisse über Verhalten im Notfall, bei Feuer, Notwasserung etc., sowie über die Sicherheitsausrüstung der Flugzeugtypen abgefragt werden. Zweimaliges Durchfallen zieht den Verlust der Lizenz nach sich.[25] Eine medizinische Untersuchung über Flugtauglichkeit ist alle zwei Jahre obligatorisch.

Vergütung und soziale Sicherung

Die Vergütung von Stewardessen setzt sich zusammen aus einem Grundgehalt, der Schicht-, Feiertags- und Nachtarbeitszulage sowie (nach Ablegen einer Prüfung) einer Fremdsprachenzulage für eine dritte Fremdsprache. Werden mehr als 67 Flugstunden pro Monat geflogen, kommt zusätzlich eine Mehrflugstundenprämie in Höhe von 115 DM pro Stunde hinzu.[26] In Anlehnung an den Bundesangestelltentarif (BAT) existieren im Manteltarifvertrag der Lufthansa elf Gehaltsstufen, wobei die Höhergruppierung nach Dienstalter jährlich erfolgt. 1989 lag die Grundvergütung für Stewardessen in der ersten Stufe bei 2 579 DM, in der elften Stufe bei 4 084 DM. Die Schichtzulage der ersten Gehaltsstufe beträgt 16,3% der Grundvergütung, so daß sich ein Gehalt von 3 002 DM ergibt. Bei fünfjähriger Betriebszugehörigkeit liegt das Bruttogehalt bei 4 000 DM (ohne Mehrflugstundenprämie). Zusätzlich zum Gehalt wird ein Abwesenheitsgeld bezahlt, das (bisher) steuerfrei war und sich nach der Dauer des Flugeinsatzes berechnet. Innerhalb Europas liegen die Sätze des Abwesenheitsgeldes bei 51 DM pro Tag, außerhalb bei 71 DM. Von den Spesen soll während des Aufenthalts im Ausland die Verpflegung bestritten werden.[27] Die Kosten der Hotelunterbringung werden von der Fluggesellschaft übernommen.

Stewardessen gehören damit in der Gegenwart zu den weiblichen Mittel- bis Spitzenverdienerinnen mit überdurchschnittlichem Einkommen. Dies zeigt ein Blick auf die Einkommensstruktur der bundesdeutschen erwerbstätigen Frauen: 1986 verdienten fast 80% der Frauen unter 600 bis unter 1 800 DM netto. 11,7% der Frauen hatten Einkommen von unter 1 800 bis unter 2 200 DM netto und gerade 6,2% verdienten unter 2 500 bis über 4 000 DM netto.[28] In finanzieller Hinsicht ist die Tätigkeit der Stewardeß also ein untypischer Frauenberuf.[29] Eher typisch ist dagegen, daß für Stewardessen kaum Aufstiegsmöglichkeiten bestehen.[30] Die seit den siebziger Jahren existierende Möglichkeit, nach Vollendung des 32. Lebensjahres gegen Auszahlung einer Abfindung das Arbeitsverhältnis zu beenden (Option), besteht fort. Die Abfindung beträgt dabei 1,5 Monatsvergütungen pro Dienstjahr auf der Basis der letzten Grundvergütung.[31] Der Urlaubsanspruch des fliegenden Personals liegt in Anlehnung an den BAT bei 42 Kalendertagen (altersabhängig mehr). Das Arbeitsverhältnis endet mit dem 55. Lebensjahr, kann jedoch bis zum 60. Lebensjahr verlängert werden.[32] Danach tritt bis zum Erreichen der Rentenaltersgrenze eine Übergangsversorgung in Kraft, für die das Kabinenpersonal ab dem 32. Lebensjahr Beiträge entrichten muß. Die soziale Absicherung und die Altersversorgung von Stewardessen können als sehr gut bezeichnet werden.

Medizinische, psychische und soziale Auswirkungen der Fliegerei auf Stewardessen

»Unregelmäßige Arbeitszeit, Wechsel und Veränderung sollte eine Flubegleiterin nicht als negative, sondern als erfreuliche Aspekte ihres Berufes empfinden.«[33]

Medizinische Auswirkungen

Stewardessen unterliegen einer Reihe arbeitsbedingter Belastungen, die im Vergleich zu anderen Berufen z.T. erhebliche physische, psychische und soziale Beeinträchtigungen nach sich ziehen. Von diesen sind die (arbeits-)medizinischen Aspekte am umfangreichsten erforscht, weil sie auch die Piloten betreffen, die vom Forschungsinteresse her eine *»deutliche Bevorzugung«*[34] vor dem Kabinenpersonal und den Flugingenieuren genießen. Ein Großteil dieser medizinischen Forschung stammt aus dem Bereich der Militärfliegerei.

Eine große körperliche Belastung für die Stewardeß ist das Schieben der bis zu 200 Pfund schweren Essens- und Getränkewagen (Trollies) durch die schmalen Gänge im Flugzeug, weil der Kabinenboden nie waagrecht steht, sondern aufgrund der aerodynamischen Position des Flugzeugs immer einen Neigungswinkel von 1,5 bis 5 Grad aufweist. Dadurch muß die Flugbegleiterin immer leicht bergauf bzw. bergab gehen. Dies führt zu einer erhöhten Beanspruchung der Wirbelsäule und der Beine, verbunden mit der Gefahr der Krampfaderbildung.[35] Durch die niedrige Luftfeuchtigkeit von 0-20% in der Kabine (normal sind 40-50%), die im Laufe des Fluges noch absinkt, kommt es zu erhöhtem Flüssigkeitsverlust des Körpers, infolgedessen die Schleimhäute der Augen, der Nase und des Rachens ebenso austrocknen wie die Haut allgemein; Haare und Nägel werden spröde und brüchig. Eine der Folgen dieses Flüssigkeitsverlustes ist eine erhöhte Anfälligkeit gegen Erkältungskrankheiten, die bei Stewardessen festgestellt werden konnte.[36] Infektionskrankheiten wie Mittelohrentzündungen können auftreten, wenn trotz Erkältung geflogen wird. Der künstlich hergestellte Kabinendruck, der dem Druck auf 1 500 bis 2 000 m ü.M. entspricht, scheint dies zu begünstigen.[37] In der Flugzeugkabine herrscht Sauerstoffmangel, infolgedessen FlugbegleiterInnen durch die schwere körperliche Arbeit, die sie verrichten, von Herz-Kreislauf-Beschwerden besonders betroffen sind.[38] Eine Dauerbelastung des Personals wird in der Flugzeugkabine auch begünstigt durch einen erhöhten Lärmpegel von ca. 10 db über dem gesetzlich zulässigen Grenzwert von 75 db, verursacht durch die Antriebsgeräusche der Triebwerke, die Luftströmungen um die Rumpfhaut des Flugzeugs sowie durch die hydraulischen Systeme und die Klimaanlage.[39]

Ungeklärt ist, ob und in welcher Form das fliegende Personal durch Ozon gefährdet ist; hier liegen aus den siebziger Jahren widersprüchliche Ergebnisse vor.[40] Ebenso ist umstritten, inwieweit die durch Flughöhen von bis zu 13 km über dem Meeresspiegel bedingte höhere kosmische Strahlung gesundheitsschädigend wirkt. Der Transport radioaktiver Materialien im Frachtraum des Flugzeugs führt zu *»weiteren zusätzlichen Strahlungsdosen«*[41] für das fliegende Personal, genauere Untersuchungen hierüber scheinen Verschlußsache zu sein.

Am intensivsten erforscht sind die medizinischen Auswirkungen des Zeitzonenwechsels, der durch das Überfliegen der Meridiane besonders auf Langstreckenflügen auftritt. Der menschliche Körper verfügt über eine ›innere Uhr‹, die als circadiane Rhythmik bezeichnet wird und die eine Zeitspanne von ungefähr 24 Stunden umfaßt. Als ›Zeitgeber‹ dieser inneren Rhythmik *»... fungieren der äußere Tag-und-Nacht-Ablauf mit seinen Veränderungen der Helligkeit und der Temperatur aber auch vor allem die sozial gesteuerten Aktivitäten der Umwelt: Arbeitszeiten, Pausenzeiten, Einnahme der Mahlzeiten, allgemeine Aktivität, der damit verbundene Lärmpegel usw.«*[42]

Die innere Uhr wird durch abrupte Zeitverschiebungen infolge des immer schnelleren Überfliegens mehrerer Zeitzonen und der dadurch immer kürzer werdenden Flugzeiten aus dem Rhythmus gebracht. Die Auswirkungen dieses ›Jet-lags‹ sind Ermüdung, Schlafstörungen, Alpträume, Hungergefühl, Appetitlosigkeit, Leistungsabfall, Stimmungsschwankungen, Unwohlsein, Menstruationsstörungen etc.[43] Extreme Temperaturschwankungen infolge des schnellen Ortswechsels, die von +40 bis -40 Grad Celsius reichen können, kommen als körperliche Belastung hinzu. Scholten (1976) kommt zu dem Ergebnis, daß die oben genannten körperlichen Nebenwirkungen der Fliegerei insbesondere im Hinblick auf schwangere Frauen gänzlich unerforscht sind. Für schwangere Stewardessen sieht Scholten die Gefahren im Fliegen selbst begründet: mögliche Notlandungen, Notwasserungen, Feuer, Evakuierungen, Druckabfall in der Kabine wären tödlich für den Fötus. Bei der Frage, wie lange eine schwangere Flugbegleiterin fliegen sollte, plädiert Scholten dafür, die Grenze in der 13., spätestens jedoch in der 20. Woche zu ziehen. Als Begründung nennt er das Schieben der schweren Trollies, das die Schwangerschaft gefährden könnte; schwerer wiegt jedoch seine Befürchtung, die schwangere Stewardeß könnte im Notfall ihre Pflichten vernachlässigen:

»Some have questioned whether a pregnant flight-attendant might ignore her duties to protect her unborn child during an emergency situation … It certainly would be an individual reaction and unlikely, in a properly selected and trained stewardess in the first trimester of pregnancy. After the child has started movement, usually around the 20th week of gestation, this could become a problem for more serious consideration …«[44]

Nicht die reale Arbeit der Stewardeß, nicht die realen Gefahren, denen sie dabei ausgesetzt ist, sind Gegenstand kritischer Betrachtung, sondern die Angst des Mannes vor ihrem Ausbrechen aus der ihr zugeschriebenen Funktion, der Rolle als mütterlicher, trostspendender Versorgerin, die in diesem Fall eine lebensrettende und für die Passagiere daher lebensnotwendige ist.

Zu den körperlichen Nebenwirkungen der Fliegerei wäre die Einnahme verschiedener Medikamente (z.B. Malaria-Prophylaxe) und Impfungen (Cholera, Gelbfieber, Typhus etc.) noch hinzuzufügen, die zum Schutz gegen Tropenkrankheiten oder Seuchen notwendig sind. Welche Folgen sich aus der kontinuierlichen Einnahme und Wechselwirkung mit anderen Medikamenten ergeben, scheint bisher unerforscht zu sein.

Die »Persönlichkeitsstruktur« der Stewardeß

Zu der geschilderten Konzentration meßbarer und von der Wissenschaft nachgewiesener Belastungsfaktoren kommen die Schichtarbeit und unregelmäßige Freizeit zu Hause hinzu, wodurch die *»Aufrechterhaltung von stabilen sozialen Beziehungen«*[45] sehr erschwert wird. Regelmäßige Freizeitaktivitäten oder Fort- und Weiterbildungsmaßnahmen sind nur ad hoc planbar (da der Einsatzplan für den kommenden Monat erst am Ende des Vormonats erscheint) und nur unter großen persönlichen Anstrengungen realisierbar. Ausbleibende Erfolgserlebnisse und fehlende berufliche Anerkennung wirken ebenfalls destabilisierend auf die Persönlichkeit, sind jedoch typisch für Frauenberufe.[46] Es erscheint mir besonders wichtig, an dieser Stelle noch einmal auf diese Belastungsfaktoren hinzuweisen, die gerade in der psychologischen Forschung zur Persönlichkeitsstruktur der Stewardeß in eklatanter Weise ignoriert werden.

Einer besonderen Würdigung bedarf in diesem Zusammenhang der schier unerschütterliche Glaube der Psychologie in ihr Testinstrumentarium. Seit den siebziger Jahren wurden die Auswahlverfahren für die Einstellung von Stewardessen immer mehr verfeinert, um u.a. Faktoren wie zukünftige Berufsmotivation und zu erwartendes Berufsverhalten der Flugbegleiterinnen messen und vorhersagen zu können. Es wird davon ausgegangen, daß *»das fliegende Personal aufgrund der strengen Eignungsuntersuchungen eine psychiatrisch und allgemeinmedizinisch gesunde Auslese aus der Bevölkerung darstellt«*.[47] Die Widersprüche, die sich bei der Erforschung der Persönlichkeitsstruktur von Flugbegleiterinnen zu diesem – fast rassistischen – Glaubensbekenntnis ergeben, sind bemerkenswert. Vorauszuschicken ist, daß die Repräsentativität der Stichproben, auf die sich die Ergebnisse der Psychologie zur Persönlichkeitsstruktur der Stewardeß stützen, bezweifelt werden muß, da die Versuchspersonen nicht nach dem Zufallsprinzip ausgewählt wurden.[48]

Aus der Feder der Wissenschaft lesen sich die Anforderungen an die Persönlichkeit der Stewardeß kaum anders als in der Boulevardpresse. So sollte die *»extravertierte, kontaktfreudige und -fähige, sehr stark auf die personelle Umwelt bezogene«* Frau in erster Linie *»dienen«* können und dennoch *»ein gewisses Durchsetzungsvermögen«* mitbringen.[49] Unerläßlich ist auch,

»… daß die Airhostess generell leicht zu führen bzw. für Kritik und Anregungen empfänglich ist. Dies umso mehr, als sich die Kritik nicht nur auf fachtechnische Belange, sondern auch explizit auf die äußere Erscheinung (der Stewardeß, A.B.) erstrecken kann.«[50]

Diese ohnehin diskriminierende Beschreibung nimmt zusätzlich menschenverachtende Züge an, wo Danuser darauf hinweist, daß die Stewardeß eine gewisse geistige *»Weite«* aufweisen sollte, sich jedoch *»auch weniger differenzierte Persönlichkeiten mit einfachem Niveau zu bewähren«*[51] vermögen. Gesucht wird als Dienstleisterin am Mann die extrovertierte Persönlichkeit, die ausgeglichen und emotional stabil ist, schnell Freundschaften schließt, Gespräche anbahnt und insgesamt sozial initiativ ist.[52] Den unerwünschten Gegentypus, den es im Aufnahmetest auszusortieren gilt, bildet die neurotizistische Persönlichkeit, die auffällt durch *»überhöhte Erregbarkeit und Irritabilität«*[53] mit ihren Erscheinungsformen Nervosität, Hypersensibilität, Depressionen, Unterlegenheitsgefühlen sowie Streit- und Kritiksucht.[54] Dies bedeutet nichts anderes, als daß die Stewardeß als Frau funktionieren, Obrigkeiten kritiklos akzeptieren und die ihr anerzogene Fähigkeit zur Herstellung zwischenmenschlicher Nähe bedingungslos am Kunden zum Einsatz bringen soll. Funktionieren Stewardessen nicht (mehr), so ergibt die Erforschung ihrer ›Persönlichkeitsstruktur‹ zumeist neurotische Symptome. Diese von Ärzten bei Frauen mittlerweile am häufigsten gestellte Standarddiagnose umfaßt neurotische Störungen mit *»Angstneurosen, hysterischen oder depressiven Neurosen, Organneurosen«* aufgrund unspezifischer Beschwerden bzw. Fehlen eines organischen Befundes.[55] Stewardessen unterscheiden sich daher in den ihnen attestierten Störungen nicht von anderen Frauen. Untersuchungen über neurotische Symptome bei männlichen Mitgliedern des fliegenden Personals sind mir bisher nicht bekannt.

Nach der Untersuchung Stabers (1979) verzeichnen besonders Stewardessen, die keine Partnerbeziehung unterhalten und länger als sieben Jahre fliegen, einen starken Anstieg der sogenannten ›Neurotizismus-Werte‹. Jedoch bauen sich diese Werte allgemein bei Frauen in den ersten Jahren der Fliegerei stark auf. Staber stellt fest, daß die Berufszufriedenheit von Flugbegleiterinnen abhängig ist von stabilen persönlichen Beziehungen, so daß verheiratete Frauen deutlich zufriedener seien als unverheiratete. Am wenigsten zufrieden mit ihrer Tätigkeit sind danach diejenigen Stewardessen, die zwischen drei und fünf Jahren geflogen sind.[56] Stabile zwischenmenschliche Beziehungen werden von Staber mit der Ehe gleichgesetzt. Dies mutet aus heutiger Sicht – in Anbetracht der hohen Scheidungsrate – anachronistisch an. Darüber hinaus ist das weibliche wie das männliche Kabinenpersonal eher unverheiratet.[57] Stewards sind zu 85% ledig, Stewardessen zu 70%. Demgegenüber sind die dienstälteren Purser und Purseretten, die in der Regel älter als 31 Jahre sind und sich vermutlich für ein Verbleiben im Beruf entschieden haben, insgesamt eher verheiratet. Am häufigsten sind mit 62% die männlichen Purser verheiratet; bei den Purseretten ist es fast die Hälfte.

Bei der Beurteilung der ›Persönlichkeitsstruktur‹ fliegender Frauen gehen Blanc et al. (1970) noch weiter. Sie stützen ihre Ergebnisse auf freiwillige psychiatrische Konsultationen von 151 Stewardessen beim ärztlichen Dienst der Air-France, eine Methode, die sehr fragwürdig erscheint. Diese

Befunde wurden ausgewertet. Blanc et al. diagnostizieren bei 80% der hilfesuchenden Stewardessen neurotisch-depressive Symptome, insbesondere Angstneurosen und isolierte psychosomatische Störungen. Bei 20% der betroffenen Stewardessen, die länger als fünf Jahre flogen, fanden die Autoren – im Gegensatz zu Staber (1979) – Berufskonflikte aufgrund mangelnder Motivation und Unangepaßtheit an die Anforderungen der Tätigkeit.[58] Für Blanc et. al. sind Stewardessen als Berufsgruppe charakterisierbar durch:

- einen hohen Grad an Sensibilität und Anfälligkeit für die ›Nebenwirkungen‹ der Fliegerei wie Ortswechsel und Müdigkeit
- im Vergleich zu den Piloten große Anfälligkeit für psychopathologische Zustände mit den oben genannten Symptomen
- und schließlich einen hohen Grad emotionaler Labilität und psychischer Instabilität

Insgesamt erscheint die Gruppe der Stewardessen als *»psychopathologische Einheit«*, die sich eben dadurch deutlich von anderen Gruppen des Flugpersonals unterscheidet.[59]

Blanc et al. pathologisieren die Probleme, die sich für Frauen aus ihrer Tätigkeit als Stewardeß ergeben können, ohne den gesellschaftlichen bzw. geschlechtsspezifischen Hintergrund überhaupt nur in Augenschein zu nehmen. Funktioniert die Stewardeß nicht mehr, wird das ihrer Arbeitsunlust zugeschrieben; ein Verfahren, das gerade bei Frauen hinlänglich Tradition hat.[60]

Psychosomatische Beschwerden treten besonders in den ersten Dienstjahren auf und steigen an, bleiben danach aber konstant, außer bei Stewardessen ohne stabile Partnerbeziehung. Nach Beendigung der Tätigkeit im Flugzeug gingen die psychosomatischen Beschwerden häufig zurück.[61] Bei der Suche nach den Ursachen für die neurotischen und psychosomatischen Symptome von Flugbegleiterinnen herrscht in der bisherigen psychologischen Forschung Übereinstimmung darüber, daß diese ausschließlich im privaten Lebensbereich, in der Persönlichkeitsstruktur der Stewardeß zu suchen sind. Fehlende Liebesbeziehungen und Persönlichkeitsprobleme werden unisono als die Hauptursache für jede Art von ›Ausfallerscheinungen‹ bei Flugbegleiterinnen angesehen.[62]

Diesen Ergebnissen ist die Befragung Danusers (1975) von 431 Stewardessen der Swiss-Air gegenüberzustellen, die sich mehrheitlich durch ihren Beruf körperlich und seelisch sehr beansprucht fühlten. 98% der Befragten gaben an, körperlich stark bis sehr stark durch die Tätigkeit beansprucht zu sein. 51% fühlten sich davon seelisch in Mitleidenschaft gezogen.[63] Daraus ist abzuleiten, daß Stewardessen die objektiven berufsbedingten Belastungen auch als solche subjektiv wahrnehmen. Ob sich aus diesen Belastungen und Beanspruchungen psychosomatische Erkrankungen ergeben, ist bisher noch gänzlich unerforscht. Hochschild berichtet für die USA von zunehmenden Suchtproblemen des fliegenden Personals (Alkohol und Drogen) und *»more situational depressions«*[64], die bei verschiedenen Fluggesellschaften beobachtet wurden. Bei Frauen scheint in den USA aufgrund der verstärkten Ausbeutung und Vermarktung ihrer Gefühle eine Tendenz zum Verlust des sexuellen Interesses bzw. zu *»preorgasmic problems«* aufzutreten. Dies kann bedeuten, daß Frauen ihr *»orgasmic potential«*[65] zurückhalten, als letzte Bastion, die nicht der Entäußerung und Inbesitznahme durch die Arbeit anheimfällt, sondern unter der Kontrolle und im Besitz der Stewardeß als Subjekt verbleibt.[66]

Es läßt sich resümieren, daß in der psychologischen Forschung Stewardessen bisher pathologisiert, ihre Probleme und Konflikte indiviualisiert und so in die Persönlichkeitsstruktur verlagert werden. Äußere Belastungsfaktoren in ihren Arbeitsbedingungen werden geleugnet bzw. ignoriert, obwohl sie – gerade für das männliche Cockpitpersonal – hinreichend erforscht sind. Besonders widersprüchlich ist hierbei, daß insbesondere psychologische Eignungstests bei der Einstellung vorgeben, neurotische Tendenzen aufspüren zu können, so daß das Ausmaß an neurotischen Symptomen bei Stewardessen, das in den referierten Studien festgestellt wurde, im Grunde gar nicht existieren dürfte. Minas (1981) ist zuzustimmen, wenn er darauf hinweist, daß *»aus diesen wenigen und teilweise unzulänglichen Untersuchungen«* die tatsächliche psychische Belastung des Kabinenpersonals nicht abgeleitet werden kann.[67]

Vom Ausverkauf der Gefühle – der Warencharakter der Stewardessenarbeit als Dienstleistung

> *»Die Macht der Dienstleistungsideologie wird gerade dadurch deutlich, daß die meisten Dienstleistenden diese Maske nicht von ihrem eigenen Gesicht unterscheiden können.«*[68]

Das Erbringen von Dienstleistungen gehörte von Anfang an zu den zentralen Aufgaben der Stewardessen. Daß sich mit der ›Betreuung‹ von Kunden durch Frauen Wettbewerbsvorteile schaffen lassen, bildete den historischen Auftakt zum Einsatz von Frauen in der Flugzeugkabine. Was aber ist Dienstleistung?

Der Begriff Dienstleistung ist, wie Gross (1983) bemerkt, eine *»künstliche Wortschöpfung«*, die erstmals Anfang des 20. Jahrhunderts in Erscheinung tritt und bisher *»merkwürdig blaß und konturlos geblieben«* ist.[69] Im Handwörterbuch der Staatswissenschaften von 1909 ist unter dem Stichwort *»Dienstleistungen, persönliche«* vermerkt: *»Arbeit, deren Nutzwirkung sich unmittelbar auf eine andere Person erstreckt.«*[70] Gross weist darauf hin, daß der Begriff im 19. Jahrhundert lexikalisch unbekannt war und noch 1895 mit völlig anderer, nämlich militärischer Bedeutung aufgeführt wird.[71]

Als historische Vorläufer der modernen Dienstleistungen sind die häuslichen Dienste im 19. Jahrhundert anzusehen. Die Tätigkeit der Dienstbotin gehörte wie die der Stewardeß zu denjenigen Arbeitsfeldern, die zunächst nur Männern offenstanden und nach deren Abwandern schnell hochgradig feminisiert wurden.[72] Die Dienstbotin stand in einem quasifeudalen Arbeitsverhältnis, wurde im bürgerlichen Haushalt mit vielfältigen und diffusen Arbeitsanforderungen überfrachtet und war der Willkür ihrer Herrschaft ausgeliefert. Dabei wurde sie so schlecht entlohnt, daß ihr Verdienst nicht mit der Gründung einer eigenen Familie in Einklang zu bringen war, was dazu führte, daß Dienstmädchen in andere Berufe abwanderten.[73] Konnten Dienstmädchen aufgrund ihrer materiellen Not nicht heiraten, so durften Stewardessen vierzig Jahre später nicht heiraten, denn sie unterlagen einem faktischen Heiratsverbot als Arbeitsbedingung, wie es dem bürgerlichen Frauenbild des 19. Jahrhunderts entsprach:

»Doch bleibt im Bürgertum die Berufstätigkeit befristet, fixiert bis zum Zeitpunkt der Heirat: Der Platz der verheirateten Frau ist weiterhin im Haus. Diese Rollenzuweisung ist in manchen Berufsfeldern sogar formell festgelegt durch rechtliche Regelungen, wonach die Frau mit der Heirat aus dem Beruf ausscheiden muß, und sie zeigt ihre Wirksamkeit insbesondere während der verschiedenen Krisen in den ersten Jahrzehnten dieses Jahrhunderts.«[74]

Auch tritt die Stewardeß – als Folge des historischen Wandels der Gesellschaft und der zunehmenden Tertiarisierung der Erwerbssektoren – im Habitus der bürgerlichen Hausfrau und Dame auf, während sie *»Fluggäste«* betreut. Daß sie sich als Hausfrau im Flugzeug zunehmend die Finger schmutzig machen muß, spiegelt den historischen Übergang von der Hausherrin, die Personal befehligt, zur Hausfrau, die die Arbeit selbst verrichten muß, wie er sich im bürgerlichen Haushalt vollzogen hat.[75] Dennoch sind auch ihre Arbeitsanforderungen diffus und unterliegen den Wünschen der Passagiere. Eingriffe in ihre Persönlichkeitsrechte kennzeichnen bis in die Gegenwart den Charakter ihres Arbeitsverhältnisses.[76]

Im Gegensatz zu ihrer historischen Vorläuferin wird der Stewardeß ihre professionalisierte Hausarbeit als Dienstleistung gut bezahlt. Charakteristisch für die im Zuge der Tertiarisierung im 20. Jahrhundert entstehenden Frauenberufe ist ihre Personenorientierung, d.h. ihr Rückgriff auf Elemente aus der Reproduktionssphäre. Der Personenbezug gilt heute als primäres Merkmal jeder Art von Dienstleistung. In diesem Sinne lassen sich Dienstleistungen definieren als *»... im engsten Sinne ... der Bedarfsdeckung Dritter dienende materielle und/oder geistige Prozesse, deren Vollzug und deren Nutzung einen (zeitlich und räumlich) synchronen Kontakt zwischen Leistungsgeber und Leistungsnehmer ... bedingen und ... erfordern.«*[77]

Die Ähnlichkeit personenbezogener Dienstleistungen zu reproduktiven Tätigkeiten zeigt sich gerade darin, daß sie *»flüchtig«* sind, *»uno actu produziert und konsumiert«* werden,[78] daß ihr Wesen also in ihrem *»persönlichen Charakter liegt«*.[79] Daher ist die personenorientierte Dienstleistung ein Akt, der ohne den Bezug auf ein alter ego nicht denkbar ist. Doch bestimmt diesen Bezug zwischen Dienstleistenden und Leistungsnehmenden ein Widerspruch: ihre Interaktionen sind angesiedelt *»zwischen einer wirtschaftlich zweckrationalen Tauschbeziehung und einer kooperativ solidarischen Hilfebeziehung«*[80]. Bei den primär nichtkommerziellen Dienstleistungen z.B. des sozial-medizinischen Bereiches steht die Hilfebeziehung im Vordergrund, während bei den primär kommerziellen Dienstleistungen wie der Luftfahrtbranche die Tauschbeziehung dominiert. Frauen als Dienstleistende bewegen sich also permanent im Spannungsfeld zwischen anonymer Warentauschbeziehung und persönlich-solidarischer Hilfeleistung. Ihre Unzufriedenheit und Entfremdung ist dabei vermutlich umso größer, je deutlicher ihnen die Nichtauflösbarkeit dieses Widerspruchs vor Augen tritt: Einerseits wird der Stewardeß vom Arbeitgeber suggeriert, die Zufriedenheit der Kunden als oberstes Firmenziel sei ihr persönliches Verdienst, zum anderen kann sie den Kunden niemals zufriedenstellen, weil er durch die Dienstleistungsideologie dazu angehalten wird, immer *»mehr zu wollen und unzufrieden zu sein«*.[81] Ein Beispiel dafür ist die Einführung verschiedener Klassen im Flugzeug, deren Namen und Serviceangebote ständig verändert werden. Damit kann unter den Passagieren Statusbewußtsein geschaffen und die Unzufriedenheit immer mehr verstärkt werden.[82] Für Stewardessen wie auch für andere Angehörige der Dienstleistungsbranche heißt das, daß ihre Arbeit immer unzulänglich bleiben muß, nie gut genug sein kann, da sie die künstlich im Kunden geweckten Bedürfnisse niemals befriedigen können.[83]

Ich beschäftige mich im folgenden ausschließlich mit der als Betreuung deklarierten Form von Gefühlsarbeit, wie sie im Flugzeug von Stewardessen zu leisten ist, d.h. mit der Gefühlsarbeit als kommerzieller Dienstleistung. Demgegenüber existieren andere Formen beruflicher Gefühlsarbeit, besonders im medizinischen, therapeutischen und sozialen Bereich, die nicht unter dem Primat des Kommerzes stehen und die sich daher zum Teil erheblich von der Arbeit der Stewardeß unterscheiden.[84] Was sich im Flugzeug vollzieht, ist Hausarbeit mit ihren materiellen und immateriellen Bestandteilen – Bedienen, Servieren und Betreuen. Damit wird die Hausarbeit als *»sanfte Gegenwelt«* zur Lohnarbeit zugleich aufgehoben.[85] Hausarbeit im Flugzeug ist de facto Lohnarbeit. Die Problematik besteht nicht darin, daß die verberuflichte Hausarbeit der Stewardeß un(ter)bezahlt bliebe – dies unterscheidet sie von der Erzieherin, Krankenschwester oder Sozialpädagogin –, sondern daß die von der Stewardeß zu leistende immaterielle Hausarbeit als Gefühlsarbeit mit Geld nicht zu begleichen ist. Ist die unbezahlte Hausarbeit ihrem Wesen nach Liebe, so ist die verberuflichte Hausarbeit als Dienstleistung im Flugzeug Ware.[86] Gefühlsarbeit als Dienstleistung ist Reproduktionsarbeit, die, ihres *»privaten Charak-*

ters beraubt«, in der Kabine des Flugzeugs zur *»öffentlichen Aufgabe«* wird.[87] Sie ist charakterisierbar durch die Bereitstellung psychosozialer Qualifikationen im zwischenmenschlichen Bereich, wie sie Frauen im Sozialisationsprozeß erwerben.[88] Weil die Gefühlsarbeit, die die Stewardeß zu leisten hat, nicht mehr privat, sondern professionalisiert ist, muß sie zwangsläufig unfreiwillig erfolgen; das Verhältnis zum Passagier ist asymmetrisch.[89] Die Formel lautet: Gefühl gegen Geld. Unter dem rigorosen Diktat des Geldes bleibt kaum Raum für selbstbestimmtes Handeln. Wie im Schlaf muß die Stewardeß die Handgriffe und lebensrettenden Maßnahmen im Notfall zur Evakuierung der Passagiere beherrschen, wie eine leere rituelle Handlung den Serviceablauf mit der Verteilung von Speisen und Getränken, Erfrischungstüchern und Unterhaltungsprogrammen usw. vollziehen. Es sind die immergleichen Gesten, die immer wiederkehrende Mimik, aus denen es kein Ausbrechen gibt, höchstens kleine Fluchten, individuelle Strategien passiven Widerstandes.[90]

Die Stewardeß soll ihre rituellen Handlungen vollziehen, ohne nach dem Sinn zu fragen. Die immerlächelnde Stewardeß ist die gute Stewardeß, die ihren Arbeitstag unhinterfragt absolviert. Das kritiklose Hinnehmen dessen, was von ihr erwartet wird, wird bereits während der Ausbildung von der Fluggesellschaft trainiert; kritisches Hinterfragen ist unerwünscht. Hochschild (1983) berichtet für die USA von der Prozedur der Gewichtskontolle bei Stewardessen in der Grundausbildung, daß sie weder erklärt noch legitimiert werde; sie muß unhinterfragt akzeptiert werden.[91]

Die Folgen sind Entfremdung von den eigenen Gefühlen, Überdruß und Distanz (Burn-out-Syndrom), wie sie von Hochschild (1983) für Stewardessen in den USA erstmals untersucht wurden.[92] Die Stewardeß hat im Gegensatz zur Sozialarbeiterin oder Krankenschwester nicht die Freiheit, den Umgang mit dem Kunden eigenmächtig zu kanalisieren und ein Stück weit selbst zu bestimmen. Die Dienstleistungsideologie schwebt wie ein Damokles-Schwert über ihr: der Kunde ist König; negative Sanktionen bedrohen ihr berufliches Fortkommen, sobald ein Passagier sich beim Arbeitgeber über sie beschwert, weil er sich vernachlässigt fühlt.[93] Da sich Stewardessen dabei von ihren eigentlichen Gefühlen freimachen und diese für das berufliche Setting umwandeln müssen, geht die Schutz- und Signalwirkung, die Gefühle haben, verloren.[94] Nach Hochschild stehen Stewardessen zwei Methoden des Umgangs mit ihren Gefühlen zur Verfügung: das ›surface acting‹ (Oberflächenhandeln), bei dem der Kunde mit Hilfe eines aufgesetzten Lächelns oder einer künstlichen Körpersprache über die wahren eigenen Gefühle getäuscht wird, und das ›deep acting‹ (Tiefenhandeln), das authentische Gefühle nach außen transportiert.[95] Das ›surface acting‹ führt nicht nur zum Verlust authentischer Emotionen, sondern beinhaltet auch die Verkehrung von Tatsachen und Begriffen in ihr Gegenteil.[96] Die Stewardeß muß Situationen zwanghaft uminterpretieren, um die Verkaufsideologie aufrechtzuerhalten. Der Kunde ist das ›lifeblood‹ der Fluggesellschaft, dem sich die FlugbegleiterInnen symbolisch verkaufen sollen, um damit die Dienstleistungen des Unternehmens zu verkaufen.[97] Darüber hinaus kann die Verkehrung von Begriffen in der Luftfahrt auch als Schaffung von Ersatzwelten dienen, die Sicherheit versprechen in einer Umgebung, in der soziale Beziehungen anonymisiert sind, und die im wörtlichsten Sinne im luftleeren Raum angesiedelt ist. Wo irdisch-reale Bezugssysteme fehlen, verheißt die Mommy-and-Daddy-Analogie der Fluggesellschaft etwas Tröstliches. Unter diesen Umständen wird das Innere des Flugzeugs zu einer Bühne, auf der ein Schauspiel inszeniert wird, von dem alle Beteiligten im Grunde wissen, daß es nichts als ein Spiel ist, schöner Schein, Schall und Rauch, an dem nichts Echtes mehr ist. The show must go on. Für Stewardessen sieht Hochschild in dieser Situation zwei Alternativen emotionalen Überlebens: die eine besteht darin, daß die Frauen aufhören, ihre Arbeit ernst zu nehmen, und erkennen, wie die Lage wirklich ist: *»The job is the problem, not us.«*[98] Die zweite Möglichkeit besteht in der Strategie, die Tätigkeit ernst zu nehmen und wie auf einer Bühne das eigene Gesicht hinter der Maske der Dienstleistung zu verbergen – *»to go into robot«*[99] –, zur menschlichen Dienstleistungsmaschine zu werden. Beide Alternativen lösen jedoch nicht die grundlegenden Konflikte der Frauen im Flugzeug zwischen tatsächlichem Empfinden und der Selbstentfremdung durch erzwungene Manipulation an den eigenen und fremden Gefühlen.

Gefühlsarbeit im Flugzeug läßt sich so analysieren als *»Kolonialisierung des Emotionalen«* im Habermas'schen Sinne des Eindringens ökonomischer Rationalität in einen ehemals *»lebensweltlich strukturierten«* Sektor.[100] Die immaterielle Arbeit der Stewardeß im Flugzeug ist somit ein *»Idealtypus von Arbeit, der als solcher das Strukturprinzip vieler Berufe in Bereichen personenorientierter Arbeit«*[101] in der modernen Gesellschaft vorgibt.

✈ Der Stand wissenschaftlicher Forschung über Stewardessen zeigt, daß die Arbeitswelt und der Arbeits- und Lebenszusammenhang dieser Berufsgruppe sehr komplex ist: Stewardessen unterliegen einer Reihe von enormen physischen und psychischen Belastungen, die zu der eigentlichen Tätigkeit im Flugzeug als Nebenwirkungen noch hinzutreten und diese potenzieren. Diese Nebenwirkungen beeinflußen die soziale Lebenswelt der Frauen erheblich. Hinzu tritt ein Maß an *»ideologischer Verblendung«*, wie es für Frauenberufe typisch ist im Sinne der Dienstleistungsideologie, zu deren Trägerin die Stewardeß als Person verpflichtet wird. Diese Komplexität der Probleme wird in den meisten Untersuchungen geleugnet und ignoriert, es werden keine Zusammenhänge hergestellt zwischen den Arbeitsbedingungen von Kabinenpersonal und auftretenden Beschwerden der Frauen. Geschlechtsspezifische Fragestellungen fehlen in der deutschsprachigen Forschung vollkommen; lediglich in neueren amerikanischen Studien werden Frauen zum Gegenstand des Interesses. So ist das dominierende Stewardessenbild in der Wissenschaft nicht sehr viel anders als das, was wir aus der öffentlichen Darstellung kennen: Die Flugbegleiterin als Hausfrau, als Projektionsfläche für Männerängste, als Objekt für lüsterne Blicke; immer jedoch als Dienstleisterin am Passagier, die zu funktionieren hat. Die daraus resultierenden Probleme der Frauen werden diagnostisch – außer bei den neueren Studien aus USA – in die Persönlichkeit der Frauen zurückverlagert und weitgehend pathologisiert. Wie Stewardessen ihren Arbeits- und Lebenszusammenhang selbst begreifen, wie sie den daraus resultierenden beruflichen und privaten Anforderungen begegnen und sie verarbeiten, ist aus subjektorientierter Perspektive noch kaum erforscht.

»Durch die Welt zu fliegen und ziemlich frei zu sein ...«

Ergebnisse einer empirischen Untersuchung

Stewardessen nehmen aufgrund ihrer Berufswahl und der spezifischen Umstände, die ihr Beruf mit sich bringt, eine besondere, ›andere‹ Position innerhalb des weiblichen Lebenszusammenhangs ein.

Rein quantitativ stellen Stewardessen unter den weiblichen im Dienstleistungssektor Beschäftigten eine Minderheit dar und führen schon von daher ein Außenseiterdasein.[1]

Weiterhin ist ihr Beruf geprägt von einem ambivalenten Sozialprestige, das ihre Tätigkeit einerseits überhöht und andererseits erniedrigt. Diese Ambivalenz führt dazu, daß Stewardessen ›an den Rand‹ gedrängt werden, in permanenter (Status-)Unsicherheit leben, da ihre Tätigkeit von den einen hoch und von den anderen niedrig eingeschätzt und bewertet wird.

Während die weibliche ›Normalbiographie‹ durch Nähe, Gebundenheit und Begrenzung geprägt wird, ist der Arbeits- und Lebenszusammenhang der Stewardeß rein räumlich-zeitlich durch Distanz, ›Freiheit‹ und Ungebundenheit bestimmt. Gerade durch ihre hohe berufsbedingte Mobilität haben diese Frauen Anteil an männlichen Privilegien.

Indem Stewardessen in mancherlei Hinsicht von den Normen, die für das weibliche Geschlecht gelten, abweichen, können sie eine *»Geschlechterstigmatisierung«*[2] erfahren. Das bedeutet, daß ihre Persönlichkeit von der sozialen Umwelt auf wenige ›Wesenszüge‹ reduziert wahrgenommen wird, und daß sie darüber als Frau in eine bestimmte ›Ecke‹ gestellt, auf ein bestimmes Bild festgelegt werden.

Mein Erkenntnisinteresse galt den unmittelbaren subjektiven Erfahrungen, Empfindungen, Eindrücken und Verarbeitungsmustern von Stewardessen in bezug auf ihre besondere Arbeits- und Lebenssituation. Dabei konzentriere ich mich auf die vier Themenkomplexe Berufswahl, Arbeitssituation, soziale Lebenswelt und Zukunftsperspektiven. Einige Annahmen, die sich als ›roter Faden‹ durch meine bisherigen Forschungen gezogen haben, kehren nun als Schwerpunkte der Fragestellung wieder:

- Die Berufswahl von Stewardessen ist beeinflußt von Bezugspersonen und/oder weiblichen Rollenvorbildern und Elementen der weiblichen Sozialisation.
- Die Tätigkeit der Stewardeß ist für die Frauen eine Übergangstätigkeit, bis sich ›etwas anderes‹ anbietet (Studium, Heirat).
- Erworbene Qualifikationen der Frauen können als Stewardeß nur zum Teil eingesetzt werden. Stewardessen sind für diesen Beruf eher überqualifiziert und bei der Arbeit intellektuell unterfordert.
- Die negativen Aspekte der Arbeit werden verdrängt.
- Dasein für andere gibt Selbstwertgefühl; die Frauen erhalten Bewunderung, Dank und (Versorgungs-)Macht über andere.
- Stewardessen versuchen, die an sie gestellten vielfältigen Anforderungen zu erfüllen. ›Versagen‹ führt zu individuellen Schuldzuweisungen an die eigene Person.
- Die Trennung (von zu Hause) wird von den Frauen als schwierig erlebt. Dies verschärft sich im Krisenfall noch. Wichtig sind gute soziale Kontakte unterwegs als Ersatz für die Lebenswelt zu Hause.

Als Frage: Ist bei den Frauen eine *»doppelte Orientierung«*[3] auf Familie und Beruf zu beobachten?

Da ich die Stewardessen selbst zu Wort kommen lassen und ihre subjektiven Erfahrungen erfragen wollte, entschied ich mich für eine qualitativ-explorative Methode, die ich im methodischen Anhang näher erläutere.

Die Interviewpartnerinnen

Als ich 1986 mit meinen Interviews begann, war ich selbst noch Stewardeß bei der Lufthansa. Nachdem ich eine Forschungsgenehmigung meines Arbeitgebers erhalten hatte, die mir gestattete, meine Arbeitskolleginnen unter Wahrung der Anonymität zu befragen, versuchte ich zunächst, nach dem Zufallsprinzip Interviewpartnerinnen zu gewinnen. Ich verteilte 50 gleichlautende Anfragen in die von der Lufthansa für firmeninterne Informationen bereitgestellten Postfächer von Stewardessen. In dem Anschreiben stellte mich als Kollegin vor und erläuterte die Rahmenbedingungen der Befragung.[4] Ich beschrieb mein Vorhaben und meine Motivation, über Stewardessen zu forschen, und die Schwerpunkte des Interviews (Berufswahl und Arbeits- und Lebenszusammenhang). Ich legte den zeitlichen Rahmen (ca. zwei Stunden) und den Ort, an dem das Interview stattfinden sollte dar (in der Freizeit, nicht auf dem Firmengelände). Schließlich erklärte ich, daß ich keine Auftragsarbeit für die Lufthansa anfertigen würde; dies erschien mir deshalb unerläßlich, weil ich das Mißtrauen meiner Kolleginnen (Spitzeldienste für die Firma) befürchtete.[5] Ich bat alle Interessierten, sich mit mir in Verbindung zu setzen. Der Rücklauf aus dieser ›Zufallsstichprobe‹ war außerordentlich gering. Daraufhin verteilte ich nochmals 40 gleichlautende Anfragen, diesmal jedoch gezielt an Kolleginnen, die mir von gemeinsamen Flügen her persönlich bekannt waren, mit denen jedoch keine freundschaftliche Beziehung bestand. Der Rücklauf betrug 15 Antworten; ebensoviele Interviews kamen mit dieser Gruppe zustande. Im Herbst 1986 führte ich insgesamt 18 Interviews durch, von denen ich 16 auswertete; zwei Interviews dienten als Pretest. Damit bestätigte sich für mich, daß der Zugang zur Untersuchungsgruppe umso leichter ist, je besser diese der Forscherin bekannt ist, weil von vornherein ein Vertrauensverhältnis besteht.[6] Meine genaue Kenntnis des ›Feldes‹, die ich durch achtjährige Arbeit als Stewardeß gewonnen hatte, entsprach der Forderung nach Einbezogensein der Forscherin in die Welt der Beforschten, um ihre Lebenswelt begreifen zu können.[7]

Ich hatte mir ein möglichst breites Spektrum von Interviewpartnerinnen erhofft, z.B. eine möglichst heterogene Altersstruktur. Dies war glücklicherweise auch ohne Rückgriff auf das Zufallsprinzip annähernd gegeben. Aus den im Anschluß an das Interview anonym erhobenen Sozialdaten der Interviewpartnerinnen ergibt sich folgende Altersstruktur: Zwölf Stewardessen waren zwischen 19 und 30 Jahre alt, sechs Frauen 31 bis 40 Jahre; keine der Befragten war jedoch älter. Jüngere Stewardessen waren unter meinen Interviewpartnerinnen leicht überrepräsentiert, während die über 40jährigen völlig unterrepräsentiert waren. Dennoch kommt die Altersstruktur meiner Interviewpartnerinnen derjenigen des gesamten Kabinenpersonals bei der Lufthansa sehr nahe, denn die Tätigkeit der Flugbegleiterin und des Flugbegleiters ist ein Beruf der unter 30jährigen. Aufstiegsmöglichkeiten in Vorgesetztenfunktionen als Purser/ette sind nicht vor dem 30. Lebensjahr, eher jedoch zwischen 40 und 50 Jahren zu erreichen.[8]

Von den 16 Stewardessen, deren Interviews ich ausgewertet habe, hatten elf Abitur und fünf die Mittlere Reife. Vier Frauen studierten nebenberuflich, eine hatte bereits vor ihrer Stewardessenzeit ein Fachhochschulstudium absolviert, eine weitere Kollegin hatte ihr Studium abgebrochen. Acht Frauen hatten vor der Fliegerei eine Berufsausbildung abgeschlossen, davon waren vier Stewardessen im Gesundheits- und Sozialbereich ausgebildet als Krankenschwester, Krankengymnastin, Arzthelferin, Erzieherin. Vier Frauen hatten Büroberufe gelernt (Bankkauffrau, Wirtschafts- und Fremdsprachenkorrespondentin) und waren vorher im Bereich Bank/Handel/Dienstleistung tätig gewesen. Damit hatte die Hälfte der Befragten vor ihrer Tätigkeit als Stewardeß Berufserfahrung erworben. Die andere Hälfte der Befragten hatte zuvor in verschiedenen Jobs Erfahrungen gesammelt. Manche Frauen waren als Au-Pair-Mädchen im Ausland gewesen, einige hatten bei einer Fluggesellschaft ›am Boden‹ gearbeitet, zwei Frauen hatten im Krankenhaus eine Aushilfstätigkeit ausgeübt.

Die Firmenzugehörigkeit bzw. die Dauer der Beschäftigung als Stewardeß war unter den Interviewpartnerinnen sehr ausgewogen: drei Frauen flogen seit zwei Jahren, weitere drei flogen drei bis fünf Jahre; sieben Frauen flogen sechs bis zehn Jahre und drei Frauen waren elf bis siebzehn Jahre als Stewardeß tätig.

Bei bei den von mir befragten Stewardessen handelt es sich also um eine hinsichtlich ihres Bildungsniveaus relativ homogene Gruppe mit Erfahrungen im Erwerbsleben außerhalb ihrer jetzigen Tätigkeit. Die Berufserfahrung als Stewardess reicht von zwei bis siebzehn Jahren und ist damit breit gefächert. Eine Kollegin war als Purserette in einer Vorgesetztenfunktion.

Bemerkenswerterweise hatten vier Stewardessen Soldaten als Väter, zwei Väter waren Bürgermeister. Die Mehrheit der Väter waren Beamte und Angestellte, fünf Väter waren Handwerker. Der relativ hohe Anteil von Berufssoldaten unter den Vätern scheint nicht nur zufällig zu sein: In der Erhebung von Sawitzki (1967) mit 120 Lufthansa-Stewardessen bildeten Angehörige der *»militärischen Dienstgrade Major, Kapitän, Offizier«* die zweit- und dritthäufigsten Berufe der Väter.[9] Dieses überraschende Ergebnis wirft Fragen nach dem Zusammenhang von Berufswahl der Tochter und dem Beruf des Vaters auf, die weitere Forschungsarbeiten über Stewardessen motivieren könnte.

Mehr als 50% der Mütter der Befragten waren berufstätig, hauptsächlich im Bürobereich (Sekretärin, kaufmännische Angestellte) und im Gesundheitsdienst (Krankenschwester). Eine Mutter arbeitete als Busfahrerin, die übrigen sieben waren Hausfrauen.

»Ich hab' immer Fernweh gehabt ...« Berufswahlmotive von Stewardessen

Die wenigen, zum Teil über zwanzig Jahre alten empririschen Studien zum Berufswahlverhalten von Stewardessen[10] zeigen, daß die Berufswahl der Stewardeß von Wünschen nach Mobiliät und Instabilität geprägt ist: *»Flucht aus den vier Wänden«* und *»Kontakte zu Menschen«* waren zentrale Motive.[11] Diese Unabhängigkeitsbestrebungen der Frauen wurden bis Anfang der achtziger Jahre als charakterliche Defizite, als weibliche *»Unstetigkeit«* und Abweichung von der linearen, weiblichen (Erwerbs-)Normalbiographie interpretiert.[12] Meine Befragung sollte diese Ergebnisse erweitern und für die Gegenwart aktualisieren.

Wie ein typischer Berufsfindungsprozeß zur Stewardeß aussehen kann, zeigt das folgende Zitat:

»Ich war in X an der Uni. Im Sommersemester saßen wir dann immer vor der Cafeteria in der Sonne, und dann zogen halt die netten Flugzeuge ihre Warteschleifen über X. Und da dachte ich, da könntest du eigentlich auch mal drinsitzen. Aber es ist ja zu teuer ansonsten, und dann hab' ich irgendwann angerufen bei Lufthansa und habe gefragt, ob sie denn nicht Stewardessen bräuchten. Und dann meinten die: ›Schicken Sie mal die Unterlagen‹. Die habe ich mir dann durchgelesen und ausgefüllt – so als Jux mehr oder weniger – und abgeschickt. Und dann kam irgendwann so eine Einladung – das habe ich auch gar nicht ernst genommen und gedacht, die nehmen dich eh nicht. Und dann haben sie mich zufällig aber doch genommen. Da habe ich gedacht, da bleibe ich so zwei Jahre und naja, höre dann halt auf, und jetzt bin ich immer noch dabei.«[13]

Nur für sieben der von mir befragten Frauen ist Stewardeß ein Beruf, auf den sie zielstrebig hingearbeitet haben. Für mehr als die Hälfte hat sich diese Tätigkeit anscheinend eher zufällig *»ergeben«*. Es waren Zufall und Glück, die aus der Sicht der Befragten den Eintritt in die Welt der Fliegerei ermöglichten, weniger das eigene Zutun. Angst, Zweifel und Unsicherheit, ob sie die Eingangsvoraussetzungen der Lufthansa erfüllen würden, kennzeichnen den – zuerst – zufälligen Charakter ihres Vorgehens. Das im oben genannten Zitat vorüberfliegende Flugzeug verweist auf ein Angebot von außen, eine auslösende Idee, die sich den Frauen anbot, unabhängig von ihren bisherigen beruflichen Plänen, Vorstellungen und Wünschen. Wichtig war dabei die Unterstützung durch die Familie, besonders durch die Eltern oder Freunde und Bekannte. Noch wichtiger aber war die Möglichkeit, sich an Vorbildern orientieren zu können, an Frauen, die selbst Stewardeß waren oder werden wollten. Es waren Freundinnen, Schwestern, Bekannte, Mitschülerinnen, die oftmals den Ausschlag zur Bewerbung gaben.

»Ja, die (Berufswahl, A.B.) war wohl auch durch meine Schwester geprägt, die das ja vorher schon gemacht hat. Ja, dann in der Schule habe ich mir also auch schon immer gedacht, es wär' nicht so das Verkehrteste. Nachdem ich durch die S. (Schwester, A.B.) auch noch einige Sachen gehört hab', hab' ich gedacht, probierst' es mal.(...) Also ich kannte eine, die bei uns im Tennisclub Tennis gespielt hat, aber auch nur flüchtig so. Und mit der hab' ich mich ein paarmal unterhalten da drüber, daß mir das halt gut gefallen würde, und die war also absolut begeistert von der Fliegerei.«[14]

Stewardeß zu werden erscheint so für die Mehrheit der Befragten als etwas außerhalb ihrer Vorstellungswelt, das, durch äußere Stimuli ausgelöst, ihnen eines Tages in den Sinn kam, sich allmählich konkretisierte und bis dahin bestenfalls als heimlicher Traumberuf in ihnen geschlummert hat. *»Also ich hätte nie gedacht, ich würde mal Stewardeß werden.«*[15] Woran macht sich dieser Traum nun fest? Eine Flugbegleiterin, die ihr Berufsziel stringent verfolgt hat:

»Und ich hab' immer mit dem Gedanken gespielt, was könntest du halt machen, daß deine Interessen, daß du deine Interessen eher verwirklichen kannst. Und damals kam ich dann schon auf die Idee, ja, reisen wolltest du schon immer. Ich hab' immer Fernweh gehabt, als Kind schon. Und es war für mich immer klar, daß ich, sobald ich eben kann, rausgeh' ... Und das hab' ich dann auch als erstes in Angriff genommen, daß ich nach Frankreich gegangen bin und daß ich das verwirklicht hab' (Aneignung von Sprachkenntnissen, A.B.). Und – da war das dann schon immer im Hintergedanken, du könntest dich mal bei Lufthansa bewerben oder einfach in der Fliegerei bewerben.«[16]

Fernweh, Reisen, *»Rauszukommen«*, *»Wegzusein«*, in der Welt herumzukommen, den eigenen Horizont zu erweitern, eigene Interessen zu verwirklichen ist für drei Viertel der Frauen das zentrale Motiv für die Berufswahl Stewardeß. Dabei ein unregelmäßiges Leben führen zu können, keiner geregelten Arbeitszeit zu unterliegen, finanziell abgesichert und (vom Mann) unabhängig zu sein kommt für mehr als die Hälfte motivierend hinzu. Die Motive wirken ineinander und bedingen sich gegenseitig. Der Wunsch, mit Menschen zusammenzuarbeiten, spielt dabei eine untergeordnete Rolle. Was in den siebziger Jahren als ›Flucht‹ aus den häuslichen vier Wänden bezeichnet wurde, steht in den ausgehenden achtziger Jahren für mehr Selbstverwirklichung und Unabhängigkeit der Frauen. Stewardeß zu sein symbolisiert so Imaginationen vom Leben in einer Nische voller Freiräume als Alternative zur weiblichen Normalbiographie.

»A: Was symbolisiert denn für dich das Reisen? Was hast du dir darunter vorgestellt, dieses Reisen, was da abgehen würde?
I: Ja – ich mein', ich hab' mir das nicht als Urlaub vorgestellt oder so was, sondern einfach wirklich neue Eindrücke gewinnen, andere Leute kennenlernen, andere, andere Sitten oder Bräuche oder so was. Ich war halt hungrig auf alles, was anders ist, was irgendwie ein bißchen anders klingt. Die Sprache, die anderen Sprachen, auch wenn ich sie nicht verstehe, aber irgendwie die Kultur, wenn ich nach Thailand fliege. Das ist für mich wie ein Rausch, da nehm' ich das so richtig in mich auf ...
Ich war damals fünfzehn, als ich 'en Beruf anfing mit der Lehre (Arzthelferin, A.B.). Und da hatte ich selbst noch keine großen Vorstellungen. Das haben eigentlich meine Eltern so für mich organisiert, damals. Die haben halt gesagt, was willst du denn ungefähr machen, und ich hatte von nichts 'ne Ahnung. Ich war also mit fünfzehn, war ich noch kein Mensch, der sich so frei entscheiden konnte, muß ich sagen, der wußte, was er wollte. Und dann hab' ich halt das gemacht, was die da mit dem Arzt, wo ich dann gelernt hab', ausgehandelt haben. Und das hab' ich eigentlich alles über mich ergehen lassen. Es hat mir Spaß gemacht, ich fand den Beruf nicht schlecht, nur halt, dann nach der Lehrzeit, als ich dann achtzehn war, da hab' ich mich dann langsam selbständig gefühlt und hab' halt andere Vorstellungen gehabt und wollte einfach mehr. Ich wollte nicht in diesem Ort bleiben, sitzen bleiben bis an mein Lebensende und als Arztsekretärin oder Arzthelferin da sitzen bleiben, jemanden heiraten und in dem gleichen Trott wie alle anderen so leben.«[17]

Es wird deutlich, daß die jungen Frauen die Gelegenheit nutzen, aus dem Arbeitsmarkt-Angebot der traditionellen Frauenberufe, die sie zunächst anvisiert hatten und die ihnen auch zugewiesen wurden, auszuscheren und eine (vordergründig) sehr unkonventionelle Laufbahn einzuschlagen. Die beruflichen Wünsche von Frauen gehen über das *»weibliche Arbeitsvermögen«* des Daseins für andere durchaus hinaus.[18] Alles, was anders ist – anders als ein ›normales‹ Frauenleben –, speist ihre Ausbruchsphantasien. Der Traum von Ferne zielt also auf einen Bruch mit der in Sozialisation und (›Normal‹-)Berufswahl angelegten Rolle als Hausfrau und Mutter einerseits, aber auch mit weiblicher ›Normalerwerbstätigkeit‹ – zumindest vorübergehend.

Bezeichnend ist, daß dieser Wunsch der Frauen, seit er sich manifestiert hat, so stark erscheint, daß eine Auseinandersetzung mit den Arbeitsinhalten, den Tätigkeitsmerkmalen der Stewardeß bei den Befragten kaum stattgefunden hat. Die Mehrheit der Frauen hatte vorher keine oder nur sehr vage Vorstellungen von der Arbeit, die eine Stewardeß verrichtet. Nur fünf Frauen kannten diese Tätigkeiten aus eigener Anschauung relativ genau, sei es, weil sie selbst Stewardessen auf einem Flug beobachtet hatten, oder aus Erzählungen von Bekannten und Verwandten. Dennoch ließen sie sich dadurch nicht in ihrer Berufswahl beeinträchtigen. Dieses Verhalten entspricht der schon beschriebenen Tendenz von Frauen, sich für konkrete Tätigkeitsinhalte des anvisierten Berufes eher wenig zu interessieren und in bemerkenswerter Unkenntnis darüber zu verharren.[19]

»A: Was hattest du dir denn unter Stewardeß vorgestellt?
I: Was ich mir unter Stewardeß vorgestellt hatte, ist genau mein Reinfall gewesen. Durch die Welt zu fliegen und ziemlich frei zu sein. (...) Das was die Arbeit an sich betrifft, da hab' ich mir zum ersten Mal so rechte Vorstellungen gemacht, als ich mal mit 'ner amerikanischen Airline geflogen bin, und das fand ich ziemlich erschreckend, den Arbeitsablauf von Stewardessen zu sehen ... Und, das hab' ich aber verdrängt, das fand ich dann nicht mehr so wichtig.«[20]

Warum ist dieser Arbeitsablauf für eine Frau, die Stewardeß werden will, *»nicht mehr so wichtig«*? Es scheint, als müsse der Traum um jeden Preis aufrechterhalten, als dürfe die imaginierte Freiheit auf keinen Fall aufgegeben werden, so daß die Berufsrealität nicht mehr relevant erscheint, nicht erscheinen darf, denn sie würde dem Traum zuwiderlaufen. Um ihn ranken sich phantastische Wünsche nach Zugehörigkeit zu einer anderen Welt, zum Fremden, zu dem die Frauen bisher keinen Zugang hatten. Es ist nicht nur die Welt anderer Kulturen und ferner Länder, es ist auch die Welt des gehobenen Lebensstandards, der sie zugehörig werden, haben sie einmal die Einstellungshürden der Fluggesellschaft genommen. Hier zählen Schönheit, Statussymbole, Geld. Wo sonst in dieser Gesellschaft können Frauen an all dem teilhaben? Sich in dieser Welt zu bewegen bedeutet auch, an der einen Seite des Sozialprestiges, nämlich der Überhöhung, zu partizipieren:

»Für mich waren das immer, ja, so halbe Superfrauen, irgendwie. Also die mußten toll aussehen, gutes Auftreten haben und eben entsprechende Fremdsprachen, mit Leuten umgehen können.«[21]

Hier zeigt sich, daß die Frauen sich mit einer statusniederen Selbstbegrenzung im Beruf durchaus nicht zufriedengeben. Sie wollen sich einer gesellschaftlichen Gruppe zugehörig fühlen, die in der hierarchischen Rangskala der Berufe hoch angesiedelt ist.[22] Anders gesagt: bei der Berufsfindung der Stewardeß geht es primär nicht um eine Auseinandersetzung mit den Arbeitsinhalten und auch nicht darum, einen Beruf zu wählen, der inhaltliche Befriedigung oder Sinnstiftung versprechen könnte. Es geht auch nicht um Aufstiegs- und Karrieremöglichkeiten im Beruf. Derartige Überlegungen wurden von keiner der Befragten a priori angestellt. Vielmehr locken die Assoziationen und Imaginationen von Freiheit; die Umstände, die der Beruf mit sich bringt, nicht die Tätigkeit selbst; es lockt das Sozialprestige, von dem der Beruf umgeben ist, als Synonym für einen hohen sozialen Status, wie er üblicherweise nur Männern zugestanden wird.

Daß für diese Teilhabe die Kriterien Glück und Zufall nicht wirklich ausreichen und nicht zum Ziel führen, zeigt sich im weiteren Verlauf des Berufsfindungsprozesses der Frauen. Nachdem die Vorstellung, als Stewardeß zu arbeiten, bei den Frauen Gestalt angenommen hatte und sie sich ernsthaft mit dem Gedanken auseinanderzusetzen begannen, haben sich die meisten der Befragten *»ins Zeug gelegt«* und zum Teil enorme Anstrengungen unternommen, um den Einstellungskriterien der Lufthansa zum damaligen Zeitpunkt zu genügen. So haben sich neun Frauen durch Sprachkurse und/oder mehrmonatige Auslandsaufenthalte weiterqualifiziert, um ihre Englisch-, Französisch- oder Spanischkenntnisse im Bereich der Grammatik und Konversation zu verbessern. Zwei Frauen hielten Diät, um dem vorgegebenen Idealgewicht zu entsprechen. Als Stewardeß an ›Freiheiten‹ und Privilegien teilzuhaben erschien also erstrebenswert genug, daß die Bewerberinnen bereit und in der Lage waren, persönliche, zeitliche und finanzielle Opfer zu bringen, selbst wenn sie vorher nicht ernsthaft daran geglaubt hatten, von der Luftfahrtgesellschaft eingestellt zu werden.

Offenbar gab es für die von mir befragten Frauen keine berufliche Alternative zum Traum von der Freiheit, wie er sich in der Stewardeß manifestiert. Wenn sie bei der Bewerbung abgelehnt worden wären, hätten alle – bis auf eine Ausnahme – Berufe aus traditionellen Frauendomänen gewählt. Neun Frauen hätten sich den sozialen Bereich oder den Gesundheitsdienst entschieden (als Krankenschwester, Krankengymnastin, Arzthelferin, Ärztin, Psychologin, Erzieherin), vier Frauen wären im Dienstleistungssektor als Bankkauffrau, Wirtschaftskorrespondentin oder Bürokraft tätig geworden. Die Frauen wären also im wesentlichen bei den Berufen geblieben, die sie vorher bereits ausgeübt hatten. Das Spektrum der alternativen Berufswünsche zur Stewardeß reicht vom Ausbildungsberuf bis zum Studium und enthält für die Hälfte der Befragten mehrere Möglichkeiten. Die Frauen zeigen sich damit sehr flexibel und anpassungsbereit an den Arbeitsmarkt. Dies entspricht allgemein dem Berufsverhalten junger Frauen. *»Die ›eigenen‹ Interessen der Frauen richten sich vielmehr nach den Verhältnissen. Junge Frauen lassen sich viele Optionen offen und vermögen sich oft auch im Nachhinein mit der ›erreichten Ausbildung‹ zu identifizieren.«*[23] Dies zeigt exemplarisch die folgende Interviewpassage.

»I: Ich war mir eigentlich, ich wußt' eigentlich nie, was ich werden wollte. Ich hab' Abi gemacht und wußte da noch nicht mal, was ich machen könnte danach. Und hab' mich dann, für einen Studienplatz hatte ich mich beworben, für eine Lehrstelle, für Lufthansa und für eine Stelle am Boden. Ja, und Lufthansa hat abgeschrieben wegen Einstellungsstop, der Boden hat mich eingeladen zu einer Vorstellung, 'nen Studienplatz hatte ich.
A: In welchem Fach?
I: Jura, war auch so ein Verlegenheitsstudium, so was studiert man, wenn einem nichts anderes einfällt. Ja, und dann bin ich zum Boden gegangen.«
(Als Flughafenangestellte, A.B.)[24]

Wenn sich die Chance zum Ausbruch aus der weiblichen Normalerwerbstätigkeit nicht geboten hätte, hätten die Stewardessen sich also ganz rollenkonform verhalten, wie sie das bei der Wahl ihres ersten Berufes auch schon getan hatten. Daß dieser Ausbruch mit typisch reproduktiven Arbeitsinhalten gefüllt sein würde, blieb zum Zeitpunkt der Berufsfindung ausgeblendet.

Nichttypisch weibliche Arbeitsinhalte existieren im Flugzeug nur bei der Arbeit der Piloten. Diese Tätigkeit wäre für knapp drei Viertel der Stewardessen nicht wünschenswert oder vorstellbar gewesen. Als Gründe nennen sie mangelndes Zutrauen in die eigenen technischen Fähigkeiten, Angst vor Führungspositionen, Verantwortung und Entscheidungsbefugnis, das als lebenslange Tätigkeit angelegte Berufsbild von Piloten und die Unmöglichkeit der Teamarbeit im Cockpit: *»Mitfliegen, ja, ganz gerne, aber das alles selbst machen, ich weiß es nicht.«*[25] Die Ablehnung dieser männlichen Tätigkeit ist jedoch auch von Ambivalenzen durchzogen. So könnten sich drei Frauen durchaus vorstellen, *»kleinere Sachen«* zu machen, d.h.

zwar nicht als Verkehrspilotin zu fliegen, aber Lizenzen für kleinere Flugzeuge zu erwerben und *»nebenher«* zu fliegen. Für die meisten Frauen liegt die Tätigkeit einer Berufspilotin jedoch außerhalb ihrer Vorstellungen.

»A: Und wenn das damals möglich gewesen wäre, hättest du dir dann vorstellen können, Pilotin zu werden?
I: Sagen wir mal so. Ich hab' mich damit nie beschäftigt, weil erstmal gab's das damals bei uns net, und ich hab' ehrlich gesagt kein Interesse an Technik, absolut keins. Also vielleicht bedingt auch durch Erziehung. Es ist ja oft so, das was du nicht gelernt kriegst oder gelehrt bekommst oder wie das heißt, das kannst du auch net. Also ich hab' überhaupt keinen Bezug dazu. Und ich hätt' ehrlich gesagt auch keine Lust, – ja so, so als Chef aufzutreten, so die Führungsrolle, auf was es ja hinausläuft letztendlich.
A: Warum nicht?
I: Ich weiß auch net. Warum wollt' ich das net? – Also, ich fühl' mich halt wohler, sagen wir mal so, in 'ner Gemeinschaft. Also net mit so 'ner außenstehenden Rolle. Also jetzt genauso, jetzt mal abgesehen von dem Berufsbild Checker[26] oder so, ja? Ich hätt' nie Lust, so was zu machen. Also jeder begegnet einem schon mit Vorsicht, bloß weil du was zu melden hast. Und – ich weiß nicht. Also mir gefällt es halt besser, im Team zu arbeiten als da irgendwo 'ne Rolle, die da hochstilisiert wird zu irgendwas ganz besonders Tollem, so was halt einzunehmen.«[27]

Eine entscheidende Rolle für die Ablehnung dieser klassischen Männerdomäne bei den Stewardessen spielt die Tatsache, daß sie bis 1986 für Frauen bei der Lufthansa nicht zugänglich war, daß weibliche Bewerberinnen faktisch vom Zugang zu diesem Beruf ausgeschlossen blieben. Dennoch hätten sich zwei der Befragten vorstellen können, einen inhaltlich anspruchsvolleren Beruf auszuüben und Karriere zu machen, d.h., *»bei Lufthansa eine andere Laufbahn ein(zu)schlagen als die der Stewardeß. Aber nachdem das nun hinfällig war, war es mir auch so recht.«*[28] Eine der beiden Frauen hatte sich als Pilotin beworben und wurde abgelehnt.

»I: Ich hatte mich, gleich am Anfang der Fliegerei habe ich mich beworben als, für die Cockpit, als Copilot, weil ich die Voraussetzungen hab', Mathe, Physik und so, das waren meine Fächer. Englisch hab' ich kein Problem, Größe und so was sind alles die Voraussetzungen, hab' ich gehabt. Das war, wann hab' ich mich beworben? Wir haben jetzt (19)86 – 84, Ende 84. Hab' also Ewigkeiten nichts gehört und mich, das heißt, ich hab' dann die (Bewerbungs-)Unterlagen zugeschickt bekommen, die ich zurückgeschickt hab'. Da mußte zum Augentest gehen und so was. Habe

ich alles schön gemacht und polizeiliches Führungszeugnis, das zurückgeschickt. Und dann kam ewig nichts mehr. Und dann haben die, hab' ich mich aber rumgehört bei Cockpit-Leuten. Die haben gesagt, es kann sehr, sehr lange dauern. Dann hab' ich, ja Ende 85 war das, letztes Jahr, genau, Bescheid gekriegt, daß meine Unterlagen bearbeitet wurden. Nach einem Jahr haben sie mir mal Bescheid gegeben und daß ich aber kein polizeiliches Führungszeugnis hätte! Ich sollte nochmal eins schicken. Also das haben sie verschlampt. Ich hab's hingeschickt. Dann hab' ich das nochmal beantragt. Und dann dauerte das wieder 'ne Zeit. Dann kam ein Brief, daß sie mir demnächst 'ne Einladung für'n Test schicken. Und dann mußte ich wieder einige Monate warten. Und dann kam ein Brief, und ich dachte, das wär' die Einladung, und plötzlich kriegte ich Bescheid, es tut uns leid, wir haben bis zu dem und dem Zeitpunkt keinen Lehrgang für Sie frei, und der nächste Lehrgang, der halt für Sie möglich wäre, da haben Sie das Einstellungsalter überschritten. (...) Ich mein', ich hab' mich ja auch mit 21 beworben, und irgendwann bin ich mal 25.

(...)

A: Und was hast du dann gedacht daraufhin?

I: Ich fand's schlimm, weil ich hatte da echt mit gerechnet. Ich hab' immer gedacht, ich werd' wenigstens eine von den beiden Alibi-Frauen, die sie nun ja haben ... Und, das hätt' ich gern gemacht, sehr gerne. Ich glaub' heute, daß ich's gekonnt hätte, war ich von überzeugt. Weil ich hab' gedacht, ich kenn' das Fliegerleben, ich weiß, daß ich damit klarkomme, und eben meine Einstellung, daß ich nicht unbedingt Kinder haben möchte, das wäre für mich ein richtiger Beruf gewesen. Es hat nun mal nicht geklappt.«[29]

Es sind die fehlenden Chancen und Möglichkeiten, die geschlechtshierarchischen Begrenzungen und Zuweisungen, mit denen die Frauen sich auseinanderzusetzen haben. Innerhalb dieses begrenzten Rahmens haben sie mit der Berufsentscheidung Stewardeß diejenige Alternative gewählt, die zunächst die subjektiv größtmögliche Freiheit und Unabhängigkeit versprach.[30]

Die Hälfte der Befragten sehen die Fliegerei nicht als lebenslange Tätigkeit an. Sie halten sich Optionen offen für berufliche (Studium, Ausbildung) und private Veränderungen. Sieben Frauen haben sich über die Dauer keine Gedanken gemacht oder äußern sich nicht. Lediglich eine Kollegin möchte bis zur Pensionierung fliegen. Das Berufskonzept der Flugbegleiterinnen tendiert also in die Richtung, sich möglichst viele Optionen offenzuhalten, sich nicht festzulegen und nicht vorauszuplanen. Dies entspricht der Struktur ihrer Arbeit und ihres Berufes, in dem die Aufstiegsmöglichkeiten beschränkt und wenig attraktiv sind. Es entspricht aber auch weiblicher Lebensplanung, die im Gegensatz zur männlichen von einer ›doppelten Orientierung‹ auf Beruf und Familie geprägt ist.

✈ Die Berufswahl Stewardeß wurde von den Frauen nicht zielstrebig verfolgt, sondern hat sich aus ihrer Sicht eher zufällig ergeben, nachdem oder während sie sich beruflich bereits für eine andere Möglichkeit entschieden hatten.

Die zunächst gewählten Berufe scheinen dagegen eher unter der Optionslogik des Arbeitsmarktes gefunden worden zu sein und sind als Anpassung an das, was der geschlechtsspezifisch segregierte Arbeitsmarkt hergibt, zu sehen. Dabei wurden die Frauen von Eltern und anderen Bezugspersonen unterstützt.[31] Demgegenüber erscheint die berufliche Option Stewardeß als eine *selbstgewählte*, die als Freiheit von den Zwängen und Begrenzungen weiblicher Normalberufe imaginiert wird. Stewardeß zu werden verspricht Horizonterweiterung, Transzendenz traditioneller Frauenberufe. Die Realisierung dieses Wunsches bedarf der positiven Unterstützung durch die Eltern und vor allem konkreter Vorbilder, an denen die Frauen sich orientieren und die als Auslöser fungieren. Erst nach der Konkretion des Berufswunsches werden zum Teil enorme Anstrengungen unternommen, um die Einstellungsbedingungen der Lufthansa zu erfüllen.

Als zentrales Motiv zur Berufswahl Stewardeß kann der Wunsch nach Mobilität, Unabhängigkeit und Selbstverwirklichung angesehen werden, der Anspruch auf ein Stück *»eigenes Leben«*[32] jenseits der Gebundenheit und Abhängigkeit einer weiblichen ›Normalbiographie‹. Für dieses Motiv spricht auch die bemerkenswerte Unkenntnis der Frauen von der Tätigkeit einer Stewardeß: selbst diejenigen Frauen, denen diese Tätigkeit genauer bekannt war, ließen sich dadurch nicht von ihrem Berufswunsch abbringen. Hier könnte interpretiert werden, daß die Frauen es vorher lieber nicht so genau wissen wollten, um für sich den Traum von Freiheit aufrechtzuerhalten. Stewardeß zu sein scheint insgesamt weniger als Beruf attraktiv als vielmehr von den Möglichkeiten und Umständen her, die es mit sich bringt. Darin scheint diese Tätigkeit auch alternativlos zu sein, da die Frauen sonst nur auf die Frauenberufe zurückgegriffen hätten, die sie schon vorher ausgeübt bzw. anvisiert hatten. Aufstiegs- und Karriereinteressen an anspruchsvolleren Tätigkeiten als die der Stewardeß zeigt nur eine Minderheit der Befragten. Dies gilt auch für ›Männerberufe‹ im Flugzeug, deren auf lebenslange Erwerbstätigkeit angelegte Struktur auf die Frauen abschreckend wirken. Daran und anhand der Tatsache, daß die Hälfte der Befragten die Fliegerei nicht als Lebensperspektive konzipiert hat, ließe sich zwar auf eine ›doppelte Orientierung‹ der Stewardessen auf Beruf und Familie schließen. Die Alternativen zum Stewardessendasein werden jedoch sehr vage und unkonkret formuliert. Allgemein läßt sich feststellen:

»Die tatsächlich gefällten Entscheidungen – ob und wann Ehe, Kind, Aufgabe des Berufes – sind dann oft in hohem Maße zufällig, es sind eher Ereignisse, die dem Mädchen zustoßen, als bewußte Wahl; und die Spannung zwischen widersprüchlichen Perspektiven und Lebensentwürfen löst sich in Richtung auf das einmal Geschehene. Weibliches Verhalten und weibliche Eigenschaften sind daher immer das Produkt einer Interaktion zwischen dem angeeigneten kulturellen System und den Zufällen der individuellen Lebensgeschichte.«[33]

Von der erträumten Freiheit zur real existierenden Arbeit – die Sicht auf den Berufsalltag von Stewardessen

Wenn der Berufswunsch für die Frauen die imaginierte Freiheit symbolisiert, wie verhält es sich damit im realen Berufalltag? Können Stewardessen ihre Qualifikationen einsetzen, ihre Berufsvorstellungen verwirklichen?

Fremdsprachen

Gute bis sehr gute Fremdsprachenkenntnisse, besonders in der Konversation, sind eine der Einstellungsvoraussetzungen für FlugbegleiterInnen. Nach eigener Einschätzung beherrschen mehr als drei Viertel der Stewardessen eine oder zwei Sprachen (meist Englisch und Französisch) gut bis sehr gut. Acht Frauen haben vor ihrer Bewerbung bei der Lufthansa im Ausland gelebt, um ihre Sprachkenntnisse auszubauen und zu vertiefen. Drei Frauen halten ihre Fremdsprachenkenntnisse für weniger gut, obwohl auch sie vorher eine Sprachschule besucht oder im Ausland gelebt hatten. Denn es ist *»dieses begrenzte Vokabular an Bord und diese begrenzten Sätze wie: ›Was wollen Sie trinken?‹«*[34], die Monotonie der Dialoge, die das sprachliche Vermögen der Stewardeß verkümmern lassen und seine Anwendung verhindern. Fast drei Viertel waren der Meinung, daß sie ihre Spachkenntnisse im Flugzeug nicht adäquat anwenden können, wobei besonders Französisch kaum gebraucht wird. Sie reagieren darauf mit tendenzieller Verweigerung oder Kompensation. Die Stewardeß hält sich zurück und sagt sich, daß sie sprechen könnte, wenn sie wollte. Ein Viertel der Befragten nutzt diese Strategie auch, um sich den grenzenlosen Bedürfnissen und Ansprüchen der Passagiere zu entziehen:

»A: *Willst du auch nicht oder …*

I: Nee, net unbedingt. Ich sag' ja, mit Randgruppen irgendwie, mit Umgang mit Menschen eben oder Mutter und Kind, okay. Aber was die Geschäftsleute so zu sagen haben, ist irgendwie selten auf 'ner Unterhaltungsebene. Das ist ganz selten mal, daß einer abends in die Küche kommt und dir sympathisch ist und du mit dem halt zwei Stündchen dich unterhältst. Das passiert schon selten. Meistens ist es doch echt nur die Anmache um den Cognac oder den Whisky, den sie jetzt noch außer der Reihe haben wollen. Also ich find', Fremdsprachen, unbedingt anwenden kannst du sie net ...«[35]

Während die Verweigerung sich zunächst auf die entfremdete Arbeitssituation bezieht, zielt die Kompensation auf einen persönlichen Zugewinn an Fremdsprachenkenntnissen durch Übung. Fast die Hälfte der Stewardessen kompensieren auf diese Weise die Reduktion ihrer Fähigkeiten und nutzen diese Strategie als individuelle Chance.

»I: Doch, also mein Englisch kann ich, wenn ich in England bin, einfach, ich kann es halt sprechen. Ich hab' da keine Schwierigkeiten. Ich kann Englisch schon gut und Spanisch auch einigermaßen, Französisch auch. Also, daß ich in dem Land durchkomme, ohne da Schwierigkeiten zu haben ... (...) Also, die Fremdsprachen kommen bestimmt etwas zu kurz, jetzt so während der Arbeit direkt.
A: Für dich?
I: Ja, find' ich, solang' unterhältst du dich ja doch nicht mit den Passagieren. Aber im Land, wenn ich dann irgendwo bin, ist das etwas anderes. Was weiß ich, wenn ich jetzt irgendwo hinfahre, wo Spanisch gesprochen wird, dann kann ich es ja dort anwenden.«[36]

Beide Strategien, Verweigerung und Kompensation, sind für Stewardessen notwendig, um den Arbeitsalltag erträglich zu gestalten.

Kenntnisse aus vorheriger Ausbildung

Vor ihrer Bewerbung bei der Lufthansa hat genau die Hälfte meiner Interviewpartnerinnen eine Berufsausbildung mit formalem Abschluß erworben, die anderen haben ›gejobt‹. Berufserfahrung, besonders in sogenannten ›Kontaktberufen‹, ist seit den achtziger Jahren ein Einstellungskriterium für Stewardessen. Ist diese Berufserfahrung den Frauen als Stewardeß nützlich oder überhaupt anwendbar?

Von acht Stewardessen mit Berufsabschluß können sieben im Flugzeug nichts von ihrer formalen Qualifikation einsetzen. Umgekehrt ist der Anteil der ›Jobberinnen‹ in der Gruppe, die ihre Kenntnisse im Flugzeug einsetzen kann, hoch (fünf von acht Befragten). Zwei Frauen halten manche Qualifikationen für einsetzbar, andere nicht. Die Gründe für die Unmöglichkeit, erworbene Qualifikationen bei ihrer Arbeit tatsächlich einzubringen, obwohl sie bei der Einstellung vom Arbeitgeber gewünscht wurde, liegen darin, daß im Flugzeug kein Raum bleibt, der den Frauen ein solches beruflich qualifiziertes Handeln ermöglichen würde. Schließlich sind die Arbeitsabläufe völlig durchstandardisiert und vorgegeben, werden quasi checklistenartig abgehakt. Somit muß die von den Stewardessen mitgebrachte Berufserfahrung als Gratisqualifikation weitgehend ungenutzt bleiben; sie bleibt bestenfalls dem Notfall, dem Sonderfall, der Abweichung von der normalen Routine vorbehalten.

»I: Ja, die Kenntnisse aus der vorherigen Ausbildung, find' ich, fällt eigentlich weg.
A: Kannst du irgendwas davon verwerten?
I: Naja insofern, daß es halt auch noch 'ne Sprachausbildung jetzt mit war, ja und meine Arzthelfer-Zeit halt so beim Medical. Ich könnte notfalls, ich hab's gelernt, ich darf es nicht, Spritzen geben oder so. Wenn aber wirklich mal Not am Manne ist, könnte ich's machen. Hab also schon 'en bißchen mehr Ahnung von Medizin halt als die anderen, weil es mich auch interessiert hat. Sonst eigentlich nicht.«[37]

In diesem Zitat schwingt Bedauern darüber mit, die erworbenen Kenntnisse nur potentiell anwenden zu können. Einsetzbar sind also weniger die fachlichen Qualifikationen aus früherer Berufstätigkeit der Frauen, als vielmehr die Fähigkeiten aus dem sozial-reproduktiven Bereich. So transformiert sich das Gelernte im Flugzeug in Gefühlsarbeit, in helfendes Tun am Passagier:

»A: Und wie ist es mit den Kenntnissen aus deiner Ausbildung?
I: Doch, die nutzen mir auch ziemlich oft an Bord, muß ich sagen. Also vor allen Dingen, es beruhigt die Leute ungemein, wenn jetzt jemand Flugangst hat oder so, und du sagst: ›Ja, Sie müssen sich nicht aufregen, ich bin Krankenschwester, und da kann Ihnen das und das nicht passieren‹. Oder wenn jemand kommt und sagt: ›Ich hab's am Herz und mir wird's da bestimmt schlecht‹. Und sobald die wissen, daß da jemand mit medizinischen Kenntnissen da ist, sind die ein bißchen beruhigter. Das ist schon ganz nützlich.«[38]

Umgang mit Menschen

Kommunikative und soziale Fähigkeiten, wie sie in personenorientierten Dienstleistungsberufen (z.B. Hotelfach, Bank) gefordert werden, spielen bei der Einstellung von Stewardessen ebenfalls eine Rolle. Auch alle Befragten betrachten sie als ein Erfordernis des Stewardessenberufs, sowohl im Umgang mit Passagieren als auch mit den KollegInnen. Fast alle Frauen bewerten die Fähigkeit zum Umgang mit verschiedenen Menschen sehr positiv und verfügen nach ihrer Einschätzung auch selbst darüber. Die Mehrheit der Stewardessen pflegt gerne den Kontakt zu Passagieren, geht *»... mit offenen Augen durch die Gegend, (um zu, A.B.) sehen, wie die Leute reagieren«*.[39] Eine Minderheit äußert aber schon bei dem Gedanken an den Umgang mit Passagieren Gefühle des ›Ausgebranntseins‹ in Form von Desinteresse, Lustlosigkeit, Frustration, Enttäuschung und Resignation.

»I: Daß es mit dem Umgang der Menschen irgendwo nicht mehr so ganz stimmt, weil ich eigentlich vielleicht an den Menschen nicht interessiert bin, die da an Bord sind.«[40]

Es sind hauptsächlich Frauen, die schon mehrere Jahre als Stewardeß arbeiten, die Gefühle des ›Ausgebranntseins‹ äußern und gleichzeitig die Fähigkeit betonen, mit Menschen umzugehen. Der Widerspruch zwischen der eigenen positiven Einschätzung und der Überforderung in der Arbeitsrealität bedeutet zweierlei: daß Stewardessen real sehr wenig Handlungsspielraum zum Rückzug am Arbeitsplatz zur Verfügung steht und daß ihre Kontaktfähigkeit dem Kunden als Dienstleistung verkauft wird. Sie unterliegen einem objektiven Zwang zur Kontaktbereitschaft, der auf gewisse Weise auch subjektiv verinnerlicht ist. Angesichts dieses objektiven Zwangs zum Passagierkontakt erscheint der Verschleiß von Energie, wie er sich im Burn-out-Syndrom manifestiert, als logische Folge. Diese darf jedoch von der Stewardeß nicht wahrgenommen werden, will sie nicht mit der Dienstleistungsideologie des Arbeitgebers in Konflikt geraten.

Die Mehrzahl meiner Interviewpartnerinnen hatte Abitur, ein knappes Viertel Realschulabschluß. Die Fremdsprachenkenntnisse, durch Auslandsaufenthalte vertieft, dürften teilweise über Schulkenntnisse hinausgehen. Zusätzlich besaß die Hälfte der Befragten eine abgeschlossene Berufsausbildung; alle Frauen hatten schon Kontakt mit der Erwerbssphäre. Die Frauen verfügen damit über formale und nonformale Kenntnisse und Fähigkeiten, die sich nur als Eingangsvoraussetzung zum Beruf der Stewardeß niederschlagen, nicht jedoch als Garantie für eine ausbildungsgemäße Berufskarriere.[41]

Dieses Wissen kann jedoch von der Mehrheit der Frauen am Arbeitsplatz nicht angemessen angewandt werden, da die Arbeitssituation dies nicht zuläßt. Gerade die formal durch einen Berufsabschluß qualifizierten Frauen können bei ihrer Tätigkeit als Stewardeß so gut wie nichts davon einsetzen. Dadurch sind sie auf längere Sicht dauernd unterfordert. Selbst die im Sozialisationsprozeß erworbenen Fähigkeiten der Frauen im Umgang mit Menschen kommen nicht recht zum Einsatz, da die standardisierten Arbeitsabläufe im Flugzeug eine adäquate Beschäftigung mit einzelnen Passagieren kaum ermöglichen. Die verschiedenen Qualifikationen der Stewardessen werden vielmehr am Arbeitsplatz ausschließlich auf kommerzialisierte Dienstleistungen reduziert.

Die Arbeit im Flugzeug

»Also ich kann nicht sagen, daß mir so was Spaß macht«[42] – Negative Aspekte der Arbeit

Bemerkenswert ist zunächst, daß die Interviewpartnerinnen ganz allgemein nur sehr widerstrebend und zögerlich auf meine Fragen nach ihrer Arbeit im Flugzeug antworteten. Sie wichen aus, indem sie mir z.B. von den Begleitumständen der Arbeit berichteten. Hätte ich die Arbeit einer Stewardeß nicht aus eigener Anschauung gekannt, so hätte der Eindruck entstehen können, diese Arbeit existiere überhaupt nicht. Hinter dem beharrlichen (Ver-)Schweigen meiner Kolleginnen vermutete ich Widerstände und Gefühle von Peinlichkeit und Scham, die sie hinderten, über ihre Arbeit zu sprechen, wie die folgenden Ergebnisse zeigen.

Am *»schlimmsten«* ist für drei Viertel der Befragten ihre eigentliche Arbeit, das heißt das, was quantitativ die meiste Zeit in Anspruch nimmt: der Serviceablauf während des Fluges, das Verteilen von Speisen und Getränken an die Passagiere. Er wird als Zwang, als *»starrer Ablauf«*, als stupide und sinnentleert geschildert, als *»blödsinnige Arbeit«*, die sich monoton wiederholt und keinen Raum läßt für Abweichungen und autonomes Handeln. Es ist das *»zack, zack, alles austeilen und wieder einsammeln«*[43], was bei den Frauen Monotonie und Gefühle von Unterforderung hervorruft. Ein Viertel der Stewardessen lehnen ihre Arbeit als solche völlig ab.

»A: Wenn du jetzt im Flugzeug arbeitest, was macht dir dann bei der Arbeit am meisten Spaß?
I: Naja also – frag mal 'en Schornsteinfeger, was ihm bei seiner Arbeit am meisten Spaß macht. Ich gehör' zu den unglücklichen Menschen, die arbeiten, um Geld zu verdienen und net um Spaß zu haben. Spaß hab' ich zu Hause ....

A: Wir können es auch andersherum formulieren, also was macht dir am wenigsten Spaß? Oder was findest du am schlimmsten an der Arbeit?
I: Am schlimmsten? Na das von A nach B Fliegen eben, daß ich, net mal die Arbeit, sondern daß ich einfach net abends zu Hause bin wie jeder normale Mensch … (…)
A: Und jetzt gehen wir nochmal zu der Arbeit. Stell' dir doch mal vor, du stehst jetzt also auf deiner DC 10 und was da so alles an Arbeit auf dich zukommt. Gibt es da irgendwas, wo du sagen kannst, also das ist das Allerschlimmste, was ich jetzt vor mir habe oder was ich machen muß, oder das ist das, was ich irgendwie noch ganz gut find'? Jetzt die reine Arbeit und nicht das Fliegen.
I: Nein. Da wir unterschiedliche (Arbeits-)Positionen haben, ist es auf jeder Position unterschiedlich. Wenn ich zum Beispiel hinten 'en Getränkewagen machen muß, dann würd' ich sterben. Das wär' das Allergräßlichste, was ich mir vorstellen könnte.
A: Warum?
I: Aus'm Stand-by (Bereitschaftsdienst, A.B.) geholt zu werden und hinten Getränkewagen machen zu müssen, weil ich das einfach Wahnsinn find', sieben, sechs- bis siebenmal in die Kabine reinzufahren und 75 Leuten auf meiner Seite was zu trinken anzubieten. Wenn ich mir das hochrechne, bin ich bei 420mal ›Was möchten Sie trinken?‹; wenn ich intelligent bin, reduzier' ich das auf 210mal, ist mir immer noch zu viel. Diesen ganzen Leuten auf der Seite das Gefühl zu geben, ich bin nur für die da. Also ich sag' ja, beim ersten Getränkewagen, wenn ich den da vorschieben müßte, da würd' ich am liebsten schon in Ohnmacht fallen. Und dann noch der Bordverkauf, das ist für mich das Zweitschlimmste. Aber ich mein', ich kann halt die Positionen vermeiden,[44] und eigentlich klappt es auch immer.
A: Und wenn du jetzt auf deiner Springerposition arbeitest? Das ist doch, was du machst?
I: Ja. Das Schlimmste, naja, es ist unangenehm, 76 Leute abzufragen, ›Was möchten Sie essen?‹. Aber es ist genauso unangenehm, zweimal 'en Getränkewagen reinzuschieben. Also frag' ich sie lieber ab. Aber sonst wüßt' ich eigentlich nix, was mir unangenehm ist. Es ist halt viel geworden durch den neuen Service, 'ne? Es hat sich halt sehr ausgedehnt.«[45]

Die Hälfte der Befragten äußert solcherlei Überforderungsgefühle (Burnout) durch den permanenten Zwang zum Passagierkontakt. Konkret ist es die Tätigkeit des Bedienens, die von über drei Viertel der Stewardessen negativ bewertet wird; davon betonen sieben Frauen, daß sie äußerst ungern bedienen. Lediglich zwei Frauen bedienen gerne. Der Grund für die massive Abwehr und Ablehnung dieser Tätigkeit liegt m.E. darin, daß Stewardessen am Schnittpunkt ihrer Haupttätigkeit, dem Servieren, die Ambivalenz ihres Berufsprestiges hautnah erleben. Sie erfahren die Tatsache, daß sie andere im Flugzeug bedienen, als Statusdegradierung durch ihre Umwelt innerhalb und außerhalb des Flugzeugs und damit als eine Degradierung ihrer Persönlichkeit. So schildern sie Reaktionen, in denen ihnen entgegenschlägt, daß Bedienen eine sozial *»niedrig angesehene Arbeit«*[46] darstellt, *»da sind wir die niedrigste Kaste, werden auch nicht als das anerkannt, wie es im europäischen Kulturkreis halt üblich ist, auch mit Kellnerinnen oder Bedienungspersonal umzugehen«*.[47] Die Frauen fühlen sich vom männlichen Passagier als *»Diener«*, *»Leibeigene«*, *»Dienstmädchen«*, *»schöne Staffage«* behandelt und entwertet.[48] Besonders vom geschäftsreisenden *»Managertyp«* erfahren sie diese Degradierung von Arbeit und Person wie z.B. in Aussagen von Passagieren wie *»Im Prinzip ist das ja alles Müll, was Sie hier machen.«*[49] Erlebt wird die Arroganz der Kunden, die sich hofieren lassen, während die Stewardeß sich abmüht und dabei abgewertet wird. Es ist insbesondere das hierarchische Geschlechterverhältnis zwischen Mann (Passagier) und Frau (Stewardeß), das die Frauen bei der Arbeit massiv zu spüren bekommen und das sie an dieser Stelle nicht durchbrechen können. Das Stumpfsinnige an ihrer Tätigkeit ist zugleich das Unausweichliche, das Bedienen *»muß sein«*, denn *»es nimmt ja die meiste Zeit des Fluges in Anspruch«*.[50]

Die Konfrontation mit der über das Bedienen hergestellten Abwertung der eigenen Person löst bei einigen Frauen eine Auseinandersetzung mit ihren beruflichen Möglichkeiten aus. Es sind Phantasien und Wünsche nach Aufwertung, Rückbesinnungen auf den Wert und die Fähigkeiten der eigenen Person. *»Ich denke immer, ich könnte etwas Besseres machen als bedienen. Hab' ich schon immer so empfunden.«*[51] In diesen Phantasien ist zugleich die Entwertung reproduktiver Arbeit als Frauenarbeit enthalten, d.h. sie ist von den Frauen selbst auch verinnerlicht. An dieser Schnittsstelle zwischen der Wahl eines Berufes, der als Freiheit imaginiert wurde, und der Berufsrealität, die als Fessel wirkt, zeigt sich die reale Begrenzung weiblicher Arbeitsmöglichkeiten. Die Freiheit, die die Frauen sich von der Berufswahl Stewardeß versprachen, wird angesichts der zu verrichtenden Arbeit zum Mythos. Von Freiheit kann beim Bedienen keine Rede mehr sein, die Arbeit wird hier zur reinen Zwangshandlung, aus der es kein Entrinnen gibt. Wie verarbeiten Stewardessen diese Widersprüche zwischen Anspruch und Wirklichkeit?

»Dann ist es halt ein Zwang«[52] – Strategien der Verarbeitung

Stewardessen haben individuelle psychische Strategien, sich das Unangenehme erträglich zu machen. Sie rationalisieren, werten um oder verdrängen.[53] Strategien des passiven Widerstandes spielen eine untergeordnete Rolle, weil Dienstleistungen am Kunden kaum verweigert werden können. Auffällig ist, daß alle Frauen sehr individualisiert vorgehen, ihre Strategien münden nicht in gemeinschaftliches Handeln. Keiner der befragten Frauen kommt es in den Sinn, die negativ erfahrenen Arbeitsinhalte in Frage zu stellen, an ihnen etwas ändern zu wollen oder zu können. Auch eine kollektive Verbesserung ihrer Arbeitsbedingungen liegt außerhalb ihrer Vorstellungen. Oft werden die im Interview als unerträglich benannten Anteile der Arbeit im Nachhinein wieder relativiert oder zurückgenommen.

Die häufigste Reaktion von Stewardessen ist die Rationalisierung.[54] So beschreiben sie die unbefriedigenden Tätigkeiten oft als *»Tribut«*, den sie leisten müssen, um als Gegenwert ihr Gehalt ausbezahlt zu bekommen – was den Tatsachen entspricht.

»I: Ja ja, ja ja, ja ja. Also es ist nicht so, daß mir die Arbeit total zuwider ist. Aber ich möcht' auf der anderen Seite auch nicht sagen, daß ich jetzt was hab', was ich so extrem gerne mach', daß es für mich das Erhebende ist. Ich seh' das auch so, also das ist eben der Beruf, den ich ergriffen hab', um mir mein Überleben zu finanzieren. Und es ist einfach der Job, der mir erlaubt, meinen Privatinteressen am weitesten nachzukommen, eben schon durch das Unregelmäßige und durch das Heute hier und morgen da. Und insofern nehm' ich dann auch in Kauf, daß ich mal 'ne Arbeit tu', die mir vielleicht auch stinkt, grad wenn ich z.B. fünf Tage auf der Kurzstrecke unterwegs bin, und ich schieb' dann nur fünf Tage meine Getränkekarre fünf legs (Flugumläufe, A.B.) am Tag durch die Gegend und dann immer nur mit full house. Also das sind dann wirklich Momente, wo es dann anfängt, mir zu stinken, weil es einfach, also das ist 'ne blödsinnige Arbeit auf gut deutsch. Irgendwo geisttötend, und es erlaubt einem wirklich nicht, mit jemandem auch nur ein Wort zuviel zu wechseln. Also das stinkt mir. Aber ich sag' dann auch, gut, ich verdien' dann immer noch ein relativ gutes Geld dabei, jetzt nehm' ich halt auch mal solche Tage in Kauf. Weil, das ist ja nun nicht immer die Regel.«[55]

Eine andere Strategie ist die Umwertung unerträglicher Arbeitssituationen *»mit dem Ziel, über den Weg einer Neuattribuierung der Situation auch das Gefühl neu zu konzipieren und zu verändern«*.[56] Dadurch können u.a.

die von Stewardessen erlebten Widersprüche zwischen *»sozial erwarteten Emotionen und der eigenen Befindlichkeit in Einklang«* gebracht werden.[57] Häufig interpretieren Stewardessen bei dieser Verhaltensstrategie die unangenehmen Aspekte der Arbeit als etwas anderes, als freiwilligen Akt, dem positive Seiten abgewonnen werden können.

»I: ... Und bei den anderen (Arbeits-, A.B.)Positionen, zum Beispiel 4 L, was ich auch sehr gerne mach', ist immer nur das Ein- und Aussteigen das Schlimmste, weil du da immer wie so ein Stuntman stehst, und hast das Gefühl, daß die Leute ganz schnell rein oder raus wollen und sich mehr oder weniger gar nicht um dich kümmern. Du bist wie Inventar, mußt dich auch so verhalten, mußt dich halt ruhig verhalten und mußt halt abwarten, bis die alle drin sind. Und dann mußt du denen halt freundlich guten Tag sagen. Und das ist halt 'ne recht langweilige Angelegenheit. Das gehört für mich aber nicht zum Ablauf des Arbeitsservice, weil das ist keine Arbeit in dem Sinne, das ist halt das Begrüßen und der Schluß. Aber ich zähl' das nicht zur Arbeit.«[58]

Die verschiedenen, individuellen Verarbeitungsmuster der Stewardessen mögen in der konkreten Situation hilfreich sein, Unerträgliches auszuhalten. Es bleiben jedoch Gefühle von Wut, Trauer, Frustration und Angst, die sich auf die entfremdete, zerstückelte Arbeitssituation beziehen, in der es unmöglich ist, *»... daß man sich letzlich ... selbst so zeigen kann, wie man vielleicht wirklich ist«*.[59] Die chronische Unzufriedenheit mit ihrer Arbeitssituation vermögen sie nicht zu ändern. Daher bleiben zwangsläufig Trauer und Wut bei den Frauen zurück. Kollektive Handlungsmuster sind ihnen nicht vertraut und bieten daher subjektiv keine Alternative. An ihrer Arbeitsunzufriedenheit zeigt sich deutlich, wie hoch der Preis ist, den sie für ihre finanzielle und persönliche Unabhängigkeit zahlen müssen.

»Die dann ein bißchen wohlzustimmen auf dem Flug« – Positive Aspekte der Arbeit

Es wurden weit weniger positive als negative Aspekte genannt. An der Arbeit selbst gefällt den meisten Stewardessen am besten der Umgang mit Menschen, die Möglichkeit, mit ihnen zu kommunizieren. Dies ist eine Abwechslung in der stereotypen Arbeitsroutine des Wagenschiebens und Getränkeausteilens und erhält damit sinnstiftenden Charakter im Beruf. Fast die Hälfte der Frauen kontrolliert die Kommunikation mit den Passagieren, indem sie die Interaktionen mit unangenehmen, fordernden Passagieren steuern und auf das notwendige Minimum reduzieren. Sie sehen, daß für tiefergehende Gespräche mit interessanten Passagieren letzten Endes wenig Zeit bleibt und sich der Kontakt häufig auf Small talk beschränkt.

Auch die Arbeit im Team wird von der Hälfte der Frauen besonders geschätzt. Das Team der Kabinenbesatzung umfaßt die meisten Beschäftigten im Flugzeug. Wenn es sich gut versteht, kann das ein Gefühl der Stärke und Zusammengehörigkeit auslösen, was einen *»reibungslosen Arbeitsablauf«*[60] gewährleistet.

Der niedrige Rang von Stewardessen in der Bordhierarchie nährt Phantasien von der eigenen (Versorgungs-)Macht über die Passagiere, Vorstellungen, *»daß ich die Leute irgendwie in der Hand hab«*[61], daß die Passagiere durch die Stewardeß lenkbar und beeinflußbar seien:

»I: Ehm, was mir auch Spaß macht, zum Beispiel so 'ne klassische Situation, wenn gestreßte Passagiere an Bord kommen oder wenn irgendwelche Probleme, also in Anführungsstrichen Probleme, für den Passagier da sind, und die eben lösen zu können, oder eben auch Quengelgeister, die also als Quengelgeister an Bord kommen, die dann ein bißchen wohlzustimmen auf dem Flug. Das ist zum Beispiel auch eine Sache, die mir Spaß macht. Das find' ich auch immer wieder erstaunlich, so was zu sehen, durch kleine Sachen, wie man das lenken kann. In was für einer Situation du da bist, was du da für einen Einfluß eigentlich hast, das ist immer wieder erstaunlich.«[62]

Auch wenn diese Form des Einflusses auf die Passagiere sicher im Einzelfall zu persönlichen Erfolgserlebnissen führen mag, hat sie doch nichts mit realer Macht der Stewardeß über die Passagiere zu tun. Gerade durch das Fehlen jeglicher formaler Machtbefugnisse werden individuelle Erfolgserlebnisse zu einer Quelle positiver Resonanz und Anerkennung für die Stewardeß, sie sind der *»Lohn der Mühe«*[63], die die Frauen sich machen. Darüber hinaus sind Erfolgserlebnisse solcher Art äußerst selten. Denn im allgemeinen erfährt die Stewardeß keine Anerkennung für die geleistete Arbeit und für das über die Routine hinausgehende Engagement, weder von der Hauptzielgruppe der Lufthansa, den Geschäftsreisenden, noch vom Arbeitgeber; eine Tatsache, die auf die Frauen äußerst motivationshemmend wirkt. Dies deutet nicht nur darauf hin, daß ihre Arbeit als Hausarbeit im Flugzeug nichts wert ist, sondern auch darauf, daß sie eine Ware ist, die vom Kunden vor dem Flug käuflich erworben und damit in Geld bereits bewertet wurde; das Tun der Stewardeß ist nicht mehr als eine Selbstverständlichkeit. Daher kann der normale Geschäftsmann kaum das Objekt ihrer Bestrebungen nach Anerkennung ihrer Arbeit sein, denn er fordert bloß ein, wofür er bezahlt hat. So stellt eine Stewardeß resignierend fest: »*Obwohl wir uns wirklich bemühen, ihn (den Geschäftsmann, A.B.) wieder hinzukriegen, ... klappt es einfach nicht.*«[64] Zwangsläufig verlagert sich daher das Ringen um Anerkennung im Beruf auf die hilfsbedürftigen Passagiere, die von den Stewardessen häufig als »*Randgruppen*« im Flugzeug bezeichnet werden. Dies sind Alte, Kranke, Behinderte, Mütter mit Kindern, alleinreisende Kinder, Tiere. Mehr als die Hälfte der Befragten erfährt von dieser Gruppe Bestätigung und Aufwertung ihres Selbstwertgefühls.

Alle Befragten helfen gerne. Die Hilfe richtet sich bevorzugt an diejenigen Reisenden, die »*zu erkennen geben, daß sie nicht zurechtkommen, nicht klarkommen, die mir einfach signalisieren, daß sie das brauchen*«.[65] Stewardessen verlagern also ihre Wünsche nach beruflicher Bestätigung auf die klassische Klientel der Sozialarbeit, die bedürftigen Menschen in besonderen Lebens(not)lagen im Flugzeug. Es ist jedoch keine uneingeschränkte selbst- und bedingungslose Hilfsbereitschaft, zu der die Frauen bereit sind. Die Hälfte der Interviewpartnerinnen kanalisiert ihre Hilfsbereitschaft auf diejenigen Passagiere, die diese Hilfe auch zu würdigen wissen und sie nicht einfordern.

»*I: Aber nicht, wenn jemand 30 Jahre alt ist und 'en Riesen-Kleidersack hinter sich herschleppt und mir den versucht in den Arm zu drücken und ich mich damit abwuchten soll.*«[66]

Die Hilfsbereitschaft der Stewardessen hat zwei Facetten. Zum einen bietet sie den Frauen die Möglichkeit, im Flugzeug etwas subjektiv »*Sinnvolles*« zu tun, aus Monotonie und Routine auszubrechen und auf individuelle Bedürfnisse bestimmter Passagiere einzugehen. Hierin findet die Stewardeß so etwas wie berufliche Sinnstiftung und Identität. Sie kann etwas von sich »*hergeben*«, aus der Masse der Uniformierten hervorstechen, Mensch sein. Darüberhinaus kann sie selbst durch aktives Tun Akzeptanz und positive Resonanz direkt herstellen und sich damit ein Stück (Versorgungs-)»Macht« erobern. Dieser Aspekt ist für ihre berufliche Identität umso wichtiger, da sie sonst nur standardisierte Handlungen vollzieht und als Individuum kaum in Erscheinung treten kann.

Die andere Facette des Helfens bezieht sich mehr auf die karitativen und narzistischen Anteile des Daseins für andere im Sinne des »*Helfersyndroms*«.[67] Helfen erscheint so als sanfte Gegenwelt im Flugzeug und außerhalb, gerade in Abgrenzung zum hoch technisierten, als kalt erlebten Arbeitsplatz. Hilfeleistungen am Passagier, berufliches Helfen wird von diesen Frauen vom Helfen im privaten, zwischenmenschlichen Bereich nicht unterschieden. *»Das (Helfen, A.B.) seh' ich auch nicht als Teil meiner Arbeit an. Es ist schon Teil der Arbeit, aber für mich ist es ganz normal, daß wenn jemand Hilfe braucht, daß man die dem gibt.«*[68] Helfen erscheint so als allgemein menschliche – nicht speziell weibliche – Tugend nach dem Motto *»jeder hilft gerne«*[69], die überall und jederzeit zum Einsatz gebracht werden kann; ein quasinatürliches Bedürfnis. Dahinter verbirgt sich die eigene Bedürftigkeit der Frauen, die (Wunsch-)Vorstellung, selbst Hilfe zu erfahren. *»Ich wär' unheimlich dankbar, wenn ich in irgendwelchen Situationen stecke, wo ich meinetwegen darauf angewiesen bin, daß mir einer mal zur Seite steht.«*[70] Unzweifelhaft ist die starke Fixierung der Frauen auf die hausarbeitsnahe Gegenwelt des emotionalen Versorgens und Daseins für Menschen eine typisch weibliche, im Sozialisationsprozeß erworbene und gesellschaftlich forcierte Einstellung, die auch vom Arbeitgeber gezielt nutzbar gemacht wird. Stewardessen greifen m.E. auch deshalb auf diese Qualifikationen des *»weiblichen Arbeitsvermögens«*[71] im Beruf zurück, weil sie das einzige Mittel darstellen, in der Arbeit selbst – nicht in den Begleitumständen des Berufes – einen sinnstiftenden Rettungsanker zu finden, der ihnen die Gewißheit gibt, als Menschen gebraucht zu werden, nicht völlig austauschbar zu sein und etwas gesellschaftlich Notwendiges zu tun.

Einstellung zum Unternehmen – Vorgesetzte, Gewerkschaft, Personalvertretung

Bezeichnend für die Einstellung, die Stewardessen ihren unmittelbaren Vorgesetzten (sogenannte Divisionschefs oder Gruppenleiter) außerhalb des Flugzeugs entgegenbringen, ist eine fast durchgängige Ablehnung. Divisionschefs werden primär als sanktionierendes Organ der Luftfahrtgesellschaft erlebt: *»Ich geh da selten hin, weil da hast du nicht das Gefühl, daß die dir helfen, sondern das sind unsere Aufpasser, bei denen rechtfertigst du dich für Fauxpas.«*[72]

Hier sei zunächst vorausgeschickt, daß eine Reihe von Personen Stewardessen gegenüber weisungsbefugt sind: vor Beginn des Fluges können sie beim Check-in wegen Unzulänglichkeiten ihres Äußeren von Mitarbeiterinnen der Flugbegleiterschulung (kosmetischer Dienst) angesprochen werden. Diese können ihre Kritik an die entsprechende vorgesetzte Dienststelle (Divisionschefs) der Stewardessen weiterleiten. Unpünktliches Erscheinen zur Flugvorbesprechung (Briefing) wird ebenfalls weitergeleitet und kann von den Vorgesetzten abgemahnt werden. Ab dem Briefing sind Stewardessen den Weisungsbefugnissen der für den Kabinenbereich verantwortlichen Purser/etten unterstellt. Die hierarchisch weitreichendste Weisungsbefugnis gegenüber allen Besatzungsmitgliedern während des Flugumlaufs trägt der Kapitän. Vor und nach den Flugeinsätzen sind die bereits erwähnten Gruppenleiter/Divisionschefs direkt weisungsbefugt, die gelegentlich Flugbegleiter auch während der Arbeit beurteilen. Beurteilungen werden auch von sogenannten Trainingspurser/ette/n auf Flugeinsätzen erstellt. Trainingspurser sind hierarchisch ebenfalls den Divisionschefs nachgeordnet, den Pursern jedoch vorgesetzt. Alle Konflikte zwischen Stewardessen und Unternehmen werden von der Firmenseite her zwischen Divisionschef und Stewardeß abgehandelt, d.h. die Frauen werden in diesem Fall *»nach oben zitiert«*.

Damit enthält der Beruf der Stewardeß ein wesentliches Strukturmerkmal typischer Frauenberufe, nämlich die Ansiedlung am unteren Ende der betrieblichen Hierarchie. Obwohl sich das Geschlechterverhältnis in der Vorgesetztenposition Purser/Purserette fast angleicht, kann angesichts des übermäßigen Frauenanteils nur von einer Benachteiligung der Frauen gesprochen werden.[73]

Am häufigsten kritisieren Stewardessen an ihren Divisionschefs das mangelnde Vertrauen, das diese ihnen entgegenbringen, und die fehlende Unterstützung. Im Konfliktfall zwischen Stewardeß und Passagier oder anderen Dienststellen werde nach dem Motto verfahren: Das Kabinenpersonal hat immer unrecht. Eine Flugbegleiterin formuliert es so: *»... und irgendwie ärgert's mich dann, daß grundsätzlich nur dem (anderen) geglaubt wird, und nicht mir.«*[74] Dies zeigt den untergeordneten Rang, den das Kabinenpersonal insgesamt in der Firmenhierarchie und -wertschätzung einnimmt. Einige Frauen vermeiden sogar jeden Kontakt zu ihren Vorgesetzten. Daher gibt es unter den Befragten auch einige, die ihren Chef persönlich (noch) gar nicht kennengelernt haben. Gespräche zwischen Vorgesetzten und Flugbegleiterin sind häufig für diese negativ besetzt und von Angst begleitet. Weitere Kritik betrifft die Unverbindlichkeit, Oberflächlichkeit und *»Scheinheiligkeit«*, mit der Vorgesetzte ihren Untergebenen gegenüber agieren. *»Die gaukeln dir einen vor.«*[75] Sechs Frauen halten die Personen, die ihre unmittelbaren Vorgesetzten sind, schlichtweg für inkompetent.

»I: Ich betrachte meinen Gruppenleiter, Frau X, nicht als meine Vorgesetzte in dem Sinne. ... weil ich denke, daß die – ich weiß nicht – die Einstellung der Gruppenleiter ein bißchen zu subjektiv, zu firmen-minded ist ... (Das

sind, A.B.) zum größten Teil Büromenschen, die öfter mal nur das große Buch rausholen, die Paragraphen vorlesen können. Ich mein', die man ja im Grunde auch kennt. Man kennt ja die Dienstvorschriften.«[76]

In dieser Ablehnung der Vorgesetzten drücken sich die negativen Erfahrungen der Frauen aus, daß sie ohnehin wenig Chancen haben, als Arbeitnehmerinnen im Konfliktfall zu ihrem Recht zu kommen. Den Frauen geht es weniger um eine direkte Ablehnung der formalen Hierarchie, in der sie eine untergeordnete Position einnehmen, sondern um die daraus resultierende Rechtlosigkeit, die sie kollektiv empfinden und als deren Hüter die Vorgesetzten auftreten. Die Stewardessen wünschen sich Vorgesetzte als Ansprechpartner für ihre Anliegen, die ihnen zuhören, ihnen glauben und ihnen den Rücken stärken. Die Wünsche gehen in die Richtung eines demokratischen, partnerschaftlichen Umgangs miteinander.

Während die Vorgesetzten diese Wünsche ganz und gar nicht erfüllen, stellt die Personalvertretung als Teil der gewerkschaftlichen Interessenvertretung des Kabinenpersonals eine Institution dar, an die die Stewardessen sich im Konflikt- oder Notfall mehrheitlich wenden würden oder schon gewandt haben. Dabei steht fast die Hälfte der Befragten der Arbeitnehmer-Interessenvertretung (durch Gewerkschaft oder Personalvertretung) positiv gegenüber, während die andere Hälfte der Frauen eher neutral bis indifferent dazu eingestellt ist. Als eigene Interessenvertretung begreift jedoch kaum eine der Frauen dieses Organ; gewerkschaftlich organisiert ist keine der Interviewpartnerinnen. Es herrscht bei den Frauen eher ein Bild der Personalvertretung vor, in der andere (besonders die Männer aus dem Cockpit) ihre eigenen Interessen vertreten, und in der die Frauen als Angehörige der Kabinenbesatzung bestenfalls im Windschatten mitgezogen werden. Dies klingt gelegentlich auch kritisch an. Sich als Frau selbst gewerkschaftlich zu engagieren hieße für die Stewardessen, den unklaren Status der Übergangstätigkeit vor sich selbst aufzugeben, sich zu ihrer Tätigkeit als beruflichem Tun zu bekennen und für eigene Rechte und Verbesserungen am Arbeitsplatz einzutreten. Dies wird jedoch von den Befragten durch eine ›Flucht‹ ins Privatleben vermieden:

»I: Ich bin net in der Gewerkschaft. Von daher glaub' ich auch net, daß ich mich an die wenden würde.
A: Und wieso bist du nicht in der Gewerkschaft?
I: Weil ich find', eigentlich, für uns machen die doch nix. Das sind doch immer nur die paar wenigen, eben die Kapitäne und Co-Piloten, die da das Sagen haben und die sich da auch durchsetzen für ihre Interessen. Während die Kabine(-nmitglieder, A.B.) doch immer 'en bißchen hinten

dran steht. Und von daher würd' ich net unbedingt ein Prozent meines Gehaltes an diese Vertreter abtreten wollen. Und weil halt auch nie ganz klar war oder nie ganz feststeht, wie lange ich das (Fliegen, A.B.) machen will. Das weiß ich auch heut noch net. Ich bin eigentlich immer davon beseelt, irgendwie nur von einem Jahr zum anderen (zu fliegen, A.B.), und erst sind's nur zwei Jahre und dann, naja, mach' nochmal drei. Na jetzt hab' ich vier Jahre. Letztes Jahr hab' ich gesagt, nach fünf (Jahren) hör' ich auf. Und irgendwie machst du doch immer weiter. Und dann denkt man sich, es rentiert sich gar net, da (Gewerkschaft, A.B.) einzutreten.«[77]

Der Organisationsgrad von Stewardessen in den Gewerkschaften scheint allgemein sehr niedrig zu sein: Sowohl ÖTV als auch DAG als Tarifpartner der Lufthansa waren nicht bereit, mir Angaben in Zahlen zu machen. Beide Gewerkschaften verwiesen mich darauf, daß der Organisationsgrad von Stewardessen niedriger sei als »*der in anderem Dienstleistungsbereich beschäftigten Frauen*«.[78] Als Gründe vermutet die ÖTV, »*daß der größte Teil dieser Beschäftigtengruppe direkt von der Schule, ohne jegliche Berufserfahrung, den Beruf der Flugbegleiterin nach 6wöchiger Schulung aufnimmt*«[79] – ein Argument, das nach meinen Ergebnissen so nicht zutrifft. Für die DAG liegt der niedrige Organisationsgrad der Stewardessen »*weniger an der Bereitschaft der Leute, sich zu organisieren, als an der Struktur der Beschäftigten*«[80]. Was mit dieser Struktur gemeint ist, darüber kann bislang nur spekuliert werden. Hier zeigt sich ein Anknüpfungspunkt für weitere Forschung über die Einstellung von Stewardessen zu Gewerkschaften und gewerkschaftlichem Engagement.

✈ Sowohl die Tätigkeiten, die Stewardessen gerne erledigen (Umgang mit Menschen, Helfen), als auch diejenigen, die sie nicht mögen (Bedienen), werden von den Frauen aus der Gesamtheit der zu verrichtenden Arbeitsabläufe herausgelöst, ihr persönliches Augenmerk richtet sich quasi auf diese eine Tätigkeit, die dann jeweils als extrem negativ oder positiv erlebt wird. Diese Wahrnehmung enspricht einerseits den extrem reduzierten, standardisierten und zerstückelten Arbeitsabläufen der Stewardeß, aus denen sie sich einzelne Elemente heraussuchen, andererseits Wünschen nach weniger entfremdeten, ›ganzheitli-

cheren‹ Arbeitsinhalten mit individuellen Entfaltungsmöglichkeiten. Die starke Fixierung der Frauen auf sozialarbeitsähnliche, nichtkommerzielle Dienstleistungen am Kunden deuten darauf hin, daß Stewardessen im Flugzeug aus der Not eine Tugend zu machen versuchen. Indem sie mir am Anfang ihre eigentliche, ungeliebte Arbeit (das Bedienen) verschwiegen, versuchten sie selbst, diese zu vertuschen und unsichtbar zu machen. Dafür gibt es m.E. zweierlei Gründe:

1. Die eigentliche Arbeit steht der imaginierten Freiheit entgegen. Stewardessen suchen durch ihre Berufswahl ja gerade größtmögliche Freiheit von den Begrenzungen der weiblichen Normalbiographie, von Hausarbeit, Mutterschaft und einem geregelten Berufsalltag. Im Flugzeug finden sie sich als symbolische Hausfrauen und Mütter wieder. Die ungeliebte Arbeit führt ihnen auf schmerzliche Weise vor Augen, daß es als Frau kein Entrinnen gibt, daß die geschlechtlichen Rollenzuweisungen und die Realität monotoner Arbeit sie immer wieder einholen.

2. Die eigentliche Arbeit des Bedienens bildet den einen Pol des ambivalenten Sozialprestiges ihres Berufes, und zwar den statusniederen. Er beinhaltet die Entwertung von Hausarbeit und zugleich auch die Entwertung der Stewardeß als Subjekt.

Für Stewardessen sind nicht nur, wie vermutet, ihre erworbenen Qualifikationen nicht recht anwendbar, sondern sie sind auf permanentes, stereotypes Wiederholenmüssen des immergleichen Serviceablaufes reduziert. Diese Reduktion von Fähigkeiten gilt als typisch für Frauenberufe. Stewardessen erleben sich nicht nur von den Arbeitsinhalten her, sondern auch in der Firmenhierarchie als Untergeordnete, mit denen entsprechend umgegangen wird: ihnen wird nicht geglaubt, sie haben den Status von Rechtlosen, sie werden nicht ernst genommen, ihnen wird nicht viel zugetraut, sie werden unter Kontrolle gehalten. Dies führt u.a. zur Abkehr von (gewerkschaftlichem) Engagement für die eigene Sache und mündet statt dessen in Flucht in Privatheit und Freizeit.

Daß negative Aspekte der Arbeit von den Frauen verdrängt werden, sehe ich durch die entsprechenden Verarbeitungsstrategien bestätigt. Dasein für andere gibt Selbstwertgefühl, die Stewardeß erhält Bewunderung und Dank, hat (Versorgungs-)Macht über andere, jedoch aus anderen Motiven: Dasein für andere bietet den Frauen oft den einzigen Ansatz zu identitätsstiftender Tätigkeit in der entfremdeten Arbeitssituation im Flugzeug.

Die Stewardeß als (Super-)Frau – Weiblichkeit und Ambivalenz

Stewardessen haben von berufs wegen über Freundlichkeit und Einfühlungsvermögen zu verfügen und auch noch ›schön‹ zu sein. Wie reagieren die Frauen auf diese vielfachen Anforderungen an ihre Weiblichkeit, wie halten sie Widersprüche aus und leben Ambivalenzen? Meine Vermutung war: Stewardessen versuchen, die an sie gestellten, mannigfachen Anforderungen zu erfüllen; ›Versagen‹ führt zu individuellen Schuldzuweisungen an die eigene Person.

Empathie

Einfühlungsvermögen und Freundlichkeit gelten als unabdingbare Kriterien bei der Einstellung von Kabinenpersonal. Drei Viertel der Befragten halten sich für einfühlsam, mehr als die Hälfte hält dieses Gefühl als Stewardeß für unabdingbar.[81] Dennoch sind fast ebenso viele dieser Frauen der Ansicht, daß ihr Einfühlungsvermögen im Flugzeug nicht unbedingt einsetzbar ist. Dies wird von den Frauen bedauert, da es aus ihrer Sicht eben diese Qualifikation ist, die sie von anderem Bedienungspersonal (z.B. KellnerInnen im Restaurant) unterscheidet. *»Die (Passagiere, A.B.) brauchen kein großes Einfühlungsvermögen. Die setzen sich auf ihren Flieger, machen ihre Arbeit und steigen wieder aus.«*[82] Passagieren einfühlsam begegnen zu wollen verweist als Wunschvorstellung wieder auf die sinnentleerte Arbeitssituation der Stewardeß. Eine empathische Kommunikation mit dem Passagier stünde allerdings im Gegensatz zur Vermarktung von personenorientierten Dienstleistungen. Die meisten Frauen wissen intuitiv, daß sie ein einfühlsames Eingehen auf die Passagiere überfordern würde.

»I: Ja, Einfühlungsvermögen. Ja, das sollte man halt schon haben, obwohl

ich glaube, daß es auch nicht immer so einfach ist, sich so in die Passagiere hineinzuversetzen, was der gerade denkt und fühlt und meint .... Aber mir fällt es manchmal schon schwer, mich – in die Leute hineinzuversetzen oder einzufühlen ... Vielleicht weil ich auch nicht so viel Geduld hab', teilweise, mit den Leuten. Oder weil sie mir halt doch manchmal auf die Nerven gehen. Und vielleicht auch, wenn man länger fliegt, daß man dann auch einfach nicht mehr – ja manchmal halt nicht mehr so viel Lust hat, so auf die Leute einzugehen. Weil es, vielleicht stumpft man auch schon etwas ab. Und man bemüht sich manchmal wohl auch nicht mehr so.
A: Meinst du, daß du dich nicht mehr so bemühst oder ...?
I: Ähh – ja, manchmal schon, würde ich sagen. Ja, da denk' ich also, es stinkt mir. Ich sag ja, manchmal stinkt mir halt schon alles.«[83]

Sichtbar wird hier eine deutliche Ambivalenz zwischen Ansprüchen, die von der Luftfahrtgesellschaft als Norm vorgegeben werden, die aber auch Teil des weiblichen Arbeitsvermögens sind, und der Realität, in der die Stewardeß als Frau von der dumpfen Routine anonymer Menschenabfertigung erschöpft ist. Was sie vor sich wahrnimmt, ist eine *»Masse Mensch«*[84], keine Individuen.

Während Einfühlungsvermögen also das tiefere Gefühl darstellt, das von den Flugbegleiterinnen zwar als wichtig für ihre Tätigkeit betrachtet wird, aber doch nicht so recht *»an den Mann«* gebracht werden kann, stellt die Freundlichkeit quasi das Handwerkszeug der Frauen dar. Dieses wird auch vom Arbeitgeber stark normiert.

Mit einer Ausnahme bemühen sich alle meine Interviewpartnerinnen, dieser Norm zu entsprechen und den Passagieren gegenüber freundlich aufzutreten, auch wenn es ihnen oft schwerfällt. Fast alle Frauen haben diese Normen stark verinnerlicht, sie halten Freundlichkeit für eine wichtige Qualifikation von Stewardessen, mit der andere persönliche ›Schwächen‹ kompensiert werden können. Ähnlich wie bei anderen angelernten weiblichen Fähigkeiten (z.B. Helfen) glaubt mehr als ein Drittel der Stewardessen, daß Freundlichkeit eine natürliche menschliche Qualifikation sei, die mit dem Beruf nichts zu tun habe. Damit wird das, was von ihnen im Flugzeug an Gefühlsarbeit gefordert wird, in eine allgemeine Tugend umgedeutet. Gleichzeitig hat die große Mehrheit der Stewardessen jedoch erhebliche Probleme damit, dauernd freundlich sein zu müssen. Besonders schwer fällt dies in Konflikten mit Passagieren, bei denen die Frauen gute Miene zum bösen Spiel machen müssen, und wenn sie durch Nachtflüge und vollbesetzte Maschinen erschöpft sind. Solche Situationen bewältigen die meisten Frauen, indem sie ihre wahren Gefühle *»unter Kontrolle bringen«*, *»begraben«*, *»wegstecken«*, *»sich zusammenreißen«*, eine freundliche Maske aufsetzen und Theater spielen. Die Frauen setzen ihre *»Kabinenfreundlichkeit«* als Automatismus ein, die, *»ob du das willst oder nicht«*[85], einfach da ist, sobald sie vor die Passagiere treten.[86] *»Ich fühl mich dann ganz einfach auf 'nem anderen Level wohl.«*[87] Wenn dies als Entlastung nicht ausreicht, versuchen die Frauen den vorübergehenden inneren oder äußeren Rückzug: sie eilen in die Waschräume oder die Bordküche, wo sie kurzfristig ihren Gefühlen freien Lauf lassen; sie weinen, schreien, schimpfen, treten.

»I: Das ist jetzt zweimal passiert, daß mich wirklich also jemand (von den Passagieren, A.B.) richtig wütend gemacht hat. Das war nochmal, da hab' ich einfach den Wagen abgestellt, hab' mich umgedreht, bin aufs Klo gegangen, hab' zweimal gegen die Toilettentür getreten und bin wieder rausgegangen. Und dann ging's mir wieder besser.«[88]

Stewardessen erleben Machtkämpfe mit Passagieren als sehr demütigend, weil sie wenig Möglichkeiten zur direkten Konfrontation haben und sie *»es (dem Passagier A.B.) nicht zurückgeben können«*.[89] Insgesamt wird dadurch ein großes Maß an Aggressionen aufgestaut, das die Frauen erst nach dem Flug abbauen können. Zudem geraten sie mit den eigenen und fremden Normen des permanent freundlichen Verhaltens in Konflikte.

»I: Hm, freundlich, also ich glaube, daß ich grundsätzlich freundlich bin. Aber daß mir, daß man mir trotz allem, einfach weil ich so eine Mimik hab', auch ansieht, wann ich in Gedanken bin, oder wann ich mit den Gedanken ganz woanders bin, <u>und das kann mir auch beim Service passieren, daß ich, ich merk' das jetzt weniger, daß ein Passagier mich anspricht.</u> Aber ich werd' oft in der Crew gefragt, ›Guck doch nicht so böse‹ oder ›Lach doch mal‹, weil viele – <u>mein Lachen finden sie gut</u>, aber wenn ich dann ernst dasitze, das finden sie dann nicht gut. Das ist mir jetzt gerade auf dem letzten Trip so gegangen. Da hat mich der Kapitän total genervt, <u>weil ich bei dem immer lachen sollte. So würde ich viel hübscher aussehen,</u> und das hat mich total – das weiß ich.«[90]

Das Zusammenspiel von gesellschaftlicher Norm und ihrer Verinnerlichung in bezug auf Freundlichkeit zeigt sich auch in den Reaktionen auf ein Photo, das eine Stewardeß in untypischer Werbepose, mit verkniffenem Lächeln, darstellt.

Spontan interpretieren die meisten Frauen das Werbelächeln als unecht, maskenhaft. Drei Frauen sind stark irritiert von dem Bild, weil sie die

Darstellung der Stewardeß sehr ungewöhnlich finden und ein solches Lächeln als Werbung für ihre Firma nicht erwartet hätten. Im nächsten Schritt befinden die Frauen, daß die aussteigenden männlichen Passagiere einen sehr zufriedenen Eindruck machen und vermutlich von der Stewardeß gut versorgt worden seien. Aus dem Lächeln schließen sie jetzt auf einen intensiven, persönlichen Kontakt, den Passagier und Stewardeß an Bord gehabt haben müßten. Sie konzentrieren sich damit ganz auf die möglichen Bedürfnisse des Passagiers und blenden das maskenhafte Lächeln der Stewardeß aus, das ja in starkem Widerspruch zu einem persönlichen Kontakt zwischen beiden steht. Ich frage sie, was sie selbst fühlen, wenn sie so lächeln wie die Stewardeß auf dem Photo. Zehn Frauen antworten, daß sie froh seien, wenn »es« vorbei wäre, sie Feierabend hätten, daß sie hinter ihrem automatischen Lächeln Übermüdung und Lustlosigkeit verbergen.

»Da fühl' ich überhaupt nichts, da steh' ich einfach da und sag' 250mal auf Wiedersehen. Denn meistens sind meine Gedanken ganz woanders. Das macht man halt, das wird erwartet.«[91]

An dieser Stelle können die Frauen wieder Zugang zu ihren eigenen Gefühlen finden. Dagegen rief ihre erste Interpretation der Szene und ihr Augenmerk auf die Befindlichkeit des Passagiers offenbar die geltenden Normen der ›echten‹ Freundlichkeit, die von einer Stewardeß erwartet wird, ins Bewußtsein. Dennoch zeigt die Konfrontation mit dem maskenhaften Lächeln deutlich den Konflikt, in den die Frauen geraten. Obwohl sie nach eigener Vermutung ebenso starr lächeln wie auf dem Bild, haben sie dennoch den Anspruch an sich selbst, dabei möglichst ›natürlich‹ und nicht gezwungen zu wirken. Sie fordern von sich eine Echtheit der Gefühle, zu der sie gar nicht mehr in der Lage sind. Unecht zu lächeln macht auf sie einen *»schlimmen Eindruck«*[92], kann Schuldgefühle auslösen.

»I: Das ist das, was ich unter'm Muß von Freundlichkeit eigentlich verstehe. <u>Daß wenigstens ein Lächeln kommt, wenn auch kein herzliches</u>. Ein herzliches Lächeln bringe ich demgegenüber, <u>wo ich auch wirklich was empfinde, dann.</u>
A: Könnte es sein, daß du auch genauso lächeln würdest wie die Frau auf dem Photo?
I: (Pause) Ja, so würde ich vielleicht lächeln in den Situationen, wo ich mich nicht so wohl fühle. <u>Daß es eben nicht von innen rauskommt, das Lächeln, sondern eben das Mußlächeln kommt.</u> Wo du dich wirklich verabschiedest und – (Pause) <u>wirklich den letzten Rest Freundlichkeit bringst, den</u>

du vielleicht noch hast, wo du aber nicht so empfindest, eigentlich .... Ansonsten bin ich eigentlich, auch bei der Verabschiedung, frohgelaunt, dann kommt das automatisch auch, daß ich irgendwie, das sprüht man dann irgendwie so raus, selbst nach 'nem Achtstundenflug oder so was noch ...«[93]

Schönheit

Meine Interviewpartnerinnen nehmen zwei von außen an sie herangetragene Normen wahr, die gleichsam ineinanderwirken: Zum einen die formalen Normen, die von der Lufthansa auch als Dienstvorschrift schriftlich fixiert sind, und informelle Normen. Die formalen Normen werden von den Frauen als *»Uniformkorrektheit«* beschrieben, d.h. sie müssen sauber, gewaschen, gekämmt, mit gereinigter und gebügelter Uniform, geputzten Schuhen und ohne Löcher in den Strümpfen usw. zum Dienst erscheinen. Fast alle Stewardessen akzeptieren diese Regeln, wenn auch nicht bedingungslos. *»Ich richte mich danach, in dem Moment, wo ich die Uniform anzieh', weil ich auch nicht seh', was das für einen Sinn haben soll, sich nicht danach zu richten.«*[94] Nur eine Kollegin lehnt diese formalen Vorschriften, soweit es möglich ist, ab und sucht nach Kompromißmöglichkeiten für sich. *»Wenn ich irgend etwas nicht einsehen kann, kann ich das auch nicht erfüllen ... Was die uns vorschreiben, leg ich nicht so eng aus, rein für mich.«*[95] Ihr Widerstand ist jedoch nur durchführbar, wenn sie sich ohne Kontrolle durch Vorgesetzte an Bord weiß.

Die informellen Normen werden eher diffus, unausgesprochen und verdeckt an sie herangetragen. Es sind *»diese Schönheitsideale«*[96] von der Stewardeß als Superfrau, die mannequinähnlich schlank, schön, mit reiner Haut, jung und sportlich auszusehen hat. Diese unterschwelligen Erwartungen, häufig von anderen Frauen an sie herangetragen, wirken auf die Mehrheit der befragten Flugbegleiterinnen abschreckend, beängstigend und provokativ zugleich: So wollen sie nicht aussehen, doch so könnten sie auch aussehen, wenn sie sich nur bemühen. Starke Verunsicherung und ambivalente Gefühle werden ausgelöst, die oft dadurch bewältigt werden, daß die Frauen letztendlich doch versuchen, normgerecht auszusehen.

»A: Hat das gepflegte Äußere irgend etwas damit zu tun, daß man sich irgendwelche Haare abrasiert an bestimmten Körperteilen?
I: Also, Haareabrasieren find ich eigentlich einen ziemlich schlimmen Vor-

gang. Und ich denke, wenn sich jemand wohler fühlt, dann soll er das auch machen .... Also, ich würd's nicht machen.
A: Bist du persönlich schon mal von Kolleginnen darauf angesprochen worden?
I: Nein. Vielleicht hab' ich's auch nicht registriert, weil ich das unwichtig finde.
A: Ja, ich frag' deshalb, weil ich das Gefühl hab', daß das bei uns im Kollegenkreis schon ein ziemlich wichtiges Gesprächsthema ist.
I: Gut, das betrifft Haare an den Beinen, das kann sein, ja. Was ich persönlich auch nicht besonders schön finde. Also, in so Ausmaßen wie Männerhaare an den Beinen. Find' ich einfach nicht schön. Ist mein persönliches Bild von Weiblichkeit, ist mein persönliches Schönheitsideal. Wenn's eine abmacht, ist es mir egal, wenn's eine läßt, ist es mir auch egal.
A: Du selbst machst es aber nicht ab?
I: Ich selber ... (unverständlich). Ich selber hab' das früher mal gemacht, aber ich find's schlimm. Ich würd' ... (Zögern) ab und zu geh' ich in Delhi mir die Haare rausreißen lassen, was sehr wehtut und was ich aber nur selten mach'. Was für mich aber kein Problem ist. Das ist nicht dogmatisch gesehen.
A: Und wie fühlst du dich dann danach?
I: Ohne Haare? (...) Das ist so 'ne Aktion, die ich manchmal betreibe, wenn ich mir Henna in die Haare machen lasse, das ist so ein Ritual, bevor ich ins Bett geh'.(...) Ich find's aber schöner, wenn die Haare weg sind, ich hab' gern glatte Beine ...«[97]

Die Konfrontation mit den informellen Schönheitidealen löst bei den Frauen auch eine Reflexion über den eigenen Körper aus. Drei Viertel der Interviewpartnerinnen entdecken dabei subjektive Unzulänglichkeiten an ihrem Äußeren: leichtes Übergewicht, unreine Haut, Schmink- oder Haarprobleme sind die meistgenannten Probleme, die durch *»hinterhältige Fragen«*[98] von Kolleginnen noch verstärkt werden. Die Frauen machen sich gegenseitig zu Wächterinnen herrschender Schönheitsnormen. Der Druck auf die Frauen ist so stark, daß immerhin ein Viertel der Stewardessen sich unsicher ist, ob sie überhaupt als gepflegt gelten und damit den formalen Normen genügen. Dagegen halten sich drei Viertel für gepflegt, zumindest was die *»Uniformkorrektheit«* betrifft. Mehr als die Hälfte hat in dieser Beziehung negative Erfahrungen mit KollegInnen und Vorgesetzten gemacht, sie wurden auf Unzulänglichkeiten oder Besonderheiten ihres Äußeren angesprochen, häufig auf sehr demütigende Art und Weise.

»I: Gepflegtes Äußeres: Tja, denk' ich eigentlich schon, daß ich das habe. Meine einzigen Probleme sind halt ein paar Kilo Übergewicht (Lachen), die ich seit dem Kind habe. Aber ich glaube nicht, daß das – das Gepflegte beeinflußt.
A: Macht dir denn deshalb irgend jemand Probleme in der Firma?
I: Frau Y. (Kosmetikerin, A.B.) spricht mich halt an, ja.
A: Ja?
I: Ja.
A: Und wie läuft das dann ab?
I: Ja, sie windet sich halt wie ein Wurm. (Lachen). Das kennen wir ja. Und dann sagt sie ›Ja, was meinen Sie denn, möchten Sie nicht gern mal ein paar Kilo abnehmen?‹ Na klar möcht' ich das. Die Probleme hab' ich, nicht daß ich es möchte, ich schaff's nur nicht so gut. Und, naja, sie ruft mich halt öfters hinter ihren Counter da und stellt mich auf die Waage. Ich laß' es, mich stört das alles irgendwie nicht so ... (...)
Naja, das ist eben halt, weil die Diäten, die ich halt ständig irgendwie mache – aber was das Äußere angeht, ich glaube schon, daß ich da gepflegt bin. Also wenn ich privat bin, dann schmink' ich mich halt nicht oder nicht oft, nur wenn ich weggeh' oder so. Dann will ich irgendwie frei sein von dem ganzen Zwang. Wenn ich aber fliege, ich flieg' nur geschminkt. Ich hab' immer meine Haare frisch gemacht, gefönt oder geflochten oder irgendwas und hab' 'ne saubere Uniform, trag' sie vorschriftsmäßig, wie es so schön heißt, ohne irgendwelchen Firlefanz. Das glaub' ich schon, das bestätigt mir auch Frau Y., weil sie sagt ›Sie sind sonst so gepflegt und haben so ein gepflegtes Auftreten, und wollen Sie nicht ein paar Kilo abnehmen?‹ (Lachen)
A: Wirst du auch von anderen Leuten auf dein Übergewicht angesprochen?
I: Eigentlich nur von Checkern und so (Vorgesetzte in Kontrollfunktion, A.B.) ... die Checkerin, wenn die Checkerin dabei ist, nimmt die mich dann auch öfter mal zur Seite und sagt dann: ›Ich möchte Sie mal auf Ihr Gewicht ansprechen. Hat Sie da jemand schon drauf angesprochen?‹ (...) Und das sind auch nur Frauen, die mich drauf ansprechen, Männer nie...«[99]

Die klare Mehrheit der Stewardessen empfindet die an sie herangetragenen formalen und informellen Schönheitsnormen als Zwang, als Entfremdung vom eigenen Selbst, die sie nach der Arbeit so schnell wie möglich hinter sich lassen wollen. Auch hält die Mehrheit das gepflegte Äußere für weniger wichtig als Freundlichkeit oder Einfühlungsvermögen. Nur eine

Stewardeß reflektiert kritisch die ungleiche Behandlung von Männern und Frauen durch die Lufthansa:

»Denn zum Beispiel Männer, die können teilweise den Bauch haben bis weiß Gott wohin. Da sagt kein Mensch was. Während wenn 'ne Frau kommt, die drei Kilo mehr hat als sie haben sollte, dann wird schon wieder 'en Unterschied gemacht, und da heißt es, sie muß abnehmen. Und das ist eigentlich für unsere Firma sehr, sehr typisch, die irgendwie einen großen Unterschied macht zwischen Mann und Frau.«[100]

Trotzdem haben die Stewardessen die Schönheitsnormen, unter denen sie leiden, auf teilweise sehr rigide Art und Weise verinnerlicht. Neun Frauen berichten von ›Normabweichungen‹ anderer Kolleginnen, an denen sie Anstoß nehmen und die sie gerne strenger sanktioniert sehen würden.

»... aber ich hab' jetzt auf 'm Fernosttrip 'ne Kollegin gehabt. Ich wußte nicht, daß es Uniformen in solchen Größen gibt. Ja, ich wußte es wirklich nicht. Die hatte also mindestens 30 Kilo Übergewicht ... Die ist schon arg fett.«[101]

Der Passagier als Mann – zwischen Flirt und Belästigung

Das Zusammensein auf engstem Raum in der Flugzeugkabine bietet Männern die Gelegenheit, Stewardessen ungestört zu beobachten und sich an ihrem Anblick zu weiden. Fast alle Flugbegleiterinnen kennen den taxierenden Blick, das Gemustertwerden durch Männer, deren *»Augenpaare wandern«*.[102] Gut die Hälfte fühlt sich dadurch zwar belästigt, zeigt aber gleichzeitig ein gewisses Verständnis für dieses Verhalten. Sie kennen die Langeweile im Flugzeug von eigenen privaten Flügen, und beobachten selbst in diesen Situationen ihre KollegInnen. Darüber hinaus sehen die Frauen jedoch wenig Möglichkeiten, sich gegen das Angestarrtwerden angemessen zur Wehr zu setzen. Sie fürchten sich vor Passagierbeschwerden. Der Arbeitgeber unterstützt eher das Verhalten der Kunden und nicht seine weiblichen Angestellten und fördert damit Sexismus und Diskriminierung.

»I: Und ich mein', bei dem Berufsbild, oder wie das halt so ist, ich kann ja so ei'm (Passagier, A.B.) auch net sagen, wissen Sie was, halten Sie mal Ihr'n Mund, erzählen Sie das Ihrem Friseur. Das geht net. Also insofern hört man halt zu, mehr oder weniger desinteressiert oder interessiert. Und das merken sie dann schon und hauen ab.«[103]

Die Flugbegleiterin wird in die Position der Ausharrenden verwiesen, sie muß auf dem schmalen Grat zwischen Selbstbehauptung und Dienstleistungsideologie balancieren. Auf das Verhalten der Männer reagiert sie individuell, es kommt nicht zur Solidarisierung innerhalb der Besatzung. Massive sexuelle Belästigungen werden von den Frauen nicht beschrieben, was aber nicht bedeuten muß, daß sie nicht vorkommen. Vielmehr scheint das, was die Frauen hier als Belästigung beschreiben, gesellschaftlich ›normal‹ zu sein: Das Spektrum sexueller Belästigung am Arbeitsplatz reicht auch bei anderen Frauenberufen vom ›sexual looking‹ bis zur massiven sexuellen Nötigung. Charakteristisch für dieses Phänomen ist seine gesellschaftliche Tabuisierung; es wird zum Individualproblem der Frauen. Männer, die Frauen sexuell belästigen, versuchen, dadurch ihre Machtposition im geschlechtshierarchischen Gefüge aufrechtzuerhalten.[104]

Die Stewardessen fassen vor diesem Hintergrund ihr Verhältnis zum Passagier als ein rein privates auf. Für knapp die Hälfte beinhaltet dies auch den Flirt jenseits des Arbeitsverhältnisses und die Möglichkeit, den Kontakt im Privatleben fortzuführen. Damit wird das Flugzeug für Stewardessen auch zu einem Ort, an dem sie potentielle Partner kennenlernen können. Auch wenn es zu privaten Kontakten meist doch nicht kommt, kann die Stewardeß das Interesse des Passagiers an ihrer Person als Selbstbestätigung auffassen, als Schmeichelei, die auf den zweiten Blick aber Bestätigung ihres Marktwertes ist.

»I: Nur wenn ich da, angenommen – kommt ja auch öfter vor, daß dann gerade so eine Kollegin (von einem Passagier, A.B.) angemacht wird oder (von ihm, A.B.) eine Visitenkarte kriegt oder so – und dann … Früher hätte ich vielleicht manchmal gedacht, komischerweise ist mir das früher passiert, vielleicht einfach weil ich jünger war und 'ne ganz andere Ausstrahlung hatte. Da war ich eben diejenige, die 'ne Visitenkarte gekriegt hat, und heute ist das nicht mehr so, und da muß ich sagen, da denk' ich mir, ich bin froh, daß ich das hinter mir habe.
A: Warum?
I: Ja, weil ich, weil das im Grunde genommen nur eine Bestätigung ist oder ein Heischen nach einer Bestätigung, wenn du so was gut findest. Und ich will das gar nicht mehr, zumindest nicht mehr von Passagieren … mit denen ich nix zu tun hab. Das bringt mir nix.«[105]

Beim Flirt geht es auch um Konkurrenz unter Kolleginnen. Wer ist die Schönste? Wer bekommt Visitenkarten von Passagieren als Beweis ihrer Attraktivität? Während der männliche Blick die Stewardeß als Frau zum (Lust-)Objekt macht, läßt sie sich von taxierenden Männeraugen den Wert des eigenen, an herrschenden Schönheitsidealen gemessenen Körpers bestätigen. Aber zum Teil dreht sie auch den Spieß um und wägt die männlichen Passagiere nach ihren eigenen Kriterien ab. Nun ist sie es, die selektiert – und meist zu dem Schluß kommt, daß es doch die *»falschen«* Männer sind:

»I: Mit der sexuellen Attraktion geh ich ziemlich rigide um, weil das kommt auch meist von den falschen Männern.
A: Von welchen Männern kommt das denn?
I: Von Managertypen. Erstens: Es kommt von den jungen, dynamischen, aufstrebenden Männern, die (Zögern) – von der Art, wie die das anfangen, daß es da zu keinem weiterführenden Kontakt kommt.
A: Wie fangen sie es denn an, und was stört dich daran so?
I: Große Sprüche, hohle Phrasen, und eine Art, mit dir umzugehen, die ich nicht glaube, daß sie das zu Hause auch so machen würden. Das machen sie nur, weil eine gewisse Fremdheit besteht und weil dieser Raum Flugzeug, die Anonymität, die dort herrscht, daß wir auch die Leute nicht kennen, und sie uns nicht kennen, das gestattet, ja. (...) Es gibt nur sehr wenige Leute, die vielleicht eine sexuelle Attraktion haben und die damit auch so umgehen, daß du es akzeptieren kannst.«[106]

Die Ambivalenz der Stewardessentätigkeit spitzt sich im Verhältnis zum männlichen Passagier zu: die Arbeitsbeziehung wird durch die Dienstleistungsideologie zu einer scheinbar privaten Beziehung umgedeutet. Durch die begehrlichen Blicke der Männer erfahren die Frauen Selbstbestätigung über ihren Körper, ihr Äußeres; gleichzeitig ist das Taxiertwerden belästigend und entwürdigend, die Frauen werden zum Objekt degradiert. Dieser Objektstatus kann ansatzweise durchbrochen werden, indem sie ihrerseits die männlichen Passagiere abschätzen (*»Managertypen«*, *»falsche Männer«*) und entscheiden, mit wem sie sich auf ein weiterführendes, privates Gespräche einlassen wollen.

Die Frage, wie weibliche Passagiere Stewardessen begegnen, bleibt offen. Ob sie sie eher bewundern, ignorieren oder beneiden und wie sie sich ihnen gegenüber verhalten, sollte in weiteren Studien über Stewardessen vertieft werden.

Stewardessen sind zwischen den vielfältigen Anforderungen an ihre Weiblichkeit hin- und hergerissen. Empathische Fähigkeiten werden vom Arbeitgeber als Teil des »weiblichen Arbeitsvermögens« im Beruf gefordert und entsprechen den inneren Ansprüchen und der Bereitschaft der Stewardessen. In der Alltagspraxis klaffen hierbei Anspruch und Wirklichkeit weit auseinander – die Frauen stellen an sich selbst schier unerfüllbare Anforderungen bezüglich der »Echtheit« ihrer Gefühle, die sie dem Passagier entgegenbringen sollten. Um arbeitsfähig zu sein, müssen sie ihre echten Gefühle statt dessen zwanghaft unterdrücken, was sie in große Konflikte bringt.

Auch im äußeren Erscheinungsbild versuchen Stewardessen, Normen zu erfüllen, die sie gleichzeitig persönlich relativieren. Sie erfahren über die Kontrolle ihres Äußeren durch RepräsentantInnen der Fluggesellschaft eine diskriminierende Ungleichbehandlung im Vergleich zu ihren männlichen Kollegen. Zugleich machen sie sich zu Kontrolleurinnen anderer Frauen, die sie vom *»geliehenen Standpunkt«*[107] des Mannes aus bewerten, und wirken so mit an der Diskriminierung ihres eigenen Geschlechts. Die starke Wirkung von Schönheitsnormen auf Stewardessen verstärkt sich im quasi subkulturellen Milieu der Fliegerwelt. Alle Mitglieder haben vergleichbare Lebensbedingungen, partizipieren an Wohlstand und gehobenem Lebensstandard. Diese In-group wird von außen wenig beeinflußt, daher bleiben auch die Normen eher unangetastet.

Im Verhältnis der Stewardeß zu den männlichen Passagieren spiegelt sich eine weibliche Berufsnormalität, in der sexuelle Belästigung in verschiedenen Formen an der Tagesordnung ist. Stewardessen werden damit – wie andere Frauen auch – von Kollegen und Arbeitgeber gleichermaßen allein gelassen. Sie können der Belästigung aufgrund ihrer statusniedrigen Position im Flugzeug wenig entgegensetzen, weil die Arbeitsbeziehung zum Fluggast als eine quasi private Angelegenheit gesetzt wird. Gleichzeitig können sie Annäherungsversuche von männlichen Passagieren als potentielle Liebesbeziehung deuten. Stewardessen versuchen, den ihnen entgegengebrachten Anforderungen an ihre Weiblichkeit zu entsprechen. Die Gründe für das Nichtgelingen ihrer Versuche, den Anforderungen an sich gerecht zu werden, suchen die Frauen bei sich.

Zwischen den Welten nirgendwo zu Hause?

Die Trennung von zu Hause, das Alleinunterwegssein in der Fremde sind normale, alltägliche Erfahrungen von Stewardessen, die jedoch für Frauen ganz und gar untypisch sind. Wie leben die Frauen mit diesem Anderssein und wie verarbeiten sie die daraus resultierenden Probleme? Wie gestalten sie ihr Leben in fremden Städten? Wie sind die sozialen Beziehungen zu den ArbeitskollegInnen unterwegs? Welchen Stellenwert hat die soziale Lebenswelt zu Hause?

Fremdbilder versus Selbstbilder

Bewunderung und positive Resonanz erfahren fast alle Flugbegleiterinnen, und zwar in erster Linie über die Tatsache, daß sie einen hohen Lebensstandard haben, sich Dinge leisten können, die andere sich nicht leisten können, also über ihre materielle Sicherheit und finanzielle Unabhängigkeit. Auch repräsentiert die Stewardeß nach außen hin Freiheit und Ungebundenheit, die sich z.B. daran festmacht, daß sie *»zwanzig Tage im Monat«* durch die Welt fliegt, *»ohne irgend jemanden, ohne feste Beziehung«*, während *»sie zu Hause alle angebunden sind und haben ihr geregeltes Leben, verheiratet ... Und unsereiner kann sich ja frei bewegen, ist keinem 'ne Rechenschaft schuldig, kann machen, was er will.«*[108] Der bewundernde Blick von außen gilt speziell denjenigen Aspekten des Stewardessenalltags, die für Frauenberufe untypisch sind. Solche Reaktionen sind allen Befragten vertraut und werden ihnen sowohl von Verwandten, Freunden und Freundinnen als auch aus der weiteren sozialen Umgebung entgegengebracht. Gleichzeitig erfahren die Frauen jedoch über genau dieselben Kriterien der materiellen Unabhängigkeit und Freiheit auch Neid, Wut und Abwertung. Es erscheint ihnen so, als ob man versuche, ihnen *»den Job madig zu machen«*.[109]

»I: Ja, es kommt schon öfter mal vor. Noch nicht einmal so sehr an Bord als im Umgang, wenn ich so irgendwo erzähle, was ich mache, dann krieg' ich oft solche Sachen gesagt. Also im Urlaub, wenn ich da so in der Runde sitze, und dann krieg' ich öfter mal solche Sachen gesagt. Und ich denke, selbst wenn der Job so schlecht wäre – man geht ja nun schließlich auch nicht zum Straßenfeger hin und sagt, ›was machen Sie denn hier für einen Scheiß-Job?‹. Und ich kann das nur so interpretieren, wenn man sich bemüßigt fühlt, jemandem zu sagen, welch blöder Job das ist, und daß es nun einfach kein Traumjob sei. Das hatte ich eigentlich ja nun auch noch nie behauptet, daß es ein Traumjob ist. Also – das kommt nicht, weil ich sage, das ist ein Traumjob, sondern das sagen die gleich, obwohl ich das nie behauptet hab' – kann ich das nur als Neid interpretieren. Es macht mich sehr sauer, weil ich das sehr aggressiv finde, das finde ich einfach nicht gut ...«

Die Außenbilder, mit denen Stewardessen konfrontiert werden, sind zwiespältig und zeigen, daß für sie selbst im Grunde nie genau einschätzbar ist, welchen Status sie in den Augen ihres Gegenübers tatsächlich einnehmen. Wurden sie eben noch bewundert für die Freizügigkeit ihres Lebenswandels, müssen sie sich vielleicht im nächsten Augenblick schon als sozial Degradierte erleben. So verfestigt sich bei den Stewardessen das Bewußtsein, daß es in der Einschätzung ihrer Tätigkeit nur zwei Pole gibt: einerseits eine grandiose Überhöhung und andererseits eine starke soziale Abwertung. Dazwischen gibt es nichts, kein Sowohl-als-auch, keine Differenzierung. Allen Befragten fällt es sehr schwer, auf diese erlebte Ambivalenz zu reagieren. Sie vermeiden eher die Auseinandersetzung und versuchen mehrheitlich, bewundernde Reaktionen durch Schilderungen beruflicher *»Schattenseiten«* abzufangen, um der Abwertung vorzugreifen.

»I: ... Aber die (Bekannten, A.B.) sehen halt auch nur die Sonnenseiten, und daß da auch oft schwere körperliche Arbeit dahintersteckt, das sehen eigentlich die wenigsten. Die glauben wahrscheinlich immer nur, wir, wenn wir irgendwo hinfliegen, das ist für uns wie so 'n Urlaub, das ist für uns eigentlich gar keine Arbeit ... Und ich muß sagen, da muß man – muß man schon aufpassen, daß man da – sich irgendwie so verhält, daß die Leute nicht so das Gefühl haben, man ist vielleicht was Besseres oder man führt so 'en tolles Leben, weil da kann es sehr leicht zu Neid kommen.
A: Und wie reagierst du, wenn dir jemand das Gefühl gibt, daß er neidisch ist?
I: Ja, ich versuch' dann eben schon die anderen Seiten des Berufes darzulegen oder zu erklären. Auch daß halt nicht alles so toll ist, wie es aus-

sieht, und daß es für mich auch 'en Beruf ist, wo ich wirklich arbeiten muß, einmal körperlich oder – der auch seine Schattenseiten hat, wo man auf vieles verzichten muß. Ob das ein geregeltes Privatleben oder 'en Freundeskreis ist, und daß nicht alles so einfach ist. Aber ich glaub', wer das selbst nicht mitgemacht hat, so – die wenigsten Leute können das eigentlich so richtig verstehen. Überhaupt unseren ganzen Lebensstil, glaub' ich.«[110]

Eine weitere Strategie ist das (Ver-)Schweigen, das Zurückhalten von Informationen über ihr (Arbeits-)Leben, um möglichst wenig Angriffsfläche zu bieten:

»I: Wenn jemand sieht, wo du hinfliegst beziehungsweise was du dir leisten kannst, da würd' ich dann nicht so viel drüber reden und das auch nicht zur Schau stellen.«[111]

Diese Stewardessen neigen zu Angst und Verunsicherung, offenbar aus der Erfahrung heraus, daß es Frauen nicht zugestanden wird, mobil zu sein und über viel eigenes Geld zu verfügen. In den entsprechenden Interviewpassagen schwingt das Gefühl mit, bloß zufällig das Glück gehabt zu haben, als Frau an gesellschaftlichen Privilegien teilhaben zu dürfen. Die Flugbegleiterinnen signalisieren, wie wenig selbstverständlich es für Frauen ist, so zu leben, wie sie es tun. Als Stewardessen bilden sie eine Minderheit unter Frauen und sind in besonderem Maße angreifbar. Daher gelingt es ihnen nicht, selbstbewußt zu dem zu stehen, was ihr Beruf ihnen an Freiheiten und Wohlstand bietet.

Welche Selbstbilder haben die Frauen demgegenüber von sich? Drei Viertel meiner Interviewpartnerinnen tendieren dazu, ihren Beruf als »*Traumberuf*«[112] zu sehen, der die Kriterien Geld, Reisen, Freiheit, Ästhetik, Bewunderung und hohes soziales Ansehen erfüllt. Das Gefühl dazuzugehören, etwas geschafft zu haben, wovon andere vielleicht träumen, und darauf stolz zu sein, verleiht dieser Selbstwahrnehmung Kontur. Das, wofür sie von außen bewundert und beneidet werden, macht ihr Leben auch für sie selbst interessant und attraktiv. Es ist »*das ganze Flair, was damit verbunden ist*«.[113] Ein Flair, das die Arbeit, die Mühsal und das Unerträgliche überstrahlt. In den Aussagen der Frauen schwingt an dieser Stelle eine Überhöhung mit, die sie von »*anderen Dimensionen*« oder »*höheren Sphären*« sprechen läßt, in denen sie leben.[114]

»I: Ich hab', wir reden und leben nun mal in anderen Dimensionen, und das wirkt auf viele arrogant, das kann angehen. Und dadurch entsteht halt der Neid. Zum Beispiel daß du sagst, Mist, morgen muß ich schon wieder

New York Doppeltrip fliegen. Wenn du das zu 'nem Nichtflieger sagst, dann klingt das unheimlich arrogant (...). Ich hab' mit vielen Leuten gebrochen, weil ich das Gefühl hatte, die gönnen's mir nicht ... Du, wenn die also wirklich das bewundern, ich mein', klar, irgendwo bist du stolz, irgendwo bin ich dann auch stolz, so schön (...) Und naja, das schmeichelt dann schon, dafür bin ich 'en Mensch und 'ne Frau. Ich find' das schön.«[115]

Die Stewardessen nutzen die Möglichkeit, ihre reale Tätigkeit in einem Nebel von Wunschbildern und Mystifizierungen zu verhüllen, zu vergessen und zu verdrängen. Dagegen hat ein Viertel der Flugbegleiterinnen eine eher nüchterne, realistische Selbsteinschätzung ihres Berufes.

»I: Dann Bewunderung ist nur, also, ist mir eher von Leuten, die nicht sehr viel fliegen (bekannt, A.B) ... so Touristen, die einmal wohin in Urlaub fliegen. Die haben 'en bestimmtes Bild von 'ner Stewardeß, was irgendwie viel positiver ist als zum Beispiel 'en Geschäftsmann, aber schon wieder teilweise wie 'en bißchen 'ne Verherrlichung ist, weil es eben 'ne Welt ist, die für sie sehr ungreifbar ist und die sie gar nicht kennen. Und da versuch' ich, es 'en bißchen abzuschwächen und klarzulegen, das Wie-wir-leben, und daß es eben auch nicht nur so 'ne schöne, wunderbare Scheinwelt ist.«[116]

Um sich selbst sozial zu verorten, sind Stewardessen zu einem dauernden Balanceakt gezwungen. Dabei neigen sie zu Überhöhung und Mystifizierung als einer Zuordnung zum einen, hoch angesiedelten Pol ihres Sozialprestiges, während eine realistische Betrachtungsweise eher selten zu sein scheint. Mit dieser Selbstzuordnung scheinen die Frauen sich schadlos zu halten für die erfahrene Abwertung ihrer Arbeit auf der anderen Seite.

Zwischen den Welten: Trennung und Unterwegssein

Trennung gehört zum Alltag der Stewardeß. Immer, wenn sie zur Arbeit geht, ist dies mit einer kürzeren oder längeren Trennung verbunden. Ihre Flugumläufe dauern zwischen einem Tag und drei Wochen. Die meisten interviewten Flugbegleiterinnen empfinden diese Situation als ein ambivalentes Hin- und Hergerissensein, ein *»Zwischen-zwei-Stühlen-Sitzen«*, wie es eine von ihnen formuliert. Das Hin und Her ist verknüpft mit positiven und negativen Aspekten von Trennung. Welcher Aspekt jeweils im Empfinden der

Frauen dominiert, ist situationsabhängig. So kann das Wegfliegen von zu Hause als positiv registriert werden, wenn das Reiseziel für sie attraktiv ist oder wenn sie sich gerade diesen Flugeinsatz gewünscht haben (Request); wenn sie den Flug zusammen mit einer vertrauten Person absolvieren können (befreundete KollegInnen, Familienangehörige, die ermäßigt mitfliegen können), oder wenn sie am Zielort Freunde oder Bekannte besuchen wollen. Trennung wird dann positiv erlebt, wenn die Stewardeß aktive Handlungs- und Gestaltungsmöglichkeiten hat und wenn sie Bezugspersonen mit dem Flugeinsatz in Verbindung bringen kann. Als positiv kann das Wegfliegen weiterhin erlebt werden, wenn sie zu Hause Konflikte in der Partnerschaft oder Familie haben – dann kann das Wegfliegen Distanz verschaffen, aus der heraus sie die Probleme in Ruhe überdenken können.

»A: Wenn du jetzt von zu Hause weggehst und du hast 'nen längeren Flug, wie fühlst du dich dann?
I: Oh, dann sitze ich immer zwischen zwei Stühlen. Auf der einen Seite, also wenn es ein schöner Flug ist, sagen wir mal so, wenn ich den requestet (gewünscht, A.B.) habe und so, dann freu' ich mich eben drauf, auf den Flug, und auf der anderen Seite – fahr ich dann auch gar nicht gerne weg von zu Hause, grad' auch, wenn es ein längerer Flug ist. Ich sag' ja, das ist wie so ein zweischneidiges Schwert. Man ist eben doch hin- und hergerissen. Grad' wenn man jetzt 'en Mann zu Hause hat oder wegen mir auch Freunde und Kinder, wie das bei Kollegen ist.(...) Wenn es nur für zwei oder drei Tage ist, finde ich es nicht so schlimm, aber so für länger, zehn oder vierzehn Tage – ist es doch schon ziemlich schwierig. (...) Ja, auf der einen Seite bin ich gern zu Hause und fühl' mich auch wohl zu Hause und bin gern mit meinem Mann zusammen, aber auf der anderen Seite flieg' ich auch gerne und freu' mich eben auch noch auf den Flug. Aber dann beides unter einen Hut zu bringen, das ist halt schon ziemlich schwierig. Wenn man erst mal im Auto sitzt auf dem Weg zum Flughafen, dann läßt man alles hinter sich. Dann ist es nicht mehr so schlimm. Also für mich ist es das Schlimmste, wenn ich dann hier sitzen muß, anfangen, den Koffer zu packen und überleg', was ich jetzt mitnehmen muß und so weiter. Das ist also für mich das Schlimmste. Dann renn' ich schon zwei, drei Stunden vorher hier ganz aufgeregt rum, und mein Mann sagt immer ›Du benimmst dich, als würdest du auf deinen ersten Flug gehen (Lachen), dabei fliegst du schon so lange‹. Aber dann habe ich eigentlich gar keine Lust, dann würde ich viel lieber zu Hause bleiben ... Weil dann ist wieder das Ungewisse, mit welchen Kollegen man fliegt, wie versteht man sich mit denen und so weiter. Und wenn man halt erstmal am Flughafen ist, und

dann ist das dann irgendwie alles, nicht gerade vergessen, aber dann ist alles andere ganz weit weg.«[117]

Die Stewardeß will beides, Gebundensein und Freiheit, und sie muß beides leben können. Im Zitat werden auch die negativen Anteile des Abschieds deutlich: Die Trennung selbst wird als *»schlimm«* beschrieben, sie fällt nicht leicht. Es ist die Angst vor dem Ungewissen, vor den Unwägbarkeiten des Flugeinsatzes, die sich hauptsächlich an den nie konstant bleibenden Besatzungen festmacht. Die Crews werden auf jedem Umlauf von der Einsatzleitung neu zusammengesetzt. Aufgrund der enormen Expansion im Personalbereich in den letzten Jahren ist die Wahrscheinlichkeit, zufällig mehrmals mit denselben KollegInnen zu fliegen, sehr gering. Der Anteil des Kabinenpersonals bei der Lufthansa hat sich in den letzten fünf Jahren mehr als verdoppelt.[118] Daher ist die Angst, wie die Frauen sich mit den neuen KollegInnen arrangieren werden, dominierend. Schmerzlich wird die Tatsache des permanenten Abschiednehmen-Müssens empfunden, das *»Herausgerissenwerden«*[119] aus dem, was für die Frauen Zuhause bedeutet: vom Lebenspartner oder Ehemann, der Familie, FreundInnen und Bekannten, von Aktivitäten oder Hobbies, aus der Wohnung, kurz, aus allem, was Kontinuität und Verwurzelung bedeutet, die die Frauen sich mühsam aufgebaut haben. Eine Stewardeß formuliert es so: *»Wenn man vielleicht ganz andere Dinge machen möchte. Jetzt geht man halt wieder und läßt das alles hinter sich. Das hat zwar auch manchmal, es ist auch ganz schön, aber oft ist es eben auch nicht so schön.«*[120] Sich immer wieder trennen zu müssen, etwas Vertrautes zurücklassen zu müssen, bedeutet Trauer und verlangt nach Bewältigungsstrategien, die ebenfalls prozeßhaft sind. Sie dienen dazu, allmählich Abschied von zu Hause zu nehmen und sich langsam auf das Neue, Ungewisse einzustellen.

»I: Also, ich fühl' mich eigentlich immer so, daß ich bis zum Drehkreuz (Eingang zum Flughafen, A.B.) fühl', daß ich Abschied nehme, und daß ich ab dem Drehkreuz fühle, daß ich beschäftigt bin, daß ich dann organisieren muß.(...) Bis zum Drehkreuz nehm' ich Abschied von X (Heimatstadt, A.B.), von deinem – von meinem Partner, von meinen Freunden, von meinem Zuhause, von meinen Ideen, die da noch weiterlaufen, also von meinem Leben, was in X noch weiterläuft, und dann fängt was Neues an. Und das ist immer das Schlimmste – das ist witzig, das ist immer noch das Schlimmste, bis zum Drehkreuz, bis in die Tiefgarage ist es das Abschiednehmen, ist es das Wegfahren von X, und dann fängt was Neues an.
A: Und dann freust du dich?
I: Ja, ich hab' dann gar keine Zeit mich zu freuen, weil ich dann unheim-

lich viel erledigen muß, weil das wahrscheinlich meine Art von Kompensation ist, um jetzt irgendwie das Abschiednehmen zu überbrücken. (...) Und daß ich möglichst viel gute Sachen erledigen muß vor dem Flug, wie Tikkets holen und Passageanweisungen oder Informationen oder Geld. Und dann – wenn's dann losgeht, find' ich's gut.«[121]

Die Trennung als Prozeß hat einen Anfang und ein Ende. Wie im letzten Zitat deutlich wird, entwickeln die Frauen mit der Zeit Routine darin, die Trennungsschmerzen aushaltbar zu gestalten, indem sie sich entsprechende individuelle Bewältigungsstrategien schaffen.

Wie gestaltet sich der Lebenszusammenhang der Stewardessen, wenn sie unterwegs sind? Die sogenannte *»Ruhezeit«* zwischen zwei Flügen (besonders auf Langstreckenflügen mit mehrtägigem Aufenthalt) verbringen fast drei Viertel der Stewardessen überwiegend mit gemeinsamen Unternehmungen mit ihren ArbeitskollegInnen. Je nach Aufenthaltsort und Möglichkeit unternehmen sie gemeinsam Ausflüge, kulturelle Aktivitäten (Museum, Theater, Konzerte usw.) oder Einkaufsbummel. Die anderen Besatzungsmitglieder sind also der erste und zentrale Orientierungs- und Anlaufpunkt für Stewardessen unterwegs. Daher wird verständlich, warum die Ungewißheit, welche KollegInnen diesmal dabei sein werden, vor Flugantritt für die Frauen eine so große Rolle spielt. Wenn in den entsprechenden Städten Bekannte, Verwandte oder Freunde von Stewardessen leben, werden diese bevorzugt aufgesucht. Etwa die Hälfte der Befragten zieht sich unterwegs auch gelegentlich alleine zurück, um im Hotelzimmer zu lesen, Briefe oder Tagebuch zu schreiben, sich auszuruhen oder zu studieren. Sie sind dann gerne allein und unternehmen auch allein etwas. Ein gutes Drittel unternimmt dagegen nichts alleine, oder nur, wenn es nicht anders geht. Einsamkeitsgefühle sind mehr als der Hälfte der Frauen vertraut. Sie fühlen sich allein, weil sie zu Hause Konflikte haben, weil sie in der Besatzung niemanden gefunden haben, mit der/dem sie sich austauschen können, weil sie Heimweh haben oder das Hotel/die Umgebung unangenehm finden.

»A: Machst du denn auch Sachen alleine unterwegs?
I: Wenig, sehr wenig.
A: Warum?
I: Wo ich was mache, ist in Europa. Aber ich mache sowieso privat auch nichts, ganz wenig alleine. Ich brauch' immer 'en paar Leute. Ich brauch' immer jemand, der mich treibt, oder oft.(...)
A: Kommt es denn unterwegs vor, daß du dich einsam fühlst?
I: Jetzt nicht mehr. Ich hab' mich am Anfang sehr oft einsam gefühlt. Weil ich auch hier einsam war, wo ich wohne. Das war 'ne Einsamkeit, wo du

nicht mehr differenzieren kannst, ob du die nun schon in dir hast oder ob es nur auf dem Flug auftritt. Jetzt eigentlich nicht mehr. Ich kann mich auch mit mir selbst beschäftigen. Das ist kein Problem. Dann nehm' ich mir Bücher mit, ich schreib' Briefe, dann fühl' ich mich nicht einsam. Aber es ist ein Beruf, der dich verdammt einsam machen kann.«[122]

Diese ›Normaleinsamkeit‹ gehört zum Lebenszusammenhang der Stewardeß. Sie kann noch verstärkt werden durch fehlende soziale Beziehungen am Wohnort. Für zwei der Stewardessen ist diese Einsamkeit jedoch auch positiv besetzt, bedeutet sie Freiheit, das Gefühl von Beziehungslosigkeit und Mit-sich-selbst-Sein, das diese Frauen gelegentlich sogar kultivieren.

»*A: Fühlst du dich unterwegs denn auch einsam?*
I: Ja klar fühl' ich mich einsam. Aber es ist 'ne schöne Einsamkeit, die ich auch manchmal kultiviere. Ich weiß auch nicht, wie ich das im Gegensatz zu zu Hause dann ganz gerne hab', wenn du weißt, daß niemand anruft, niemand anrufen kann, und du dich dann zurücksetzt, zurückziehst, ... also du alleine, du eroberst dir die Stadt und du mußt auf niemanden Rücksicht nehmen. Und du brauchst keine Verabredungen einhalten, und du kannst dann wirklich so wie Huckleberry Finn da durch die Gegend laufen. Und das find' ich schön. Und ich find', überhaupt alles, was mit Ferne und Abenteuer zu tun hat, hat auch mit Einsamkeit zu tun, und auch nur dann ist es teilweise auch richtig schön.«[123]

Die so ins Positive gewendete Einsamkeit kann zu einem Bedürfnis werden, das ausschließlich unterwegs – fern jeder Beziehung – gelebt wird.

Beziehungen zu Besatzungsmitgliedern

Für einen Teil der Flugbegleiterinnen haben die Kollegen die Funktion einer Ersatzfamilie, mit der sie unterwegs gemeinsam ihre Zeit verbringen. Sie sind mit der Qualität dieser Beziehungen weitgehend zufrieden. Die anderen halten die Kontakte für eher oberflächlich und kurzfristig und haben andere Erwartungen an die Crew. Sie sehen in der Crew eher eine Notgemeinschaft, auf die sie zwangsläufig angewiesen sind, wenn sie nicht alleine bleiben wollen oder können. Ein Viertel der Frauen sieht sowohl positive als auch negative Aspekte in den Kontakten zu den KollegInnen. Unzufrieden sind die Stewardessen am häufigsten mit der Oberflächlichkeit, dem inhaltsleeren Umgang miteinander und der bloßen Funktionalität (gemeinsam Essen gehen) der Kontakte. Dies hängt eng mit der immer neuen Zusammenstellung der Besatzungen durch die Einsatzleitung der Fluggesellschaft zusammen. Negativ bewertet wird von den Frauen auch ihre Abhängigkeit und ihr Angewiesensein auf diese zufällig zusammengewürfelte Gruppe, besonders bei mehrwöchigen Flügen, wenn sie sich sozial nicht völlig isolieren wollen. Hierbei entsteht die Funktion der Besatzung als Notgemeinschaft, deren Mitglieder aufeinander angewiesen sind, ohne tatsächlich in einem echten Bezug zueinander zu stehen. Stewardessen müssen sich auf jedem Flugumlauf wieder neu auf neue KollegInnen einstellen, was enorme Kräfte zehren kann und außerdem immer unbefriedigend bleibt. Die Qualität der sozialen Kontakte bleibt daher oft zufällig und beliebig.

»A: Und hast du den Eindruck, daß du dich unterwegs an deine Kollegen wenden kannst, wenn du das Bedürfnis hast?
I: Nein, glaub' ich nicht, daß ich das könnte. Also es kommt darauf an, wenn ich, weißt du, wenn ich irgendwie krank bin, wenn ich in Not bin, wenn ich Probleme habe, so was? Das würde ich nicht tun.
A: Und warum nicht?
I: Weil ich die zuwenig kenne dazu. Ich hab' zu denen nicht das Vertrauen, weil, ich komme arbeitsmäßig gut mit denen klar, wollte ich damit sagen. Ich komme mit denen, ich kann mit denen Essen gehen, ich hab' Spaß mit denen, aber es geht nicht so tief. Also ich würde mich nicht an die wenden, 'ne? Da würd' ich eher zu Hause anrufen, als daß ich mich an meine Kollegen wende. Weil Probleme berede ich nicht mit Kollegen, die ich zwei, drei Tage kenne. Also sehr selten. Kann mal eine Ausnahme geben, daß ich einen so guten Draht zu jemandem bekomme, daß ich das dann auch tue, aber im allgemeinen, nein, das würde ich nicht machen.«[124]

Positiv an den Beziehungen zu den KollegInnen ist die schon genannte Möglichkeit, gemeinsam kulturelle, sportliche oder andere Aktivitäten zu entwickeln, die von drei Viertel der Frauen in Anspruch genommen wird. Hierbei können Zusammengehörigkeitsgefühle enstehen, wenn auch keine dauerhaften freundschaftlichen Kontakte.

Sieben Frauen genießen gerade die Fremdheit, die sie zu den anderen Besatzungsmitgliedern verspüren: in *»dieser Anonymität«*[125] zwischen Fremden können sie offener über persönliche Probleme und Konflikte sprechen, sich einander anvertrauen in dem Bewußtsein, sich vielleicht nach dem Flug nie wiederzusehen und sich so jeder späteren sozialen Kontrolle entledigt zu wissen.

»A: Würdest du dann mit Kollegen drüber (über persönliche Probleme) sprechen?
I: Kommt auf die Kollegen an. Also wenn ich's Gefühl hätt', daß jemand nett ist – man spricht sowieso ganz gut in dieser Anonymität halt immer, weil es kann einen net verfolgen. Wenn du irgendwelchen Freunden was erzählst, die erkundigen sich dann eventuell auch nochmal. Aber es war ja gar net so wild, das kann man also wunderbar immer so anonym erzählen. So mit meiner Beziehung und mein' Partner, ohne Namen zu nennen. Und dann würd' ich's schon erzählen. Also für mich ist das halt auch 'en Mittel, also um mit Sachen fertig zu werden, indem ich mit Leuten drüber spreche.«[126]

Mit zunehmender Berufserfahrung scheinen die Frauen ihre Erwartungen und Wünsche an die Crew der Realität anzupassen. Die Besatzungsmitglieder sind in erster Linie Arbeitskollegen, mit denen die einzelnen sich unterwegs arrangieren müssen. *»Das ist ja nicht so die große family, das ist es ja nicht.«*[127]

Soziale Lebenswelt zu Hause

Drei Viertel meiner Interviewpartnerinnen war ledig, ein Viertel verheiratet, davon war eine Stewardeß Mutter eines Kindes. Damit waren verheiratete Stewardessen – im Vergleich zur Gesamtstichprobe bei der Lufthansa – in meiner Untersuchung überrepräsentiert.[128]

Insgesamt lebten sieben Frauen alleine, sieben (davon drei unverheiratet) zusammen mit Partner, Familienangehörigen oder in Wohngemeinschaft. Zwei Frauen waren *»shuttlerinnen«*, d.h. sie lebten in der Nähe des Einsatzortes alleine und flogen, wenn sie mehrere Tage frei hatten, zu ihrem Freund, der in einer anderen Stadt lebte. Nimmt man das Leben unterwegs hinzu, so hatten diese Frauen eine Dreiteilung des Lebenszusammenhangs in ein Single-Dasein am einen Ort, ein Leben zu zweit an einem anderen und ein Arbeitsleben mit anderen an vielen Orten.

Stewardessen führen mindestens ein doppeltes Leben, unterwegs und zu Hause. Stark verbilligte Flugtickets für private Flüge durch das Luftfahrtunternehmen steigern ihre höhe Mobilität zusätzlich. Während sie unterwegs eher flüchtige Bekanntschaften machen und die Dinge tun können, die ihnen zu Hause nicht möglich sind, symbolisiert das Zuhause den Ort, an dem Bodenständigkeit und Stabilität sozialer Beziehungen verortet werden – zumindest in den Wünschen und Vorstellungen der Frauen.

»I: ... es gibt Tage, zum Beispiel wenn ich jetzt bei meinen Eltern daheim war, wo alles wirklich ganz vertraut ist und wo ich das Gefühl hab', ich kann jetzt wieder richtig mich so fallen lassen und in die vertraute Umgebung mal eintauchen. Und du läufst durch die Stadt, und die Leute grüßen dich, und überall, an jedem Ort hast du 'ne Erinnerung. Das fehlt mir hier schon (am neuen Wohnort, A.B.). Und manchmal macht mir das auch ganz schön zu schaffen. Aber ich hab' das ja auch irgendwie bewußt gewählt, weil ich irgendwo, ich wollte die Erfahrung machen, wie es ist, in 'ner fremden Stadt zu leben.(...) Aber manchmal habe ich schon das Gefühl oder einfach, ja da weiß ich eigentlich gar nicht genau, wo ich eigentlich hingehör'. Vor allem, wenn ich dann viel hin und her gefahren bin, also bei meinen Eltern wieder war, wieder auf 'en Flug und dann wieder hier 'nen Tag. (...)
A: Und wo würdest du gern hingehören?
I: Ahm, eigentlich, ich mein', das ist jetzt nicht an irgendeinen Platz oder Ort gebunden, einfach da, wo meine Freunde oder meine Bekannten um mich rum sind.
A: Und wo ist das im Moment?
I: (...) Es ist teilweise in Z (Heimatstadt, A.B.) und teilweise hier in X (Wohnort, A.B.). Aber es hat sich in letzter Zeit sehr verbessert, da einige meiner Bekannten und Freunde nach X gezogen sind wegen Studium und Arbeit und so. Deswegen fängt es auch langsam an sich zu bessern hier.«[129]

Typisch für den Lebenszusammenhang von Stewardessen ist die Zerrissenheit zwischen verschiedenen Orten und Personen. Daß aber auch das Zusammenfallen von Ort und Person noch nicht Zuhause bedeutet, daß die Wünsche nach dem Zuhause als sozialer Heimat nicht zwangsläufig realisierbar sind, zeigt sich auch darin, daß nur ein gutes Drittel der Stewardessen mit den sozialen Kontakten und Beziehungen, die sie am Wohnort haben, weitgehend zufrieden ist, und daß auch das Zusammenleben mit einem Partner oder anderen Personen nicht schon eine Garantie für zufriedenstellende Kontakte darstellt. Nur drei Frauen, die nicht alleine leben, äußerten Zufriedenheit mit ihren sozialen Kontakten. Vielmehr muß die Mehrheit der Frauen einige Anstrengungen unternehmen, um die Beziehungen zu Hause zu Freundinnen, Bekannten usw. aufrechtzuerhalten.[130]

»A: Hast du das Gefühl, daß du für deine Kontakte, also zu deinen Freunden, daß du da sehr viel tun mußt?

I: Ja. Find' ich, daß ich sehr viel tun muß. Also ich hab' das Gefühl, ich muß mehr tun als die anderen. Also jetzt grad', wenn es Freunde, Bekannte sind, die nichts mit der Fliegerei zu tun haben – weil die sagen immer nur, du mußt dich melden, wenn du zu Hause bist, weil wir wissen ja nie, wann du da bist, und also das heißt, ich hab' immer das Gefühl, ich muß mich bei denen melden. Dabei hab' ich gesagt, mein Mann ist eigentlich jeden Tag zu Hause. Der ist genauso ein Ansprechpartner, der weiß also, wann ich komm', wann ich geh' und wann man sich irgendwie verabreden kann. Aber trotzdem hab' ich den Eindruck, daß ich immer diejenige sein muß, die sich überall melden muß ...«[131]

Alle Befragten *»organisieren«* sich ihre soziale Lebenswelt am Heimatort selbst, nachdem sie vom Flug zurückkommen. Der erste Griff ist meist der zum Telefonhörer als Draht zur Außenwelt.

»... wenn ich nach Hause komme, dann ruf' ich erst oder meld' ich mich erstmal überall sozusagen zurück und versuch', den Kontakt wieder herzustellen. Und dann wird aber gleich wieder was ausgemacht, wann man sich eben treffen kann.«[132]

Die ständige Abwesenheit von zu Hause bringt massive Probleme für die Aufrechterhaltung des sozialen Bezugssystems der Frauen mit sich. Dies bestätigen auch frühere quantitative Studien über Stewardessen.[133] Diese Probleme können nur durch eigene Aktivität aufgefangen werden. Für Stewardessen ist die Gefahr sozialer Isolation und Vereinsamung sehr real, wenn sie nicht selbst aktiv dagegen angehen. Diese private Beziehungsarbeit, die die Frauen immer wieder leisten müssen, um ihr soziales Überleben zu sichern, zehrt an ihren Kräften und begründet auch ihre Unzufriedenheit mit der Einseitigkeit der Kontakte. Besonders viel Eigeninitiative müssen alleinlebende Stewardessen aufbringen. Die Frauen wünschen es sich aber mehrheitlich anders: Drei Viertel verspüren Sehnsüchte und Wünsche nach Geborgenheit, Aufgehobensein und Verwurzelung zu Hause. Sie formulieren diese Bedürfnisse und Wünsche in (offenen oder verdeckten) Ansprüchen nach einer Umkehrung der Rollenverhältnisse, wenn sie übermüdet und ausgelaugt von der Arbeit nach Hause kommen. Sie möchten von ihrem Partner oder Ehemann abgeholt, versorgt, verwöhnt werden, er soll ihnen zuhören, während sie *»Dampf ablassen«*[134], er soll soziale Arrangements getroffen haben, die Wohnung geputzt und aufgeräumt haben etc. Der Mann soll die Frau emotional versorgen. Kurz, er soll denjenigen Part übernehmen, der üblicherweise Frauensache ist.

»I: Was ich geboten haben will, das kapieren die (Männer, A.B.) immer

alle nie.(...) Ja, ich möchte gern Geborgenheit geboten haben, so 'ne Wurzel, daß ich gern nach Hause komme und weiß, wo ich hingehöre, so was. (...) Und ich will keine materiellen Dinge mehr geboten haben, da bin ich einfach runter. In dem Moment, wo ich mich entschlossen habe, für mich selber aufzukommen, habe ich eigentlich dieses Thema, daß ich was geboten haben möchte, abgehakt. Ich erwarte das nicht von Männern, daß die mir jetzt hier den Brillianten kaufen (...) Ich weiß auch nicht, ist das so schwer, sich aus so Rollen zu lösen? (...) Deswegen denk' ich schon, daß es also ein Beruf ist, der irgendwo beziehungsfeindlich ist, ich würd' schon sagen.«[135]

So offen wie in dieser Passage formulieren jedoch die wenigsten Frauen derartige Wünsche. Es dominiert eher die verhaltene Andeutung von Wünschen nach Aufgehobensein, die gekoppelt ist an die Erkenntnis, daß Männer nicht fähig oder bereit sind, solche Wünsche zu erfüllen.

»I: Es geht, wenn ich nach Hause komme, geht halt alles irgendwie weiter so wie, wie wenn ich gar nicht weg war.(...) Aber es ist eigentlich keiner da, der mich fragt, ja natürlich, das Übliche halt, wie war's und wie geht's dir und so was. Aber daß da einer groß drauf Rücksicht nimmt, gibt's eigentlich nicht.
A: Hättest du denn das Bedürfnis, daß jemand für dich da wäre?
I: Pff, ja sicherlich, manchmal wäre es schön, wenn man verwöhnt würde oder so was. Aber mein Mann arbeitet auch, der arbeitet halt auch.«[136]

Beide Interviewpassagen verdeutlichen, daß Stewardessen ihre Wünsche nach dem, was ihre männlichen Kollegen zu Hause vermutlich selbstverständlich in Anspruch nehmen, nicht zu direkt äußern dürfen, wollen sie ihre Beziehungen nicht aufs Spiel setzen. Wenn die Frauen unter den beziehungsfeindlichen Umständen, die ihr Beruf mit sich bringt, eine Partnerschaft eingehen, müssen sie sich schon im Vorfeld männlichen Bedürfnissen anpassen, dem Partner schmackhaft machen, daß sie häufig auf Reisen sind, Kompromisse eingehen, weibliche Rollenmuster übernehmen und ihre Bedürfnisse zurückstecken. Auch im Bereich der privaten Beziehungen gibt es für sie kein Entrinnen aus den Geschlechterverhältnissen, selbst wenn die Frauen das Geld nach Hause bringen. Eines der zentralen Bedürfnisse der Stewardessen nach der Arbeit ist beispielweise die Ruhe, das Alleinsein und Schlafen, das Zu-Sich-Kommen und allmähliche Eingewöhnen zu Hause, das fast die Hälfte der Frauen äußert. Diese Bedürfnisse stehen häufig im Widerspruch zu der Notwendigkeit, Kontakt zu Freunden aufzunehmen, sich nach denen richten zu müssen, die zu ›normalen‹

Zeiten arbeiten und keinen Schichtarbeits-Lebensrhythmus haben. Das Leben der Frauen ist so gekennzeichnet von Zerrissenheit zwischen vielfältigen, einander widerstrebenden Bedürfnissen, vom Sichzerreißen zwischen verschiedenen Lebenswelten. Es ist eine Gratwanderung zwischen Nähe und Distanz, Gebundensein und Fremdheit, Tradition und Moderne, zwischen *»Nicht mehr«* und *»Noch nicht«*[137] in einer zugespitzten Form. Zuhause zu sein ist für diese Frauen etwas ›Fremdes‹, das sie sich immer wieder neu erschließen müssen.

✈ In den Vorstellungen, mit denen Stewardessen in ihrem sozialen Umfeld konfrontiert werden, dominiert die Ambivalenz, die das Sozialprestige ihres Berufes bestimmt. Die Stewardessen selbst neigen mehrheitlich zu einer sozialen Überhöhung durch den Mythos *»Traumberuf«*, obwohl sie wissen, daß dieser Traum einige sehr beschwerliche *»Schattenseiten«* aufweist. Ich sehe darin den Wunsch der Stewardessen, in der sozialen Rangskala höher eingestuft zu werden, als sie das in der Realität erleben.

Die Trennung von ihrem Zuhause erleben die Frauen in der Regel als schmerzlich; sie verarbeiten sie prozeßhaft, indem sie sich peu à peu von allem, was ihnen vertraut ist, lösen und sich allmählich auf das Wegfliegen einstellen. Es ist eine kontinuierliche Bewegung zwischen Nähe und Distanz, die Stewardessen vollführen. Der Balanceakt zwischen Nähe und Distanz setzt sich unterwegs im Verhältnis zu den KollegInnen fort. Die meisten Frauen verbringen mehr oder weniger viel Zeit miteinander. Die Besatzungsmitglieder haben unterwegs einen zentralen Stellenwert und eine soziale Ersatzfunktion für die fehlenden persönlichen Bindungen der Frauen. Durch hohe Fluktuation und Anonymität bleiben diese Ersatzkontakte jedoch weitgehend reduziert auf eine ›Ersatzfamilie‹ oder ›Notgemeinschaft‹. In jedem Fall können diese Kontakte für die Frauen nicht das erfüllen, was für echte soziale Bindungen unabdingbar ist: Kontinuität und Stabilität.

Einsamkeit ist daher für Stewardessen unausweichlich. Die meisten Frauen leiden darunter und müssen erst Strategien entwickeln, mit ihr fertigzuwerden. Die Gefahr sozialer Isolation scheint groß zu sein, wenn die Flugbegleiterinnen sich nicht mit ihren KollegInnen arrangieren oder sich mit sich selbst beschäftigen können. In fremden Städten unterwegs zu sein erfordert von den Frauen große Flexibilität und Anpassungsbereitschaft an Umstände und Menschen. Chancen liegen darin, sich alleine oder im Kollegenkreis andere Kulturen anzuschauen, Neues zu erfahren, den eigenen Horizont zu erweitern, aber auch, sich mit sich selbst zu beschäftigen, Einsamkeit zu spüren und persönliche Unabhängigkeit zu erproben und so eine Balance zwischen Nähe und Distanz zu finden.

Stewardessen sind – verglichen mit anderen Frauen – geographisch überdurchschnittlich mobil. Darin spiegeln sich historische Veränderungen des weiblichen Lebenszusammenhangs. Die Frauen teilen ihr Leben unterwegs nicht mit ihrer Familie, sondern mit Arbeitskollegen, die zum Familienersatz mehr schlecht als recht taugen. Damit lebt die Stewardeß unterwegs ein eigenes Leben in einer fremden Welt, losgelöst von familialen Beziehungen.[138] Sie wird aus dem traditionellen Frauenleben freigesetzt, in der Folge wird es immer schwerer, zu bestimmen, wo sie hingehört, wo sie verortet ist, wo und wodurch ihr Zuhause bestimmt ist. Die Lebensumstände von Flugbegleiterinnen entsprechen damit der männlichen Biographie weit mehr als der weiblichen.[139]

Zuhause sollen die flüchtigen sozialen Kontakte von unterwegs weitgehend kompensiert werden. Die Beziehungsarbeit, die die Stewardessen im Flugzeug unentwegt selbst erbringen müssen, wird nun an den Partner delegiert, von dem sie emotional versorgt werden wollen. Da sie – wiederum anders als die meisten anderen Frauen – finanziell vom Partner unabhängig sind, sehnen sie sich nach einer Partnerschaft nicht als materieller, sondern als emotionaler *»Versorgungsinstanz«*.[140] Diese Wünsche werden von Männern so jedoch nicht erfüllt, die (Geschlechter-)Rollen lassen sich nicht ohne weiteres tauschen. Daher müssen die Frauen sich nach der Arbeit zu Hause weitgehend selbst wiederherstellen und versorgen, das dazu Nötige selbst in die Hand nehmen. Zu ihrer beruflichen tritt so die private *»aufgezwungene Selbständigkeit«*[141] der Stewardeß hinzu. Beruf und Partnerschaft und Familie zu vereinbaren ist für Stewardessen doppelt erschwert: während sie einen Mann brauchen, der auf ihre häufige Abwesenheit Rücksicht nimmt und sie emotional versorgt, der auch bereit ist, die Kinder aufzuziehen, sieht die Realität so aus, daß die Frauen ihre Bedürfnisse reduzieren und sich dem Partner anpassen müssen, wollen sie ihre Beziehung nicht gefährden.

Zukunftsperspektiven von Stewardessen

Berufliche Pläne

Stewardessen betrachten ihren Beruf anfänglich nicht als lebenslange Perspektive, sondern als Interimsbeschäftigung, bis sich *»etwas anderes«* ergibt. Aber ist dieses ›andere‹ als Beruf *und* Familie gedacht oder als Beruf *oder* Familie? Ist das ›andere‹ ein anderer Beruf?

Die meisten Stewardessen tendieren zum Weiterfliegen. Davon sind sieben Frauen recht entschlossen, ihre Tätigkeit noch länger ausüben zu wollen, während genauso viele eher unentschlossen sind oder sich darüber noch keine konkreten Gedanken gemacht haben. Typisch ist vielmehr die Einstellung fast aller Frauen, erst einmal in den Tag *»hineinzufliegen«*, von Jahr zu Jahr zu leben, wobei die Zeit in diesem Beruf *»wie im Fluge«*[142] vergeht. Nur eine Minderheit von drei Stewardessen plant ausdrücklich, ihre Tätigkeit aufzugeben. Hier zeigt sich, wie schon bei der Berufsfindung, ein auffällig hoher Grad an Zufalls-Orientierung; ein eher passives Warten auf Ereignisse, die sich *»ergeben«* und den Frauen – als deus ex machina – eine Perspektive aufzeigen könnten. Das Fehlen solcher vorausschauender Gedanken verweist mit Sicherheit auf die fehlenden beruflichen Alternativen zur jetzigen Tätigkeit.

Was hält die Frauen im Beruf? Und was macht ihnen die Entscheidung so schwer, daß fast die Hälfte der Befragten sich so unklar ist? Als wichtigstes Motiv für das Verbleiben im Beruf kristallisiert sich bei den Stewardessen die finanzielle Unabhängigkeit heraus, die ihnen materielle Sicherheit verschafft und ihnen erlaubt, ihren hohen Lebensstandard zu erhalten. An zweiter Stelle steht das Reisen – *»Ziele, die ich noch sehen muß«*[143], die Chance, ein unregelmäßiges Leben führen zu können, das Wegkommen von zu Hause – *»schon allein das Gefühl, nicht mehr wegzukommen«*[144] ist erschreckend. Drittens ist es die Freizeit, die die Frauen unterwegs und zu Hause zu schätzen gelernt haben und auf die sie nicht mehr verzichten wollen. Offenbar sprechen genau diejenigen Faktoren für das Verbleiben im Beruf, die den Frauen eine unabhängige Lebensführung ermöglichen und die der Abhängigkeit und Regelmäßigkeit der weiblichen ›Normalbiographie‹ entgegenwirken, jedoch nicht um jeden Preis. Mehr als ein Drittel der Stewardessen würde lieber weniger häufig fliegen und dafür Teilzeit arbeiten, wenn dies möglich wäre.[145] Als Alternative zum Fliegen wäre für ein Viertel der Frauen eine Tätigkeit als Bodenangestellte bei Lufthansa denkbar. Damit blieben ihnen Privilegien wie verbilligte Tikkets erhalten. Auffällig ist, daß die Auseinandersetzung mit beruflichen Perspektiven und möglichen Alternativen ziemlich vage und unkonkret bleibt, daß wenig klare Vorstellungen geäußert werden. Eine Erklärung für dieses unbestimmte Abwägen zwischen Weiterfliegen und Aufhören scheint mir in den unbefriedigenden Arbeitsinhalten zu liegen, in den fehlenden Sinnstiftung des beruflichen Tuns, das als *»das notwendige Übel«*[146] betrachtet wird. Daher ist es sehr aufschlußreich, daß fast die Hälfte der Stewardessen auf die Frage nach beruflichen Alternativen den Wunsch äußern, etwas *»Sinnvolles«* tun zu wollen wie eine weitere Ausbildung zu absolvieren, ihr Studium zu beenden oder überhaupt ein Studium aufzunehmen. Diese Wünsche bleiben aber ebenfalls sehr vage, und es ist fraglich, wie ernst sie gemeint sind.

»I: Ich hab' insofern Pläne, als daß ich auf jeden Fall bis an mein Rentenalter arbeiten werde. Ob ich jetzt bis an mein Rentenalter fliegen werde aktiv, das weiß ich jetzt noch nicht so genau (…). Ja, also ich seh' mich nicht mehr in der Lage, etwas zu lernen und einen ganz neuen Job anzufangen. Das hab' ich zwar lange Zeit gedacht, daß ich das noch könnte – mein letzter Versuch liegt ungefähr drei Jahre zurück, wo ich mich nochmal zum Medizinstudium beworben habe. (…) Nee, und das war eigentlich so der letzte Versuch, dann noch einmal etwas anderes zu machen. (…) Wenn es auch lange Zeit mein Traum gewesen ist, etwas zu machen, wo man mehr Ausbildung dazu braucht. Und man seinen Kopf vielleicht mehr brauchen kann als in der Fliegerei. (…) Nee, da hätt' ich wahrscheinlich Angst gekriegt. Erstens mal die Chancen, wenn ich fertig gewesen wäre mit 42 dann oder 43 (Jahren, A.B.), wie ich dann einen Job bekomme – wären auch nicht besser. Mediziner gibt es inzwischen auch schon wie Sand am Meer. Ich glaube auch, daß man als Frau erhebliche Probleme hat, sich zu behaupten, und eben weil ich auch denke, wie hätte ich diese sechs oder sieben Jahre rumgebracht, mit welchem Geld? Wenn ich mir auch das Lernen schon noch zutraue. (…) Aber, was ich mir

wenig zutraue, ist nochmal mit wenig (Geld, A.B.) auszukommen. Das fällt mir schwer, mir das vorzustellen. Und hier hab' ich halt einen gesicherten, eine gesicherte Arbeitsstelle, die ich auch so ganz sozial finde. (...) Und das aufzugeben, ich weiß gar nicht, ich glaub', ich hätt's wahrscheinlich gar nicht gemacht.«[147]

Sechs Frauen haben überhaupt keine alternativen Perspektiven für ihre berufliche Zukunft, alles bleibt offen: *»Wahrscheinlich irgendwann einmal weiterstudieren und dann auch mal arbeiten, also richtig arbeiten, nicht fliegen.«*[148] Zwei Frauen könnten sich vorstellen, sich selbständig zu machen (Kneipe/Second-hand-Shop). Lediglich eine Stewardeß ist sich ganz sicher, bis zur Pensionierung weiterzufliegen – sie verfügt bereits über zwei Ausbildungen und Berufserfahrung als Erzieherin und Lehrerin.

Die Auseinandersetzung mit beruflicher Zukunft scheint für die Frauen sehr problematisch und angstbesetzt. *»Richtig arbeiten«* hieße aus ihrer Sicht, etwas inhaltlich anderes, vielleicht Sinnstiftendes zu tun, wobei der Erfolg nicht vorauszusehen ist und andere Voraussetzungen nötig wären. So formuliert eine Stewardeß, warum sie eine andere Tätigkeit erst gar nicht anvisiert: *»... weil der (andere Beruf, A.B.) ist also genauso öd nach 'ner Zeit wahrscheinlich wie alles andere auch, weil es Routine ist.«*[149] Hier ist der Hinweis auf die fehlende inhaltliche Befriedigung in einem anderen Frauenberuf deutlich. Das Leben im subkulturähnlichen Milieu des Fliegerkreises, in dem sie materiell versorgt und sicher aufgehoben sind, hält Stewardessen vermutlich davon fern, realistische Vorstellungen vom Berufsleben ›außerhalb‹ zu entwickeln. Sie sind materielle Sicherheit gewohnt, und diese aufzugeben ist für viele Frauen kaum vorstellbar – das würde die Aufnahme einer Ausbildung oder eines Studiums ja bedeuten. Erst der Faktor des Älterwerdens scheint Stewardessen massiv zur Auseinandersetzung mit ihren beruflichen Lebensperspektiven zu nötigen.

»A: Hast du für deine berufliche Zukunft Pläne?
I: Ja, das ist 'ne sehr schwierige Frage. Das ist das einzige, was mich manchmal immer sehr beschäftigt, so innerlich eben. Weil – ich flieg' zwar sehr gerne und ich möchte auch noch weiterfliegen, aber auf der anderen Seite kann ich mir trotzdem nicht vorstellen, daß ich mal bis 55 fliege, bis ich also endgültig in Pension gehe. (...)
Ich laß' das halt alles auf mich zukommen. Das heißt, manchmal, ich schieb' das also immer relativ weit weg. Das sollte man vielleicht auch nicht machen. Aber dann überfällt mich das wieder. Dann überleg' ich, was sollst du jetzt bloß machen? Oder man wird auch oft von der Umwelt irgendwie so in die Enge getrieben, find' ich. Ja, wenn ich irgendwas an-

deres machen würde, wenn ich eben noch auf der Bank arbeiten würde, dann würde mich, glaube ich, nie jemand fragen, wie lange ich eigentlich noch arbeiten will. Dann ist es selbstverständlich, daß man eben arbeitet, 'ne? Aber die Fliegerei, das wird so – ja das wird so als Übergangslösung betrachtet, 'ne? Entweder bis man heiratet oder, oder Kinder bekommt oder anfängt zu studieren oder so was. Und die meisten nehmen das eigentlich gar nicht so für voll. (...)
Dann hab' ich mir auch schon zeitweise überlegt, ja, kannst du das denn wirklich noch so lang machen, paßt das denn so zu dem Image von 'ner Stewardeß, daß man mit vierzig immer noch durch die Gegend fliegt, etwas faltiger im Gesicht und vielleicht nicht mehr so 'ne Topfigur oder so?«[150]

Familie und Kinder

Wünschen sich Stewardessen Kinder? Wenn ja, sind Kinder und Familienarbeit eine Perspektive, um aus dem Beruf aussteigen zu können?

Fast die Hälfte meiner Interviewpartnerinnen ist sehr unentschlossen, ob sie Kinder will; häufig machen die Frauen die Entscheidung davon abhängig, ob ihr Lebensgefährte *»mitmachen«* würde; einige wollen *»vom Kopf her«* kein Kind, vom *»Gefühl«* her dagegen schon. Die Gründe für dieses ambivalente Hin- und Hergerissensein liegen auf der Hand: Wie für keine andere Gruppe von Frauen stellt sich für Stewardessen die zentrale Frage, wie sie Kind und Beruf vereinbaren sollen, wenn sie ihre Unabhängigkeit nicht aufgeben wollen.

»A: Ist Kinderkriegen für dich noch ein Thema?
I: Hehe! – also vom Verstand her nicht, vom Gefühl her ja. Es ist für mich wahrscheinlich ein Thema, bis ich nicht mehr kann. Denn irgendwo denk' ich schon, ich hab' vielleicht was verpaßt. Aber ich bin auf der anderen Seite auch nicht bereit, die Verantwortung zu übernehmen, die ich da dann übernehmen müßte. Ich hab' mir lange Zeit eingebildet, ich würde es gerne machen, wenn ich weiterfliegen könnte dabei. Wenn ich also soviel Geld hätte, daß ich mir 'ne Hilfe nehmen könnte, und zwar 'ne konstante Hilfe. (...) Ich hätt' zwar irgendwo ganz gerne Kinder, aber ich möchte eben nichts dafür aufgeben. Und deswegen denk' ich, werde ich wahrscheinlich keine mehr kriegen. (...)
Und ich hab' mir dann auf einmal klar gemacht, daß ich vermutlich stän-

dig mit einem schlechten Gewissen leben müßte, weil, wenn ich nach Hause komm', das Kind würde da im Startloch sitzen, aha, Mutter ist wieder da, jetzt drauf. Und ich hab' eben doch ein Ruhebedürfnis nach diesen Flügen. Ich brauch' das unbedingt, ich will auch aussschlafen. Allein der Gedanke, daß ich nun die nächsten 20 Jahre dann um sechs Uhr aufstehen muß, weil das Kind schreit, das macht mich also ganz krank irgendwie, das möchte ich nicht. Also ein Kind möcht' ich zwar haben, aber ich möcht' nichts dafür tun irgendwie. Das ist für mich alles zuviel. Ich fühl' mich damit überfordert.«[151]

Auffällig ist, daß die Frauen mit zwiespältigen Gefühlen in puncto Kinderwunsch (ihren) Männern nicht allzuviel zutrauen. Sie sind nicht sehr überzeugt davon, daß der Partner Kinder in ihrem Sinne zuverlässig versorgen würde, während sie beruflich unterwegs sind.

Nur ein Viertel der befragten Flugbegleiterinnen hat klare Vorstellungen darüber, daß sie sich früher oder später Kinder wünschen. Bei diesen Frauen dominiert ebenfalls der Wunsch, nicht ausschließlich Mutter zu sein, sondern ›nebenbei‹ noch etwas anderes, subjektiv Sinnstiftendes zu tun. Bei dieser Gruppe von Frauen schimmert gelegentlich die Phantasie vom Mann als Retter und Familienernährer durch, was ja eine reale Notwendigkeit darstellt, wenn die Frauen nicht alleinerziehend auf sich selbst gestellt bleiben wollen. Bei meinen Interviewpartnerinnen scheint jedoch der normative Anspruch, ganz und gar für ihre Kinder dasein zu wollen, nicht zu bestehen. Dies unterscheidet Stewardessen offenbar von anderen Frauen.[152]

»I: Also ich habe momentan noch die Vorstellung, daß ich vielleicht irgendwann Kinder will, aber die Aussicht, Kinder bis an den Rest meines Lebens und sonst gar nichts mehr, das will ich also auch nicht. Also es müßte schon nebenher noch irgendwas laufen, daß ich, sagen wir mal, ganz spießige Vorstellung: Ich bin verheiratet, ich züchte Kinder und ich bin finanziell so weit abgesichert, daß ich mir halt 'ne Ausbildung erlauben kann, ohne halt allzu große finanzielle Einschränkungen hinzunehmen. (...) Also dann, was weiß ich, anfangs halbtags irgendwas und später wieder voll in irgendwas (beruflich, A.B.) einzusteigen.«[153]

Vier Frauen haben explizit keine Kinderwünsche und wollen nichts aufgeben, sondern auf jeden Fall unabhängig und selbständig bleiben. Für sie wäre auch ein kooperativer Ehemann oder Lebenspartner kein Garant für eine geglückte Vereinbarkeit von Familie und Beruf. Diese Gruppe ist nüchtern und illusionslos in ihrer Einschätzung der geschlechtsspezifischen Arbeitsteilung zu Hause.

»A: Hast du irgendwelche Wünsche nach Kindern oder Familienplanung?
I: Nee, null.
A: Null?
I: Null. Absolut null, und zwar seit meiner Ausbildung als Kindergärtnerin. Da ist mir das so gründlich vergangen und, also seit meinem siebzehnten Lebensjahr. Noch nie, nie mehr 'ne Sekunde Kinderwunsch gehabt, gar nie. Und ich hab' deshalb auch schon heftige Diskussionen gehabt mit (meinen damaligen, A.B.) Freunden, die dann gesagt haben, ja, sie wollen heiraten und Kinder haben. (...)
Im Moment kommt es für mich nicht in Frage, weil, weil ich nicht die ideale Partnerschaft hab'. Und dann bin ich 36. (...) Und ich bin inzwischen einfach so egoistisch, daß ich auf viele Dinge nicht mehr verzichten möchte, auf die ich zu verzichten hätte. Und ich bin auch schon lang nicht mehr bereit, z.B. für 'en Mann die Fliegerei aufzugeben. Ich hab', wenn ich 'en Mann hab', nicht die Garantie, daß ich den in zwei Jahren auch noch hab'. (...) Und dann sitz' ich da, dann ist die Fliegerei für mich gelaufen, weil ich altersmäßig nirgends mehr reinkomme.«[154]

Das mangelnde Zutrauen der Frauen zu den Männern als Garanten für familiäre Stabilität ist – obgleich hier eher intuitiv geäußert – statistisch gesehen begründet und begründbar. Aus der repräsentativen Studie von Metz-Göckel und Müller (1987) über Männer geht hervor, daß auch Frauen, die finanziell ganz für sich selbst aufkommen, nicht viel Beteiligung ihrer Lebenspartner an Haushalt und Kindererziehung zu erwarten haben:

»An den im gemeinsamen Haushalt anfallenden Arbeiten beteiligen sich Männer so gut wie gar nicht ... Werden Männer hingegen Väter, verringert sich die Beteiligung an der Hausarbeit noch einmal geringfügig, anstatt sich zu erhöhen. Dies wäre eigentlich zu erwarten, da das Zusammenleben mit (Klein-)Kindern mehr an Hausarbeit, komplexer Organisation, zeitlicher Beanspruchung und Geld erfordert.«[155]

✈ Stewardessen sind gewohnt, sich selbst bei inhaltlicher Unzufriedenheit mit ihrem Beruf frei zu fühlen von (familiären) Verpflichtungen und finanziell unabhängig zu sein, ein unregelmäßiges Leben zu führen und für sich selbst aufzukommen. Dies entspricht in weiten Teilen der männlichen Erwerbsbiographie weit mehr als der weiblichen. Und all dies bietet ihnen offenbar kein anderer Beruf. Daher ist die Tendenz der Frauen zum Weiterfliegen so eindeutig, sind berufliche Alternativen so vage und beängstigend. Lediglich der Wunsch nach einer inhaltlich sinnvolleren Tätigkeit bleibt unerfüllt, er muß auf außerberufliche Bereiche verlagert werden – ein Aspekt fehlender Sinnstiftung im Beruf, mit dem Stewardessen allerdings nicht allein stehen.[156] Dies alles aufzugeben und in eine ungewisse berufliche Zukunft zu blicken, ist für die Frauen bedrohlich. Die Risiken sind nicht kalkulierbar. Potentielle Kinderwünsche müssen daher ambivalent bleiben, da sie nicht mit dem Beruf der Stewardeß zu vereinbaren sind, ja, diesem geradezu zuwiderlaufen. Davon zeugen nicht zuletzt die von den meisten Frauen formulierten Gewissensbisse, die ihnen eine Vereinbarung von Mutterschaft und Beruf bereiten würden. Im Hinblick auf Kinderwünsche und Familienplanung geraten die Frauen in den Konflikt zwischen ›Dasein für andere‹ und ›Dasein für sich selbst‹. Stewardessen entscheiden sich tendenziell eher für das Dasein für sich selbst, da die Mehrheit der Befragten Kinderwünschen ambivalent bis ganz ablehnend gegenübersteht. Kind und Beruf sind für diese Frauen um so weniger zu vereinbaren, als sie sich auf den männlichen Lebenspartner als Garanten für Stabilität nicht verlassen können. Die bürgerliche Ideologie von der guten Mutter kann als Stewardeß nicht gelebt werden. Eine doppelte Orientierung auf Beruf und Familie und Kinder ist so bei den von mir befragten Stewardessen nicht eindeutig erkennbar. Die Verhältnisse sind es ja, die die Wünsche bestimmen. Deshalb tendieren die Frauen erst einmal dazu, ihre erlernten Muster des Abwartens (auf etwas Besseres) zu leben und ohne konkrete Perspektive weiterzufliegen. Als Fazit ließe sich formulieren: Die Mehrheit der Frauen kann sich zum Kinderkriegen nicht durchringen, weil die (Lebens-)Umstände und Verhältnisse es nicht erlauben.

Die Stewardeß als Grenzgängerin zwischen Tradition und Moderne

ein Resümee

Der ›neue‹ Frauenberuf der Stewardeß bietet neben seinen zweifellos reproduktiven Arbeitsinhalten all diejenigen Chancen und Möglichkeiten für das weibliche Geschlecht, von denen es im bürgerlichen Gesellschaftsentwurf gerade ausgeschlossen bleibt. Stewardessen erfahren von Anfang an Teilhabe, wie sie bisher nur Männer für sich beanspruchen konnten: Teilhabe an einem Leben außer Haus und im öffentlichen Raum, Teilhabe an Geld und Wohlstand, Teilhabe an der Exploration der Welt, sogar Teilhabe an eigenen ›Abenteuern‹. Diese ›modernen‹ Anteile ihres Berufs stehen dem bürgerlichen Weiblichkeitsentwurf entgegen, der die Ungleichheit der Frauen durch die Festlegung auf weibliche Einwilligung und Unterordnung durch Liebe vorsieht, aber eben gerade keine gesellschaftliche Teilhabe.[1] Denn solcherlei Teilhabe gefährdet das polarisierte Konzept der Geschlechterrollen – Stewardessen erfahren darüber nicht nur imaginierte, sondern auch reale Freiheiten und Unabhängigkeit von Männern. Diese Teilhabe gefährdet auch das bürgerliche Frauenbild von der Hausfrau und Mutter – deshalb enthielt die Tätigkeit der Stewardeß lange die Sperrklausel des Heiratsverbotes: die Frauen sollten sich nach kurzer Zeit in der großen weiten Welt in ihr häusliches Schicksal fügen. So erklärt sich auch, warum in der Geschichte der Lufthansa Frauen im Vergleich zu Männern als Kabinenpersonal tendenziell mehr abgeschreckt als angelockt wurden, obwohl sie als Werbeträgerinnen schon immer unentbehrlich waren.

Stehen auf der einen Seite solche neuen Freiheiten, so müssen sie auf der anderen Seite wieder begrenzt werden. Dies drückt sich u.a. in den Stewardessenbildern aus, die im Laufe der letzten sechzig Jahre entworfen werden. So symbolisiert das Bild der ›guten‹ Stewardeß, der Hausfrau im Flugzeug, den Willen zur Unterordnung, zur Anpassung an männliche Autorität, Vorherrschaft und Standards. Von einer Hausfrau im Flugzeug ist wenig zu befürchten, sie garantiert die bedingungslose Aufgabe aller eigennützigen Motive, während sie ihrer Tätigkeit nachgeht. Dadurch kann die Gefährdung, die von der Stewardeß als Teilhaberin neuer Freiheiten ausgeht, kompensiert werden. Den ›schlechten‹ Gegenpol zur Hausfrau im Flugzeug finden wir im ›Glamour-Girl‹, das, von eigennützigen Motiven getrieben, die neuen Freiheiten auszunutzen gedenkt und nur sich selbst verpflichtet scheint. Eine solche Stewardeß wird sich nicht unterordnen, sie sucht das Abenteuer und die Abwechslung, zu dem ihr Job das willkommene Vehikel darstellt. Das ›Glamour-Girl‹ symbolisiert die ganze fehlende Sinnstiftung der Stewardessentätigkeit, indem es die Arbeitsinhalte als Dienstleistung am Kunden geringschätzt und aus dieser Situation persönlichen Nutzen zieht.

Die polarisierenden, klischeehaften Stewardessenbilder stehen so für die Angst vor weiblicher Teilhabe an männlichen Selbstverständlichkeiten allgemein, sie dienen zur Fixierung der Geschlechtergrenzen.[2] Indem die Stewardeß in ›gut‹ oder ›böse‹ aufgespalten wird, drückt sich sehr sinnfällig aus, wie bedrohlich für diese Gesellschaft weibliche Partizipation wirklich ist.

Zurück zu Anne und Barbara

Mit den beruflichen Biographien von Anne und Barbara begann dieses Buch. Jede dieser beiden Biographien steht für sich, aber auch für das, was die andere nicht ist. Natürlich gibt es auch Übereinstimmungen, sie erklären sich aus dem Leben und Arbeiten von Frauen in derselben Kultur. Anne ist eher traditionell orientiert, während Barbara als Vorreiterin einer modernen Frau gelten kann. Eines haben Barbara und Anne gemeinsam: sie existieren nicht wirklich. Sie sind Konstrukte, in denen ich die bei der Auswertung meiner Stewardessen-Interviews am häufigsten und am seltensten gefundenen biographischen Muster zusammengefaßt habe. Anne und Barbara sollen als Prototypen unterschiedliche, z.T. gegensätzliche Biographien von Stewardessen repräsentieren. Sprachlich habe ich mich bei diesen Konstruktionen an typische semantische Codes und Muster meiner Interviewpartnerinnen angelehnt.

Erst die Veränderung der gesellschaftlichen Struktur ermöglicht Frauen den Zugang zu Neuem, wie es der Stewardessenberuf repräsentiert. Historische Veränderungen bilden die Grundlage für biographische Chancen von Frauen. Doch damit ist noch nicht geklärt, warum Frauen aus der weiblichen ›Normalbiographie‹ ausbrechen. Einen Ansatzpunkt dafür finden wir im Berufswahlverhalten von Anne. Ihre ›Berufswahl‹ entspricht dem weiblichen Normalfall. Als Schülerin mit mittlerem Bildungsabschluß hat Anne wenig konkrete Vorstellungen davon entwickelt, was sie lernen könnte, und wartet ab, was sich ergibt – nämlich ein von den Eltern für sie arrangierter, typisch weiblicher Assistenzberuf. Auch ihre zweite Berufswahl, Stewardeß, kommt durch einen personalen Auslöser und ein weibliches Rollenvorbild gleichermaßen, die Patientin, ins Rollen. Diese Frau setzte Annes eigene Wünsche erst frei: Freiheit und Ausbruch aus einer als beengend empfundenen weiblichen Normalbiographie, Zugehörigkeit zu der – im Gegensatz zur Arzthelferin – als sozial statushöher imaginierten Berufsgruppe der Stewardessen sowie eine Einkommensorientierung, wie sie empirisch für Frauen eher untypisch zu sein scheint. Auch bei der Realisierung ihres eigenen Berufswunsches Stewardeß erscheint Anne anfangs eher passiv und entwickelt zielgerichtete Aktivitäten zur Erreichung der eigenen Berufswünsche erst mit Unterstützung ihrer Eltern. Dies verweist einerseits auf die weibliche Abhängigkeit von zwischenmenschlichen Kontakten im Sozialisationsprozeß und bestätigt andererseits Ergebnisse der Berufswahlforschung.[3] Abweichungen von weiblicher Normalberufswahl und Normalbiographie scheinen also offenbar gekoppelt zu sein an ein Angebot objektiver Chancen sowie an subjektive Ermutigung und Unterstützung der Frauen.

Demgegenüber erscheint Barbara als Typus der aktiven, modernen Frau. Zwar weiß auch sie nach der Schule noch nicht genau, was sie beruflich will, aber sie entwickelt doch konkrete Vorstellungen davon, was sie sicher (noch) nicht will. Barbara realisiert diese eigenen Vorstellungen sofort – es sind Konzeptionen einer vorläufigen Orientierung sowie Autonomiebestrebungen gegen ihr Elternhaus. (Es ist unschwer zu erkennen, daß beide Frauen auch aus sozial verschiedenen Milieus stammen.) Dank dieser Triebfeder nimmt Barbara ihr Schicksal selbst in die Hand. Die Berufswahl Stewardeß symbolisiert für sie in erster Linie Selbstverwirklichung, die sich niederschlägt als finanzielle und ideelle Unabhängigkeit und Mobilität. Aber wie bei Anne muß dieser Berufswunsch erst ausgelöst werden. Was beide Typen an diesem Punkt verbindet, ist eine andere Konzeption von Beruf: ein Einbruch in die Männerdomäne der Piloten ist für Barbara und Anne nicht vorstellbar. Auch suchen beide im Beruf der Stewardeß weniger eine sinnstiftende Tätigkeit als vielmehr die Verwirklichung eigener (freigesetzter) Unabhängigkeitsbestrebungen.

Mit der Zeit wird der Beruf zum Job und zieht hochgradige Entfremdungserscheinungen nach sich. Als Kompensation greifen die Frauen auf die traditionell weibliche Domänen des Daseins für andere zurück, auf das Helfen und emotionale Versorgen von Passagieren. Zwischen alten Strukturen und neuen Wegen schwanken sie auch im Umgang mit Nähe und Distanz: Die Trennung, das Wegfliegen von zu Hause fällt beiden nicht nicht leicht. Anne tut sich schwer, ihre (wenigen) Bindungen zu Hause zu kappen, und sucht unterwegs sofort Ersatzbeziehungen.

Demgegenüber kann der Typus der modernen Frau, Barbara, Distanz als etwas Befreiendes erleben. Barbara empfindet sich als Subjekt, sie hat einen Ort gefunden, an dem sie ihre Automoniebestrebungen leben kann. Ihr Verhalten weist Analogien zur männlichen Sozialisation auf, die sich u.a. aus der Leugnung von menschlichen Abhängigkeitsbeziehungen speist. Paradox ist die Tatsache, daß der Typus der traditionellen, abhängigen Frau zu Hause ohne Liebesbeziehung lebt, während die moderne, unabhängige Frau in eine Beziehung und ein dichtes soziales Netz eingebunden ist. Dennoch zeigt sich, daß die totale Unabhängigkeit von menschlichen Beziehungen ein Mythos ist und daß gerade bei der Tätigkeit des fliegenden Personals zwischenmenschliche, stabile Beziehungen eine existenzielle Rolle spielen.

Die berufliche Tätigkeit von Stewardessen ist charakterisierbar als Spannungsfeld zwischen Nähe und Distanz. Diese beiden Pole stehen auch für das Nebeneinander von alten und neuen Strukturen im Zuge der Modernisierung. Frauen, die Stewardeß werden wollen, müssen persönliche Dispositionen aufweisen, die es ihnen ermöglichen, diese Spannung zu leben, zu bejahen und schließlich auszuhalten.

Annes besondere Abhängigkeit von zwischenmenschlichen Beziehungen verweist auf die weibliche Sozialisation: Als Mädchen erzogen zu werden heißt immer noch Aufwachsen in ›beengenden Verhältnissen‹, vermittelt durch die Instanzen Familie, soziale Umwelt und Institutionen. Der Ort von Frauen ist (auch beruflich) überwiegend der häusliche Raum, nicht der öffentliche. Frauen haben bisher noch wenig Gelegenheit, Erkundungen über den Tellerrand hinaus zu unternehmen und eigene, nicht über den Mann vermittelte ›Abenteuer‹ zu erleben. Indem Frauen auf das Verbleiben in der Nähe ausgerichtet sind, verbleiben sie auch in persönlichen Abhängigkeitsverhältnissen. Anders formuliert haben Frauen bisher fast keine Möglichkeit, sich selbst, ihren Körper und ihre Umwelt so zu erleben und zu erforschen, daß daraus ein autonomes weibliches Selbst sich entwickeln könnte.[4]

Immerhin wird am Beispiel von Anne und Barbara deutlich, wie Stewardessen das leben, was gemeinhin unvereinbar scheint – Tradition und Moderne, Nähe und Distanz, Gebundensein und Unabhängigkeit. Was sie leben, könnte als weibliches Widerspruchskonzept bezeichnet werden. Es ist ein Leben zwischen Anpassung und Aufbegehren, es sind die Widersprüche in ihren Wünschen. Wenn sie die Einsamkeit der aus allen Bindungen und Traditionen freigesetzten Frau spüren, sehnen sie das herbei, was sie nicht (mehr) haben. Wenn sie in Beständigkeit leben, setzt ihr Beruf sie unterwegs unweigerlich frei. So sehnen sie immer das herbei, was sie gerade nicht haben. Im Berufsbild der Stewardeß nähern sich weibliche und männliche Lebenszusammenhänge und Erwerbsschicksale an. Im einzelnen Subjekt geraten sie jedoch in einen Widerstreit, der schwer auflösbar erscheint.

Ist die Stewardeß so als Prototyp der freigesetzten, modernen Frau zu bezeichnen? Auch hier spiegeln sich Ungleichzeitigkeiten und Widersprüche: Die Arbeitsumstände der Frauen, Mobilität, Reisen, Anonymität und

Beziehungslosigkeit, verweisen auf die Moderne. Dagegen sind die Arbeitsinhalte des Kabinenpersonals traditionell und reproduktiv, sie verweisen auf bürgerliche Frauenleitbilder und Erziehungskonzepte, die die Frauen auf ihren Geschlechterstatus reduzieren und begrenzen. Somit ist die Stewardeß Grenzgängerin zwischen Tradition und Moderne.

In gewisser Weise besitzt das folgende Zitat aus dem Jahr 1958 auch heute noch Gültigkeit:

»*Flying is one of the few opportunities a girl has for adventure, such as a boy taking a tramp-steamer to Europe or hitch-hiking around the world. The airline gives a girl a chance to get around.*«[5]

Anhang

»Es gibt eben nicht nur eine ›Wirklichkeit‹«[1]
Die Wahl der Methode

Die Wahl einer Methode hängt wesentlich vom Erkenntnisinteresse und Forschungsziel einer Untersuchung ab. Angesichts meiner Absicht, Stewardessen selbst zu Wort kommen zu lassen und ihre subjektiven Erfahrungen zu erforschen, lag die Entscheidung für eine qualitativ-explorative Methode nahe. Dies umso mehr, als über Stewardessen bisher fast ausschließlich mit quantitativen Verfahren, d.h. mit standardisierten Fragebögen und antizipierten theoretischen Annahmen geforscht wurde und die Ergebnisse dieser Untersuchungen häufig an der Lebensrealität dieser Gruppe vorbei zielten. Dennoch ist ein qualitatives Vorgehen auch mit einigen Problemen verbunden, die hier nur stichwortartig angerissen werden sollen. Zunächst stellt sich die Frage nach der Reziprozität der Forschung, und zwar einmal im Hinblick auf die Gesprächssituation, die Christel Hopf (1984) als »Pseudo-Exploration« bezeichnet. Darunter ist die Tatsache zu verstehen, daß die Forscherin diejenige ist, die ein Erkenntnisinteresse hat und die Fragen stellt, und nicht umgekehrt die Beforschten. Die Interviewsituation soll einem Alltagsgespräch möglichst nahe kommen und kann es im Grunde nicht, da das Dilemma der Rollentrennung zwischen Forscherin und Befragten nicht aufhebbar erscheint. Zum zweiten bleibt vielfach der Anspruch uneingelöst, die Forschungsergebnisse den Beforschten zugänglich zu machen. Forschung und Ergebnisse wissenschaftlicher Forschung sind in der Regel an ein akademisches Fachpublikum gerichtet. Ein weiterer Kritikpunkt liegt in der möglichen Tautologie der Forschungsergebnisse und der Frage der Auswertung des erhobenen Materials.[2]

Meine Entscheidung für eine Methode aus dem Bereich der qualitativen Sozialforschung ist also zunächst eine Entscheidung, auf andere Art als bisher üblich Erkenntnisse über Stewardessen zu gewinnen. Zugleich stellt sie eine Bereicherung des Methodeninstrumentariums dar, wenn auch nicht den »Königsweg«[3]. Denn qualitative Sozialforschung gewinnt ihre Daten »im Feld«, nicht am grünen Tisch; sie ist offen für neue Perspektiven im Forschungsprozeß, sie bietet eine *»Vielfalt höchst verschiedener ungeplanter Eindrücke und Beobachtungen«*[4], die es ermöglichen, Zusammenhänge, Ursachen und Wirkungen im Lebenszusammenhang der untersuchten Gruppe sichtbar zu machen. Dies ist mittels deduktiv-axiomatisch gewonnener Theorie nicht ohne weiteres möglich.[5] Das Kriterium der Offenheit kennzeichnet qualitative Forschungsmethoden. Es beinhaltet auch Offenheit gegenüber den Untersuchungspersonen, der Untersuchungssituation und *»den im einzelnen anzuwendenden Methoden«*[6], die – wie in diesem Fall – durchaus heterogen sein können. Um tatsächlich neue Perspektiven über Stewardessen zu gewinnen, lag die Entscheidung für die Durchführung der Exploration weniger auf der teilnehmenden Beobachtung, sondern auf einer kommunikativen Methode, wie sie das Interview darstellt. Kommunikation bildet den interaktionellen Rahmen, in dem sich Forschung vollzieht, und sie stellt den *»Grundcharakter der Sozialforschung«* dar.[7] Kommunikation zwischen Forscherin und Beforschten gewährleistet das Erfassen einer anderen, vom eigenen Standpunkt möglicherweise abweichenden Sicht auf die Wirklichkeit durch einen Perspektivenwechsel. In der qualitativen Sozialforschung wird Kommunikation zum Mittel des Nachvollzugs *»des subjektiv gemeinten Sinns«*.[8] Damit ist »nicht etwa irgendein objektiv ›richtiger‹ oder ein metaphysisch ergründeter ›wahrer‹ Sinn« gemeint.[9] Das Erzählen, wie es sich im Interview vollzieht, wurde zuerst als Methode zur Erforschung der Unterschichten und sozialer Randgruppen wiederentdeckt.[10] Es eignet sich besonders dazu, Mitgliedern sozialer Gruppen, die im weitesten Sinne als randständig oder normabweichend und gesellschaftlich sprachlos bezeichnet werden können, und deren Lebensrealität *»der offiziellen Geschichtsschreibung nichts gilt«*[11], eine Stimme zu verleihen und ihnen die Möglichkeit zur Darstellung ihrer Sicht auf die Dinge zu geben.[12] Wie bereits gezeigt wurde, können Stewardessen in mehrfacher Hinsicht als Normabweichlerinnen betrachtet werden.

Unter Exploration versteht die qualitative Sozialforschung ein flexibles und reflexives Vorgehen bei der Untersuchung einer in der Regel für die Forschenden fremden Lebenswelt. Um die Offenheit der Forschungsergebnisse zu gewährleisten, wird auf eine Hypothesenbildung ex ante häufig verzichtet. Die Bildung von – allgemein formulierten – Hypothesen aus anderen Datenquellen ist möglich. Jedoch soll die Exploration eher hypothesengenerierenden und weniger hypothesenprüfenden Charakter haben.[13] Im Sinne der Interdependenz verschiedener Methoden wurden für meine Untersuchung mit Stewardessen jedoch einige Hypothesen ex ante formuliert, da aus quantitativen Studien bereits einige Ergenbisse vorlagen, die ich z.T. in meine Fragestellung miteinbezog und zu spezifizieren versuchte.

Bei einer untersuchten Stichprobe von 16 Befragten ist die Validität der Ergebnisse notwendigerweise beschränkt. Sie können jedoch richtungsweisenden Charakter haben, Tendenzen und (Verhaltens-)Muster von Stewardessen aufzeigen.[14] Repräsentative Ergebnisse wurden bei dieser Studie nicht angestrebt, da in diesem Bereich – wie erwähnt – bereits eine Reihe von Untersuchungen vorliegen. Die Gültigkeit der von mir gefundenen Untersuchungsergebnisse bezieht sich daher auf die Stichprobe der Befragten. Ich habe aber versucht, Ergebnisse aus den o.g. empirischen Studien über Stewardessen mit meinen Ergebnissen zu vergleichen, so daß diese z.T. spezifiziert werden konnten. In bestimmten Bereichen zeigen sich bei meiner Studie allerdings auch völlig andere Ergebnisse, die auf den subjektorientierten Ansatz meiner Untersuchung zurückzuführen sind.

Zum Aufbau des Untersuchung wählte ich ein themenzentriertes Leitfadeninterview. Die Auswertung erfolgte in Anlehnung an Fuchs (1984) als quasi-statistisches Verfahren in Form einer »Querschnittsauswertung«, bei der weniger die Einzelbiographie als vielmehr die verschiedenen »Strukturmuster« im Denken und Handeln der Befragten sichtbar werden sollten. Methodisch lehnte ich mich bei der Auswertung an den Ansatz Mühlfelds et al. (1981) an. Dieser Ansatz schien mir deshalb besonders für meine Exploration geeignet, weil er durch den Versuch charakterisierbar ist, innerhalb der qualitativen Sozialforschung ein systematisches Auswertungsschema zu schaffen, das einerseits der Reichweite und Vielfalt des Interviewmaterials gerecht wird. Zum anderen ermöglicht der Ansatz Mühlfelds eine – bezogen auf die untersuchte Stichprobe – hinreichende Verallgemeinerung gefundener Strukturmuster jenseits der Darstellung biographischer Einzelschicksale.

Exploratives Vorgehen erfordert die Bereitschaft der Forschenden, nicht starr an den eigenen Hypothesen und Konzepten festzuhalten, sondern diese im Forschungsprozeß einer dauernden Überprüfung und möglicherweise auch einer Revision zu unterziehen bzw. sie von vornherein relativ offen zu halten.[15] Fragestellungen wurden z.T. aus den Ergebnissen meiner theoretischen Vorarbeiten entwickelt und flossen in den Interview-Leitfaden mit ein.[16]

Bei meinem Forschungsansatz bin ich davon ausgegangen, daß die Denk- und Verhaltensmuster von Stewardessen aus ihren sozialen Zusammenhängen heraus zu erklären sind, und daß die Frauen in gegen- und wechselseitigen Interaktionen unter Verwendung gemeinsamer Symbole ihre Sozialstruktur reproduzieren und zugleich produzieren.[17] Individuen handeln situativ innerhalb der Sozialstruktur, die sie vorfinden und die objektiv vorhanden ist. Dieses Handeln wird jedoch nur begreifbar, indem der soziale Kontext, in dem es sich vollzieht, in der Forschung mitbegriffen wird. Mein Vorgehen konzentrierte sich daher auf die Erfassung der Kontextabhängigkeit von situativem Handeln und Sozialstruktur, während quantitative Methoden häufig auf die *»Objektivität der Sozialstruktur«*[18] fixiert sind. Der soziale Kontext, in dem individuelles Handeln steht, erweist sich so als komplexer Handlungszusammenhang. Er kann nur erfaßt werden, wenn die Reflexivität des Handelns in bezug auf den sozialen Kontext im Forschungsprozeß begriffen wird.[19] Für meine Untersuchung bedeutet das, daß z.B. die Einstellungen von Stewardessen zu ihrem Beruf nur interpretierbar sind vor dem Hintergrund einer genauen Analyse ihrer objektiven Arbeitsbedingungen. Es geht somit um mehr als nur die Beschreibung von Biographien und Einzelfalldarstellungen. Ziel meiner Studie soll durchaus die Darstellung des *»Allgemeinen«* im Sinne der *»gegenstandsbezogenen Theorie«* nach Glaser/Strauss (1984) sein. Das heißt, die von mir gewonnen Ergebnisse basieren auf den aus dem Interviewmaterial hergestellten analytischen Begrifflichkeiten, die *»hinreichend verallgemeinert«*[20] sein sollen und für die untersuchte Gruppe Gültigkeit besitzen. Dieses Allgemeine ist jedoch nicht deckungsgleich mit dem universalistischen Allgemeinheitsanspruch der Naturwissenschaften. Vielmehr geht es um die Entdeckung *»relativ stabiler und/oder verbreiteter Muster des Handeln und Denkens«* im Lebens- und Arbeitszusammenhang von Stewardessen.[21]

Das Interview

Die Methode der Interviewdurchführung war daran zu messen, ob sie die spezifische Situation der Stewardessen und ihre subjektiven Erfahrungen erfassen und eine Vielfalt an Reaktionen ermöglichen kann.[22] Es war daher eine Form zu wählen, die offen, themenzentriert und nondirektiv ist, und es dennoch erlaubt, *»... durch einen gezielten Gesprächsanreiz möglichst auch Äußerungen über heikle Themen hervorzulocken und Erzählungen über Geschichten anzuregen, in die der Befragte nicht immer vorteilhaft involviert ist«*.[23] Dies schien mit Hilfe des fokussierten Interviews nach Merton/Kendal am ehesten möglich. Das fokussierte Interview setzt die genaue Kenntnis der Forscherin über die objektive Situation der Beforschten voraus. Dies war bei mir durch meine eigene Tätigkeit als Stewardeß sowie durch theoretische Vorarbeiten, insbesondere zur Geschichte der Stewardessen, gegeben. Mit Hilfe einer darauf basierenden »*... Inhaltsanalyse kann also die Bedeutung sowohl unausgesprochener Dinge als auch ausgesprochener Dinge in verschiedenen Phasen des Interviews erfaßt werden*«.[24] Anders als bei Tiefeninterviews geht es beim fokussierten Interview um die Aktivierung der Erzählbereitschaft mittels gezielt eingesetzter Stimuli. Diese können die Form einer Reizfrage aufweisen oder auch im Präsentieren von graphischem Material bestehen. Dadurch erhält das Interview einen zielgerichteten Charakter, ohne sich dabei allzu direktiver Methoden zu bedienen.[25] Vier Kriterien waren zu beachten:

Die Befragten sollten nicht beeinflußt werden. Der Einsatz direktiver Fragen durch die Forscherin war auf ein Minimum zu beschränken, damit die Befragten sich über das äußern konnten, was für sie von zentraler Bedeutung ist. Eigene Ansichten der Forschenden und Gefühlsübertragungen sollten zurückgehalten werden – dies ist mir jedoch nicht immer gelungen.[26]

Die Spezifität sollte gewahrt werden, d.h. die von den Befragten dargestellten Sichtweisen sollten sich vollständig und spezifisch genug entfalten können, damit ich die Bedeutung des Gemeinten präzise zu erfassen vermochte. Hierbei konnte unterstützend z.B. durch Vorzeigen von Photographien bei den Interviewpartnerinnen eine *»retrospektive Introspektion«*[27] ausgelöst werden.

Drittens sollte ein breites Spektrum von Reaktionen erfaßt werden, um alle für die Fragestellung relevanten Aspekte beleuchten zu können.[28]

Schließlich waren Tiefgründigkeit und personaler Bezugsrahmen anzustreben, also die Bedeutung der gemachten Erfahrungen zu ergründen und die hinter den Reaktionen stehenden Anschauungen und Vorstellungen aufzudecken.

Diese Kriterien flossen auch in den Interviewleitfaden ein, der das Gespräch mit den Stewardessen strukturieren helfen und thematisch eine *»gewisse Vergleichbarkeit«* der Antworten bei der Auswertung ermöglichen sollte.[29] Der Leitfaden enthielt zudem meine Vorannahmen.[30]

Zu den einzelnen Themenkomplexen wurden verschiedene Aspekte erfragt: Als Einstieg in den ersten Komplex (Berufswahl) wurden an alle Frauen nur unstrukturierte Frage gerichtet (»Wie kam es, daß du Stewardeß geworden bist?«), um einen guten *»Rapport«* herzustellen.[31] Beim Thema Berufswahl ging es darum, zu fragen, wie die Entscheidung, Stewardeß zu werden, zustandegekommen war, ob und welche Personen darauf Einfluß genommen hatten und welche alternativen Berufswünsche bestanden hatten. Abschließend wurde ein strukturiertes Reizwort präsentiert, das als

Konfrontation mit der eigenen Tätigkeit konzipiert war: Es wurde gefragt, ob die Berufswahl Pilotin für die Stewardessen denkbar gewesen sei.

Beim zweiten Komplex Arbeitssituation wurde graphisches Material (Kärtchen) eingesetzt. Damit sollte einerseits ein gezielter Stimulus vorgelegt werden, den Befragten aber die Möglichkeit freier Assoziation zu den auf den Kärtchen genannten Begriffen gelassen werden. Zunächst wurde die Anwendung der erworbenen beruflichen Qualifikationen mit Hilfe von Begriffen (Fremdsprachenkenntnisse, Umgang mit Menschen, vorherige Ausbildung) erfragt. Diese sollten den Kolleginnen die Möglichkeit zur Introspektion geben. Im zweiten Teil sollten die für Frauenberufe typischen Arbeitsinhalte wie »Kontakte, Helfen, Bedienen« reflektiert werden. »Dank, Bewunderung, Neid der Umwelt« waren als Gegenpole dazu gedacht. Zu allen Kärtchen wurden offene Fragen gestellt. (»Was fällt dir dazu ein?«)

Im letzten Teil dieses Themenschwerpunktes ging es um die »weiblichen Charakteristika« des ästhetisierten Äußeren, der Freundlichkeit und des Einfühlungsvermögens. Es wurden nochmals Kärtchen und ein Werbephoto (verkniffen lächelnde Stewardeß) vorgelegt und dazu offene Fragen gestellt.

Der Themenschwerpunkt soziale Lebenswelt war wieder un- oder halbstrukturiert und beschäftigte sich mit den Aspekten Trennung (von zu Hause), Distanz (unterwegs alleine sein?), soziale Kontakte (Freundeskreis, Familie), Konflikte (persönliche, dienstliche) und den individuellen Verarbeitungsformen der Gesprächspartnerinnen. Hier sollte besonders die Ambivalenz im Lebenszusammenhang der Stewardessen herausgearbeitet werden. Abschließend wurden offene Fragen zu den beruflichen und privaten Zukunftsperspektiven der Stewardessen gestellt. Wollten sie noch länger fliegen? Welche Alternativen sahen sie für ihre berufliche Zukunft? War Mutterschaft/Familiengründung eine Perspektive? Nach Abschluß der Leitfadenfragen wurden alle Frauen gefragt, ob sie sich zu einem weiteren Thema äußern wollten, das im Interview nicht behandelt worden war. Einige Kolleginnen teilten hier sehr freimütig verschiedene Erfahrungen mit, die für die Auswertung sehr wertvoll waren.

Die Auswertung des Interviewmaterials

Bei der Auswertung des Textmaterials war zunächst zu beachten, daß bereits einige wenige quantitative Untersuchungen über Stewardessen existierten, auf deren Ergebnisse ich Bezug nehmen wollte und die ich zusammen mit eigenen theoretischen Überlegungen meiner Untersuchung vorgeschaltet hatte. Daher sollte meine Auswertung so beschaffen sein, daß sie eine gewisse Vergleichbarkeit oder Korrespondenz zu den quantitativen Ergebnissen ermöglichen sollte.[32] Meine Untersuchung sollte als eine Art »Sucher« fungieren, um frühere Studien über Stewardessen zu vertiefen, zu spezifizieren und zu erweitern.[33] Dabei stellte sich die Frage nach der Gültigkeit (Validität) meiner empirischen Ergebnisse. Unbestritten ist in der Sozialforschung, daß explorative Studien mit kleinen Stichproben nur über begrenzte Aussagekraft verfügen, eher Entwicklungscharakter haben und nur für die untersuchte Gruppe Gültigkeit besitzen.[34] Wenn hier also von Stewardessen die Rede ist, so bedeutet das, daß damit die von mir untersuchte Gruppe von Stewardessen gemeint ist. Ziel der Auswertung war es, mittels einer Querschnittsauswertung[35] nach Fuchs (1984) das subjektiv von Stewardessen Gemeinte aus dem biographischen Kontext herauszulösen und so hinreichend zu verallgemeinern, daß heterogene und/oder homogene Strukturmuster des Denkens und Fühlens von Stewardessen sichtbar werden konnten. Ich lehnte mich bei der Auswertung methodisch an den Ansatz Mühlfelds et al. (1981) an, weil dieser meinen Untersuchungszielen am nächsten kam und mir dort eine größtmögliche Nachvollziehbarkeit des Auswertungsmodus qualitativer Untersuchungen gegeben schien. Mühlfelds Ansatz läßt sich dadurch charakterisieren, daß er versucht, die Reichweite und Vielfalt qualitativen Textmaterials so zu systematisieren, daß es präzise erfaßt und prägnant (für die untersuchte Gruppe) in Kategorien gefaßt, verallgemeinert werden kann, um zu aussagefähigen Ergebnissen zu gelangen. Mühlfelds Methode bezieht qualitative, hermeneutische und semantische Kriterien in die Auswertung mit ein.[36] Bei der Auswertung ging ich folgendermaßen vor: Eine hochwertige Interviewtranskription wurde angefertigt. Jedes Interview wurde in mehrmaligen Arbeitsschritten durchgearbeitet, um Fehlinterpretationen möglichst zu vermeiden. Linguistische Besonderheiten (Schweigen, Zögern, Vordergründigkeit, quantitative Anteile des Geäußerten bei den jeweiligen Themenkomplexen usw.) wurden in die Auswertung miteinbezogen. Es wurde immer vom gleichen *»Bedeutungsgehalt«* des Gesagten ausgegangen, um nicht verschiedene Deutungsmuster zu verwenden.[37] Die Auswertung erfolgte in mehreren Arbeitsschritten: Das Interviewmaterial wurde zunächst mit Hilfe des Interview-Leitfadens quantifiziert, d.h.

– der Gesamttext jedes einzelnen Interviews wurde in einen *»sehr allgemeinen Themenkatalog zerschnitten«*,[38] und einzelne Gesprächspassagen wurden den jeweiligen Themenbereichen zugeordnet. Somit erhielt das Interview eine andere Ordnung als im Original.

- Aus den Themenbereichen wurden analog zum Interviewleitfaden »Items« (Einzelpunkte oder Unterpunkte) gebildet, *»die die relevanten Aussagen aller Befragten zu bestimmten Problemkreisen«*[39] enthielten. Aussagen von Stewardessen zu bestimmten Themenkomplexen, die in anderem Zusammenhang geäußert wurden, wurden entsprechend zugeordnet und kenntlich gemacht.
- Dieses Verfahren wurde zunächst für fünf Interviews durchgeführt, um herauszufinden, ob die Items stimmig waren. Die verbleibenden Interviews wurden danach diesem Kategorienschema zugeordnet. Meine subjektive Interpretationsleistung bestand in der Zuordnung der Textstellen zu den Items (Operationalisierung).[40]
- Nach dieser Zuordnung von Textstellen zu den Themenkomplexen wurden *»Quasi-Statistiken«*[41] erstellt, die Aufschluß gaben über die häufigsten/seltensten Muster der Verarbeitung, Einstellung usw. von Stewardessen. Die Zahlenangaben wurden der besseren Lesbarkeit wegen für diese Ausgabe entfernt. Textstellen, die die gefundenen Muster am prägnantesten zum Ausdruck brachten, wurden als Zitat für die von mir getroffene Aussage exzerpiert und als Beleg im Text präsentiert. Um subjektive Fehleinschätzungen und Falschzuordnungen von Textstellen zu Items so minimal wie möglich zu halten, wurden die Interviews von mehreren Personen, die mit meinem Auswertungsmodus vertraut waren, gelesen. Mühlfeld betont jedoch, daß weder standardisierte noch offene Erhebungsverfahren frei sind von Verzerrungen.[42]

Als zentrale Parameter für Gültigkeit (Validität) und Zuverlässigkeit (Reliabilität) bei der Auswertung sehen Mühlfeld et al. *»Das Prinzip der Zugänglichkeit und Offenlegung der Ausgangsfaktoren und Bedingungsdimensionen aus dem Zusammenhang der Interviewsituation sowie der die Forschung begleitenden Leitgedanken ...«*[43] Diesen Faktoren habe ich versucht, gerecht zu werden.

Anmerkungen

Vorwort und Einleitung

1 Brückner, Margrit: Die Liebe der Frauen. Über Weiblichkeit und Mißhandlung. Frankfurt/M. 1983: 71
2 Interview Nr. 3: 34
3 Unter *»Normalbiographie«* wird hier ein theoretisches Konstrukt verstanden, das seit den fünfziger Jahren *»als (begrifflicher, A.B.) Standard eine gewisse Allgemeinverbindlichkeit«* beansprucht und ein *»Gerüst der Lebensführung«* (Kohli, 1985, 1988) umschreibt. Dieses biographische Gerüst differiert jedoch nach Geschlecht: Während die männliche Normalbiographie bis heute von lebenslanger Vollzeit-Erwerbsarbeit (*»Normalarbeitsverhältnis«*) geprägt ist und – trotz einzelner Erosionserscheinungen – als biographisches Muster weitgehend normativen Charakter hat, ist die weibliche Normalbiographie von Brüchen zwischen Beruf und Familie(narbeit) gekennzeichnet. Gleichwohl ist der Begriff *»Normalbiographie«* für beide Geschlechter als Fiktion zu begreifen, da es *»empirisch immer schon davon abweichende Arbeitsverhältnisse gegeben hat«*. Zit. n. Osterland, Martin: »Normalbiographie« und »Normalarbeitsverhältnis«. Arbeitspapier Nr. 5, hrsg. v. SFB 186 Universität Bremen, Bremen 1986. Vgl. Beck, Ulrich: Risikogesellschaft. Auf dem Weg in eine andere Moderne. Frankfurt/M. 1986: 215. Vgl. Krüger, Helga: Berufsfindung und weibliche Normalbiographie. In: Mayer, Christine/Krüger, Helga/Rabe-Kleberg, Ursula/Schütte, Ilse (Hrsg.): Mädchen und Frauen. Beruf und Biographie. DJI-Materialien. München 1984: 21
4 Danuser 1975; Sawitzki 1976; Staber 1979; Minas 1981; Wegmann 1983
5 Danuser, Hanspeter: Das Berufsbild und die Ausbildung der Airhostess. Dissertation der Rechts- und Staatswissenschaftlichen Fakultät der Universität Zürich. Winterthur 1975: 11
6 Ebd.
7 Duden »Fremdwörterbuch« Band 5, 4. Auflage Mannheim 1982: 639
8 Quelle: Deutsche Lufthansa, FRA NZ 12, Personalstand Kabine; unveröffentlichtes Dokument
9 Z.B. Beck-Gernsheim 1976: 136 f.; Gray 1982: 32 f.
10 Für die Anerkennung als Beruf ist nach dem Berufsbildungsgesetz eine mindestens dreijährige Ausbildung mit staatlichem Abschluß Voraussetzung. Die ›Ausbildung‹ zur Stewardeß dauert dagegen in der Regel sechs bis acht Wochen.
11 Becker-Schmid, Regina: Probleme einer feministischen Theorie und Empirie in den Sozialwissenschaften. In: ZE FU Berlin (Hrsg.): Methoden der Frauenforschung, Frankfurt/M. 1984: 236. Herv. A.B.
12 Beck, Ulrich: Risikogesellschaft. a.a.O. 1986: 176-178
13 Fuchs, Werner: Biographische Forschung. Eine Einführung in Praxis und Methoden. Opladen 1984: 229

1 Brater, Michael: Die Aktualität der Berufsproblematik und die Frage nach der Berufskonstitution. In: Bolte, Karl Martin/Treutner, Erhard (Hrsg.): Subjektorientierte Arbeits- und Berufssoziologie. Sonderforschungsbereich 101 der Universität München, Sozialwissenschaftliche Arbeitskräfteforschung: Projektbereich B. Frankfurt/M., New York 1983: 60

2 Zwar wurde bei der Lufthansa im Jahr 1991 die Ausbildungsdauer von FlugbegleiterInnen auf sechs Monate verlängert und inhaltlich als ›Training on the Job‹ ausgelegt, doch ändert sich dadurch nichts an der Tatsache, daß Stewardeß kein Ausbildungsberuf ist. Lufthansa. Das Jahr 1990. Geschäftsbericht der Deutschen Lufthansa Aktiengesellschaft 1990: 34

3 Danuser, a.a.O. 1975: 8. Herv. i.O.

4 Geschäftsbericht Deutsche Lufthansa AG 1990: 34. Herv. A.B.

5 Einen *»Mindestsatz von Merkmalen«* (Daheim zit. n. Endruweit/Trommsdorff (Hrsg.) a.a.O. 1989: 65) stellt die funktionalistische Definition Daheims (1967/1977) dar: Danach wird Beruf verstanden als eine *»zur Existenzgrundlage dienende, auf Gelderwerb gerichtete Tätigkeit, der meist auf Dauer nachgegangen wird und zu deren Erfüllung Kenntnisse, Fertigkeiten und Erfahrungen (Qualifikationen) in einer spezifischen Kombination nötig sind«*. (Ebd.) Unterschieden wird nach erlerntem und ausgeübtem Beruf. Während der erlernte Beruf die nötigen Qualifikationen und normativen Wertmuster vermittelt, wird unter dem ausgeübten Beruf das soziale *»Erwartungsmuster im organisatorisch bestimmten Kontext des Arbeitsplatzes«* (ebd.) verstanden.

6 Vgl. Ostner, Ilona: Beruf und Hausarbeit. Die Arbeit der Frau in unserer Gesellschaft. Sonderforschungsbereich 101 der Universität München. Frankfurt/M., New York 1978: 20

7 Bolte, Karl Martin/Beck, Ulrich/Brater, Michael: Beruf als Kategorie soziologischer Analyse. Einige Erkenntnisschritte und Problemperspektiven der neueren Berufssoziologie. In: Bolte, Karl Martin/Treutner, Erhard (Hrsg.) a.a.O. 1983: 76

8 Bolte et al. a.a.O. 1983: 80

9 Bolte et al. a.a.O. 1983: 81

10 Ebd.

11 Bundesanstalt für Arbeit (BfA): Handbuch zur Berufswahlvorbereitung. Mannheim 1984: 101. Vgl. Endruweit/Trommsdorff (Hrsg.) a.a.O. 1989: 67

12 Z.B. Daheim 1967; Parsons 1953, 1956, Taylor 1968 zit. n. Bolte et al. a.a.O. 1983: 62-63

13 Unter *Funktion* werden die arbeitstypischen Verrichtungen zusammengefaßt, aus denen die Arbeitsinhalte sich zusammensetzen. *Qualifikation* definiert die Höhe des (Aus-)Bildungsabschlusses, die Fachkompetenz sowie das Kennen und Anwenden der berufstypischen Verhaltensweisen. Der *soziale Status* bildet *»Nadelöhr und Filter«* bei der Zuweisung *»sinnerfüllter Berufsarbeit«*. BfA a.a.O. 1984: 99-101

14 Anders in den USA, wo die Tätigkeit der Flugbegleiterinnen als *»middle-status-occupation«* kategorisiert wird, die mit Lehrerinnen, Krankenschwestern und Schriftstellerinnen auf einer Ebene stehen. Zit. n. Franzwa, Helen H.: Working Women in Fact and Fiction. In: Journal of Communication. Spring 1974 Vol 24:2: 106

15 Eine Typisierung der Frauenberufe ist möglich nach objektiv-strukturellen Kriterien, die von ›außen‹ leicht ersichtlich, da z.B. statistisch meßbar sind; zum anderen nach subjektiv-strukturellen Kriterien, die den Binnenbereich des Berufes auf seine Inhalte hin definieren. Oder, wie Sigrid Metz-Göckel formuliert, als materielle und symbolische Seite der Frauenberufe. Metz-Göckel/Nyssen a.a.O. 1990: 127

16 Bundesminister für Jugend, Familie, Frauen und Gesundheit (BMJFFG): Frauen in der Bundesrepublik Deutschland. Bonn 1986: 17. Vgl. Frankfurter Rundschau v. 18.7.91: 1

17 Als Alibipersonen werden in der Soziologie Menschen bezeichnet, die innerhalb der dominierenden Gruppe einen Minderheitenstatus einnehmen und deren Anteil an der Ge-

samtgruppe nicht mehr als 15% ausmacht. Vgl. Schultz, Dagmar: Das Geschlecht läuft immer mit. Die Arbeitswelt von Professorinnen und Professoren. Pfaffenweiler 1990: 6

18 Ostner a.a.O. 1978: 213

19 Rummel, Martina: Frauenarbeit. Merkmale. Auswirkungen. In: Mohr, G./Rummel, M./Rückert, D. (Hrsg.): Frauen. Psychologische Beiträge zur Arbeits- und Lebenssituation. München, Wien, Baltimore 1982: 58 ff. Vgl. Soziologisches Forschungsinstitut Göttingen (Hrsg.) Weltz F./Dietzinger, A./Lullies, V./Marquart, R.: Junge Frauen zwischen Beruf und Familie. Frankfurt/M., New York 1979: 36 ff.

20 Weltz et al. a.a.O. 1979: ebd. Vgl. Gensior, Sabine/Metz-Göckel, Sigrid: Differentielle Gleichheit und subtile Diskriminierung. Zur Gleichstellung der Geschlechter in Bildung und Beruf – eine Zwischenbilanz. In: Zweiwochendienst Frau und Politik, Nr. 36/1989 3. Jg.: 9

21 Teubner, Ulrike: Neue Berufe für Frauen. Modelle zur Überwindung der Geschlechterhierarchie im Erwerbsbereich. Frankfurt/M., New York 1989: 18 ff. Teubner weist darauf hin, daß fast 60% der Frauen in 10 Ausbildungsberufen ausgebildet werden. Vgl. Rimele, Ursula/Rommel, Charlotte: Mädchen und Berufsausbildung. Problembereiche, Entwicklungstrend, Texte von und über Mädchen. Herausgegeben vom Institut für berufliche Bildung, Arbeitsmarkt und Beschäftigung (IBAB). Band 4, Okt. 1989: 11-13

22 Rimele/Rommel a.a.O. 1989: 9-12

23 Ostner a.a.O. 1978: 214/ 215

24 Ostner a.a.O. 1978: 210

25 Dieser Anteil der Frauen an Berufen mit personenorientierter Arbeit lag 1982 bei 66,2%. Vgl. Gerhards, Jürgen: Zur Kommerzialisierung von Gefühlen. In: Soziale Welt Jg. 39/1, 1988: 64

26 Beck-Gernsheim, Elisabeth: Der geschlechtsspezifische Arbeitsmarkt. Zur Ideologie und Realität von Frauenberufen. Frankfurt/M. 1976: 137

27 Lisop, Ingrid, zit. n. Thies, Wiltrud: Grüne Bildungspolitik. Frauen-Arbeit-Bildung. In: Grüner Basisdienst 7/89: 16

28 Beck-Gernsheim a.a.O. 1976: 137. Beispielhaft erwähnt sie Mannequins und Stewardessen. Weltz et al. konstatieren besonders für die Bankberufe die Verkehrung des Warenverhältnisses in eine von den Frauen zu erkennende scheinbar persönliche Dienstleistung. Weltz et al. a.a.O. (1979): 30

29 Beck-Gernsheim a.a.O. 1976: 136; Rummel, Martina a.a.O. 1982: 59; Stiegler a.a.O. 1982: 78; Teubner a.a.O. 1989: 68. Ein exemplarisches Beispiel aus der Untersuchung von Gottschall, Karin/Jacobsen, Heike/Schütte, Ilse: Weibliche Angestellte im Zentrum betrieblicher Innovation. Die Bedeutung neuer Bürotechnologien für Beschäftigungssituation und Berufsperspektiven weiblicher Angestellter in Klein- und Mittelbetrieben. Schriftenreihe des BMJFFG Band 240, Stuttgart, Berlin, Köln 1989: 153: *»Ja, wenn's mal schnell etwas zu schreiben gibt, dann macht das Frau ... (Verkaufssachbearbeiterin). Das macht ihr auch nichts aus, das macht sie gerne für mich. Tippen können Frauen nun mal schneller, da sind sie einfach besser«* – Aussage eines Verkaufsleiters zu der Frage nach dem Ausschluß von Frauen aus bestimmten beruflichen Positionen in seinem Betrieb.

30 Beck-Gernsheim a.a.O. 1976: 136

31 Gensior, Sabine: Teilzeitarbeit und frauenspezifischer Arbeitsmarkt. Zur *»Interessenidentität«* zwischen Frauen und betrieblicher Personalpolitik. In: Gerhard, Ute/Limbach, Jutta: Rechtsalltag von Frauen. Frankfurt/M. 1988: 65

32 Vgl. z.B. Teubner 1989; Gottschall et al. 1989

33 Teubner a.a.O. 1989: 67

34 Beck-Gernsheim a.a.O. 1976: 136

35 Beck-Gernsheim a.a.O. 1976: 137

36 Weltz et al. a.a.O. 1979: 36

37 Weltz et al. a.a.O. 1979: 41: »*Für diese Frauen gehören anscheinend Aufstiegsbegrenzung und geschlechtsspezifische Arbeitsteilung natürlich zu Lage der berufstätigen Frau*« – denn: »*Es gibt stets eine Frau im Betrieb, der der Aufstieg gelungen ist.*«

38 Rabe-Kleeberg, Ursula 1985 zit. n. Rimele/Rommel a.a.O. 1989: 16

39 BMJFFG: Frauen in der Bundesrepublik Deutschland. Bonn 1986: 9. Vgl. Beck-Gernsheim a.a.O. 1983: 312. Vgl. Rimele/Rommel a.a.O. 1989: 8. Vgl. Seidenspinner/Burger a.a.O. 1982: 7

40 Gensior/Metz-Göckel a.a.O. 1989: 17

41 Ebd.

42 Ebd.; vgl. Beck a.a.O. 1986: 183

43 Seidenspinner/Burger a.a.O. 1982: 11. Dies habe ich anhand der Strukturmerkmale typischer Frauenberufe auch inhaltlich zu zeigen versucht.

44 Seidenspinner/Burger a.a.O. 1982: 9

45 Erler, Gisela/Jaeckel, Monika/Pettinger, Rudolf/Sass, Jürgen, Deutsches Jugendinstitut München: Brigitte Untersuchung 88. Kind? Oder Beruf? Oder beides? Eine repräsentative Studie über die Lebenssituation und Lebensplanung junger Paare zwischen 18 und 33 Jahren in der Bundesrepublik Deutschland im Auftrag der Zeitschrift Brigitte. Hamburg 1988: 9; 22

46 Nave-Herz, Rosemarie: Kinderlose Ehen. Eine empirische Studie über die Lebenssituation kinderloser Ehepaare und die Gründe für ihre Ehelosigkeit. Weinheim und München 1988: 45

47 Seidenspinner/Burger a.a.O. 1982: 13; 17

48 Seidenspinner/Burger a.a.O. 1982: 13. Vgl. Erler et al. a.a.O. 1988: 32; 34

49 Seidenspinner/Burger a.a.O. 1982: 14. Vgl. Erler et al. a.a.O. 1988: 31. Vgl. Nave-Herz a.a.O. 1988: 53

50 Vgl. Erler et al. a.a.O. 1988: 31 ff.; 63

51 Seidenspinner/Burger a.a.O. 1982: 15

52 Vgl. Beck a.a.O. 1986: 183. Beck geht im Unterschied zu der hier dargestellten Tendenz der Frauen davon aus, daß die Ehe ihren Charakter als materielle Versorgungsinstanz bereits verloren habe. Dies ist tendenziell sicher richtig, da Frauen heute in größerem Maße erwerbstätig sind als vor 100 Jahren. Becks Ansatz scheint mir hier jedoch verkürzt, da die Ehe mit dem Mann als Ernährer heute zumindest vorübergehend für Frauen mit kleinen Kindern zur Versorgungsinstanz wird.

53 Vgl. Krüger, Helga: Berufsfindung und weibliche Normalbiographie. In: Mayer, Christine et al. a.a.O. 1984: 22. Vgl. Beck-Gernsheim, Elisabeth a.a.O. 1983: 318 ff. Beide Autorinnen heben die Bedeutung eines eigenen Verdienstes von Frauen als Faktor der materiellen Unabhängigkeit hervor.

54 Metz-Göckel, Sigrid/Müller, Ursula: Partner oder Gegner? Überlebensweisen der Ideologie vom männlichen Familienernährer. In: Soziale Welt Jg. 38, Heft 1, 1987: 20

55 Vgl. Metz-Göckel/Müller a.a.O. 1987: 17 ff. Vgl. Nave-Herz a.a.O. 1988: 62. Die Beteiligung der Männer an der Hausarbeit betrug 1982 beim Einkaufen 9%, beim Kochen 3%, beim Abspülen, Waschen, Putzen 2%. Zit. n. Seidenspinner/Burger a.a.O. 1982: 18

56 Bednarz, Iris: Einstellungen von Arbeiterjugendlichen zu Bildung und Ausbildung. Eine Dokumentation. München 1978: 17. Vgl. Heinz/Krüger a.a.O. 1981: 661

57 Fischer (1980) befragte in einer Längsschnittstudie 10jährige Mädchen und Jungen aus regional und wirtschaftlich benachteiligten Gebieten nach ihren Berufswünschen. Über die Hälfte der Mädchen wollten einen typischen Frauenberuf wählen: Friseuse, Kindergärtnerin, Verkäuferin oder Krankenschwester. Aber eine Minderheit votierte auch für frauenuntypische Berufe: 3,5% der Mädchen wollte später gerne Mechanikerin werden, 2,6% Artistin oder Berufssportlerin. 30% der Jungen votierten für typische Männerberufe wie Mechaniker, Elektriker, Techniker oder Ingenieur. Vgl. Fischer, Beate: Die gesellschaftliche Defini-

tion des Berufswahlprozesses der Mädchen. Empirische Argumente zu Diagnose und Therapie einer sozialen Diskriminierung. Köln 1980: 47. Ähnliches zeigte sich auch in der Studie von Heinz/Krüger (1981) bei Hauptschülerinnen des 7. Schuljahres: bei ihnen war noch eine breitere Streuung der Berufswünsche erkennbar als erwartet, diese war jedoch stark fixiert auf körper- und sozialpflegerische Tätigkeiten. Die »*gängigen Frauenberufe wie Verkäuferin oder Bürotätigkeit*« wurden von den Mädchen jedoch nicht gewünscht. Vgl. Heinz/Krüger a.a.O. 1981: 665

58 Vgl. Längsschnittuntersuchung Heinz/Krüger a.a.O. 1981: 665: »*Ein weiteres Indiz für die spezifische Benachteiligung von Mädchen in der beruflichen Chancenstruktur ist ihre Konzentration auf erheblich weniger Berufe, als dies bei Jungen der Fall ist ... nur knapp $^3/_5$ der männlichen Auszubildenden (sind) auf typische Männerberufe, aber $^4/_5$ der weiblichen Auszubildenden auf typische Frauenberufe verteilt. Auch in unserer Studie in Bremen deutet sich an, daß die Konzentration der Berufswünsche auf wenige Berufsbereiche Folge eines vorberuflichen Anpassungsprozesses an den Arbeitsmarkt ist.*«

59 Mayer, Christine/Schütte, Ilse: Zur Situation von Mädchen in der Berufsausbildung. In: Mayer et al. a.a.O. 1984: 55-56. Vgl. BMJFFG: Frauen in der Bundesrepublik Deutschland. Köln 1989: 19

60 Vgl. Greif, Monika/Kasten, Margrit: Forum 5. Zukunft von Frauen in technik-orientierten Berufen. In: Kreisfrauenbüro Darmstadt-Dieburg (Hrsg.): 10 Jahre Gleichbehandlungsgesetz. Dokumentation einer Fachtagung. Darmstadt 1991: 155. Vgl. Teubner, Ulrike, a.a.O. 1989: 24 ff.

61 BMJFFG a.a.O. 1989: 23

62 BMJFFG a.a.O.: 26; Zusammenstellung nach eigenen Berechnungen.

63 Frauenanteil an Fachhochschulen 1987/88: Maschinenbau 10%, Elektrotechnik 2,8%., ebd.; Zusammenstellung nach eigenen Berechnungen.

64 BMJFFG a.a.O.: 25

65 Gottschall (1979)/Holzkamp (1985)/Bock et al. (1982) zit. n. Mohr, Wilma: Frauen in der Wissenschaft. GEW Texte. Freiburg 1987: 52-54. Mohr weist darauf hin, daß Frauen häufiger vor der Wahl eines (geschlechtsspezifischen) Faches gewarnt würden, als daß sie dazu ermutigt würden, etwas anderes, neues auszuprobieren.

66 Ostner, Ilona/Krutwa-Schott, Almut: Krankenpflege – ein Frauenberuf? Bericht über eine empirische Untersuchung. Frankfurt/M., New York 1981: 164-165

67 Vgl. Heinz/Krüger a.a.O. 1981: 670-671: »*Auch auf der Ebene von Erwartungen an die Nützlichkeit der beabsichtigten Berufstätigkeit für die übrigen Familienmitglieder zeigen sich (noch) keine geschlechtsspezifischen Differenzen: Jungen wie Mädchen, die zur Begründung ihrer Berufswünsche auch auf im Alltag zu Hause praktizierte Tätigkeiten zurückgreifen, betrachten ihren zukünftigen Beruf als Beitrag für die Familie.*« Ähnlich – wenn auch in anderem Zusammenhang – argumentiert Daheim (1970) für die starke Tendenz von Angehörigen freier und Standesberufe (Ärzte, Apotheker, Anwälte), ihre Kinder in milieukonformen Berufen auszubilden. Damit sollen herkunftsspezifische Standards und Verhaltensnormen, deren Vermittler auch die Eltern sind, gesichert und erhalten bleiben. Daheim 1970: 98; 111 f. Vgl. dazu auch Beck, Ulrich/Brater, Michael/Wegener, Bernd: Berufswahl und Berufszuweisung. Zur sozialen Verwandtschaft von Ausbildungsberufen. Frankfurt 1979

68 Gensior/Metz-Göckel a.a.O. 1989: 11

69 Gensior/Metz-Göckel a.a.O. 1989: 10

70 Krüger, Helga a.a.O. 1984: 24

71 Grieger, Dorothea/Kutscha, Jürgen: Berufswunsch aus Veranlagung? Ausbildung von Frauen in Büroberufen. In: Mayer et al. a.a.O. 1984: 116

72 Vgl. hierzu Heinz/Krüger a.a.O. 1981: 661. Vgl. Teubner a.a.O. 1989: 22. Vgl. Rimele/Rommel a.a.O. 1989: 13. Vgl. Mayer/Schütte a.a.O. 1984: 208

73 Grieger/Kutscha a.a.O. 1984: 117. Vgl. Heinz/Krüger a.a.O. 1984: 661; 672. Vgl. Teubner a.a.O. 1989: 22 f. Vgl. Mayer/Schütte a.a.O. 1984: 54. Vgl. Gensior/Metz-Göckel a.a.O. 1989: 4

74 Heinz/Krüger a.a.O. 1981: 671

75 Heinz/Krüger a.a.O. 1981: 675. Zur Erklärung des Berufs(wahl)verhaltens von Frauen möchte ich folgende Konzepte heranziehen: 1. Den optionslogischen Ansatz von Heinz/Krüger (1981), wonach Mädchen und Frauen sich mit ihrer Berufswahl an die Gegebenheiten des geschlechtshierarchisch segregierten Arbeitsmarktes anpassen müssen, wenn sie überhaupt Zugang zum Arbeitsmarkt finden wollen. Danach würden Frauenberufe nicht in erster Linie deshalb ›gewählt‹, weil Frauen die dafür erforderlichen Fähigkeiten im Sozialisationsprozeß erworben hätten, sondern weil sie kaum andere Optionen und Möglichkeiten vorfinden. Hier ist allerdings einschränkend zu beachten, daß dieser Ansatz aus Studien mit HauptschülerInnen konzipiert wurde, die aufgrund ihrer Schichtzugehörigkeit besonders wenig Chancen auf dem Arbeitsmarkt vorfinden, und wo im Herkunftsmilieu besonders stereotype Geschlechterrollen-Vorstellungen dominieren (ebd.: 675). Der optionslogische Ansatz kann daher für meine Überlegungen zur Berufswahl von Stewardessen als Folie dienen, er bedarf aber der Spezifizierung. Dieser Ansatz erklärt nicht, *»worauf sich die Subjektpotentiale derjenigen Frauen gründen, die ›aus der Reihe tanzen‹ und zu anderen Berufsfindungen gelangen«* (Nyssen/Metz-Göckel a.a.O. 1990: 135), wie bei Stewardessen vermutet.

2. Den Ansatz vom *»weiblichen Arbeitsvermögen«* (Ostner/Beck-Gernsheim 1978, 1979), wonach Frauen im Beruf das umsetzen, was sie im Prozeß der geschlechtsspezifischen Sozialisation erlernt haben. Das weibliche Arbeitsvermögen ist zentral auf hausarbeitsnahe Tätigkeiten ausgerichtet, die sich in den meisten typischen Frauenberufen wiederfinden. Obwohl dieser Ansatz auf den ersten Blick schlüssig erscheint, wenn man die Strukturmerkmale von Frauenberufen und die quantitativ am häufigsten von Frauen besetzten beruflichen Postitonen betrachtet, reduziert er doch Frauen im Sinne einer selbstgewählten *»Kongruenz« zwischen ihren persönlichen »Neigungen ..., ihren Fähigkeitspotentialen und den (beruflichen) Anforderungsstrukturen«* (Nyssen/Metz-Göckel a.a.O. 1990: 135). Es wird eine Selbstbeschränkung von Frauen auf hausarbeitsnahe Frauenberufe unterstellt, die so nicht der Realität entspricht, sowie eine völlige Übereinstimmung von Berufswunsch und Berufswahl. M.E. scheint dieser Ansatz eher das Berufswahlverhalten von Mittelschichtsfrauen zu erklären, die lehrend, helfend, therapierend o.ä. tätig sind, und hierin sicherlich inhaltliche Analogien zur eigenen geschlechtsspezifischen Sozialisation wiederfinden.

3. Gehe ich in Anlehnung an Becker-Schmid (1984) und Nyssen/Metz-Göckel (1990) von einem Konzept weiblicher Berufsfindung aus, das die Widersprüche, Ambivalenzen und Ungleichzeitigkeiten im weiblichen Lebenszusammenhang der modernen Gesellschaft widerspiegelt. Dieses Konzept ist geprägt von Anpassungsleistungen an die gegebenen Verhältnisse ebenso wie von Widerstandspotentialen und -versuchen von Frauen, so wenig ›erfolgreich‹ und stringent sie auch auf den ersten Blick erscheinen, so traditionell sie vielfach sein und so wenig durchhaltbar sie sich subjektiv auf Dauer erweisen mögen.

76 Harmon/Campbell wählten für ihre Studie jedoch nur sehr junge Frauen aus, die mit ihrer Tätigkeit durchweg zufrieden waren, so daß keineswegs ein breites Spektrum erfaßt wurde. Das Durchschnittsalter der Stewardessen lag bei knapp 24 Jahren. Die Stichprobe ist mit N= 440 Stewardessen und N= 417 Zahnarzthelferinnen ebenso wie bei der Fragebogenaktion Danusers (1975) (N= 431) recht umfangreich, die Ergebnisse sind repräsentativ.

77 Harmon, Leonore W./Campbell, David: Use of Interest Inventories with Nonprofessional Women: Stewardesses versus Dental Assistants. In: Journal of Counseling Psychology, Washington 1968 Vol. 15 Nr.1: 21

78 Sawitzki, Hans Henning: Die Stewardeß. In: Institut für Mittelstandsforschung (Hrsg.): Abhandlungen zur Mittelstandsforschung. Soziologische Probleme mittelständischer Berufe. 2. Teil. Köln, Opladen 1967: 34-35

79 Sawitzki a.a.O. 1967: 37

80 Ebd., Herv. A.B. Diese Berufswahlmotive sind allerdings nicht empririsch erhoben, sondern beruhen nach Angabe des Autors auf *»Erfahrungen der DLH«* (ebd.).

81 Danuser a.a.O. 1975: 175; 180 f.

82 Danuser a.a.O. 1975: 172

83 Danuser a.a.O. 1975: 170. Von der befragten Swissair-Stewardessen hatten 43% zuvor im Büro gearbeitet, 7% als medizinische Hilfskräfte (Assistentinnen), 5% im Hotelfach, 4% als Lehrerinnen, 5% waren Abiturientinnen.

84 Harmon/Campbell a.a.O. 1968: 21. Herv. A.B.

85 Ebd. Hier ist zu beachten, daß die befragte Gruppe der Stewardessen sehr jung war und damit noch wenig berufserfahren. Diese Ergebnisse sollten daher nicht als allgemeingültig betrachtet werden.

86 Vgl. hierzu den optionslogischen Ansatz (Heinz/Krüger 1981).

87 Vgl. hierzu den Ansatz vom *»weiblichen Arbeitsvermögen«* (Ostner/Beck-Gernsheim 1978/1979). Weder dieser Ansatz noch der von Heinz/Krüger bieten allerdings eine Erklärung für untypische weibliche Berufswahl.

Vom »fliegenden Mädchen« zur »Bedienung im Flugzeug« Zur Geschichte eines weiblichen ›Traumberufs‹ ab 1930 in Deutschland

1 *»Para el hombre de la calle, la azafata suele ser una imagen mitica que incluye los encantos femeninos, el conocimiento tecnico y la ilusion de viajar alrededor del mundo.«* Blanc, C.J./Digo, R./Moroni, P.: Psicopatologia de la azafata. In: *Revista de Psychologia General y Applicada*, Vol. 25, März 1970: 353. Übersetzung A.B.

2 Die Entstehung und Entwicklung des Berufes der Stewardessen in Deutschland zu rekonstruieren, ist nur ansatzweise und fragmentarisch möglich, da das wissenschaftliche Interesse an dieser weiblichen Berufsgruppe bisher gering war und damit kaum aufgearbeitetes historisches Quellenmaterial verfügbar ist. Die Quellenarbeit mußte dort ansetzen, wo von jeher von Stewardessen die Rede war: vornehmlich in Fachzeitschriften der Luftfahrt, in Tageszeitungen und Boulevardzeitschriften, vereinzelt in Chronologien und in Dokumenten der Fluggesellschaften, sofern sie zugänglich sind; nur marginal in der wissenschaftlichen Literatur und überhaupt nicht in den rein technologisch ausgerichteten Fliegerfachzeitschriften. Statistiken über die Entwicklung des Personalstandes an Flugbegleitern und Flugbegleiterinnen existieren in Deutschland nur bei den Luftfahrtunternehmen selbst und waren schwer zugänglich. In der offiziellen Berufsklassifizierung werden Stewards/Stewardessen unter der Rubrik Kellner/Stewards geführt, so daß von dieser Seite aussagekräftige Statistiken nicht verfügbar sind, die einen Überblick über die Entwicklung des Kabinenpersonals in Deutschland erlauben würden. Da die Deutsche Lufthansa der größte Arbeitgeber von Stewardessen war und ist, habe ich die Personalentwicklung im Zeitraum von 1958-1985 anhand verschiedener Quellen bezogen auf dieses Luftfahrtunternehmen zusammengestellt. Parallel dazu habe ich die Entwicklung des Passagieraufkommens der Deutschen Lufthansa rekonstruiert, um den hohen Grad der Expansion in dieser Branche in Deutschland zu verdeutlichen. Die entsprechenden Angaben finden sich in den folgenden Kapiteln.

3 Danuser 1975 a.a.O.: 198

4 Laplanche, J./Pontalis, J.-B.: Das Vokabular der Psychoanalyse, Bd.2, Frankfurt 1980: 400

5 *Enzyclopaedia Americana.* Danbury, Connecticut 1985: 430a
6 O.V.: Die Verwendung der Zeppelin-Spende. In: Deutsche Luftfahrer-Zeitschrift Nr. 19/ 1913: 457. Das erste Luftschiff wurde getauft auf den Namen ›Deutschland‹.
7 *Enzyclopaedia Britannica.* Chicago, London 1980: 371
8 O.V.: Das neue Luftschiff ›Schwaben‹. In: *Der Luftverkehr* Nr. 17 v. 1.9.1911. O.V.: Die Zeppelin-Luftschiffe. In: *Der Luftverkehr* Nr. 20 v. 15.10.1912. Vgl. *Enzyclopaedia Britannica* a.a.O. 1980: 371
9 O.V.: Die erste Fahrt des Verkehrs-Luftschiffes ›Bodensee‹. In: *Deutsche Luftfahrer-Zeitschrift* Nr. 17/18 v. Sept. 1919: 5
10 Blasweiler, A.G.: Die Dänemarkfahrt des Passagier-Luftschiffes ›Hansa‹. In: *Deutsche Luftfahrer-Zeitschrift* Nr. 17/18 v. Sept. 1919: 14
11 Ebd.
12 Ebd.
13 *Enzyclopaedia Britannica* a.a.O. 1980: 372
14 *Enzyclopaedia Americana* a.a.O. 1985: 430a
15 Deutsche Luft- und Raumfahrt. Mitteilung 74-15. Pioniere der Luftfahrt. Köln 1974: 15 f.
16 Deutsche Luft- und Raumfahrt. Mitteilung 74-15: 25-27. Solche Fluggesellschaften waren z.B. Junkers-Luftverkehr und Aero-Lloyd AG. Vgl. Wachtel, Joachim: Die Geschichte der Deutschen Lufthansa. Köln 1980: 7
17 DLH (Hrsg.): Lufthansa. Das Jahr 1990: o.S. *Vgl. Flugbegleiter.* Zeitschrift der LH-Kabinenbesatzung. Ausgabe 10/1985: 6-7. Vgl. Wachtel a.a.O. 1980: 15
18 Swissair-Flight-Attendants 1984: 10-11
19 Vgl. Heueck, A.: Ein neuer Frauenberuf. Luftstewardessen bei der Deutschen Lufthansa. In: *Die Luftreise* v. Mai 1938: 108: *»Die Lufthansa, die bisher nur in ihrer G 38, dem Großflugzeug ›Generalfeldmarschall v. Hindenburg‹ einen Steward mitnahm, der auf den Strecken Berlin-Kopenhagen und Berlin-Königsberg die Gäste betreute, stellt jetzt für ihre neuen viermotorigen Großflugzeuge ... mehrere Stewardessen ein, die genügend Möglichkeiten zur Betätigung bekommen werden.«*
20 O.V.: Ein Beruf für Tausendkünstlerinnen. In: Westdeutscher Beobachter v. 12.4.1938
21 DLH: *Jahresbericht der Flugbetriebsleitung der Deutschen Lufthansa* für 1938: 18 (unveröffentlichtes Dokument)
22 O.V.: Wie wird man Luftstewardeß? In: *Westdeutscher Beobachter* v. 22.5.1938
23 DLH: *Jahresbericht* der Flugbetriebsleitung der Deutschen Lufthansa für 1938: 103 (u.D.)
24 *Jahresbericht* a.a.O.: 103-104
25 Ebd.
26 *Jahresbericht* a.a.O.: 104
27 O.V.: Wie wird man Luftstewardeß? In: *Westdeutscher Beobachter* v. 22.5.1938. Vgl. Heueck, A.: Ein neuer Frauenberuf. Luftstewardessen bei der Deutschen Lufthansa. In: *Die Luftreise* v. Mai 1938: 108. Vgl. O'Connor, Mary: Dienst in der Luft. In: *Die Luftreise* v. Okt. 1938: 239 f. Dort berichtete eine amerikanische Stewardeß, daß sie aus 5 000 Bewerberinnen ausgewählt worden sei.
28 O.V.: Ein Beruf für Tausendkünstlerinnen. In: *Westdeutscher Beobachter* vom 12.4.1938
29 Ebd.
30 O.V.: Wie wird man Luftstewardeß? In: *Westdeutscher Beobachter* v. 22.5.1938
31 Heueck, A.: Ein neuer Frauenberuf. Luftstewardessen bei der Deutschen Lufthansa. In: *Die Luftreise* v. Mai 1938: 108
32 DLH: Lufthansa. Das Jahr 1990.: o.S.
33 O.V.: Der neueste Frauenberuf: Gesellschaftsdame im Flugzeug. In: *Leipziger Neueste Nachrichten* Nr. 103 v. 13.4.1933
34 Ebd.
35 Ebd.

36 Ebd.

37 DLH: Deutsche Luftfahrt – ein historisches Kaleidoskop. Köln 1979: o.S.

38 Vgl. Beck-Gernsheim a.a.O. 1976: 136

39 O.V.: Deutschlands erster Luftsteward erzählt: Mittagessen zwischen Himmel und Erde. In: *Leipziger Neueste Nachrichten* Nr. 16 v. 16.1.1935: 8 f.

40 Ebd.

41 O.V.: Ein Beruf für Tausendkünstlerinnen. In: *Westdeutscher Beobachter* vom 12.4.1938; laut Aussage des Verkehrsleiters der Lufthansa, Bongers.

42 Interview mit Regine Graichen, in: *Flugbegleiter*, Zeitschrift der LH-Kabinenbesatzung, Ausgabe März 1986: 37

43 O.V.: Neue Flugzeuge für die Deutsche Lufthansa: In: *Der Lufhanseat*, Heft 7, Juli 1938: 7

44 Ebd.

45 O.V.: Ein Beruf für Tausendkünstlerinnen. In: *Westdeutscher Beobachter* v. 12.4.1938

46 O.V.: Wie wird man Luftstewardeß? In: *Westdeutscher Beobachter* v. 22.5.1938

47 Ebd.

48 Ebd.

49 O.V.: Heiratsanträge über den Wolken. In: *Die Luftreise*, Nov. 1937: 270

50 DLH (Hrsg.) Lufthansa. Das Jahr 1990: o.S. Vgl. DLH: *Bericht der Flugbetriebsleitung der DLH* v. 11.7.1944 (u.D.): 4

51 Vgl. O'Connor, Mary: Dienst in der Luft. In: *Die Luftreise* v. Okt. 1938: 239 f.: »*Der Begriff meiner Pflichten ist dehnbar. Normalerweise besteht meine Arbeit (auf der Strecke New-York-San Francisco, A.B.) aus folgendem: ich verwalte die zahlreichen Borddokumente und erledige den ... Schriftwechsel. Ich besorge die Flugscheine und kontrolliere die Gepäckscheine. Ich muß auf die Ausstattung, wie z.B. Bettdecken, Kissen und Silber, aufpassen; denn die Kleptomanie ist unter den Fluggästen kein ganz unbekanntes Leiden! Beiläufig gesagt, achte ich ganz besonders auf Mütter mit Babys ... und versorge die Fluggäste mit Zeitschriften, Schreibmaterialien, Streckenkarten, Aschenbechern und Streichhölzern ... mit einem Wort, mit allem, was zu verlangen ihnen einfallen könnte .... Nur daß ich keine Tricks vorführe und mich nicht auf den Kopf stelle, um sie zu unterhalten ... Ich muß Mahlzeiten zu festgesetzten Zeiten servieren.*« Herv. A.B. Hier wird die Diffusität der Arbeit einer Stewardeß besonders deutlich.

52 Vgl. Beck-Gernsheim a.a.O. 1976: 136

53 Studnitz, v. H.G.: Warum Männer gern fliegen. In: *Herrenjournal* Nr. 11/1955: 10

54 Arbeitsgruppe »Wandel der Sozialisationsbedingungen seit dem Zweiten Weltkrieg«: Was wir unter Sozialisationsgeschichte verstehen. In: Preuß-Lausitz, Ulf (Hrsg.): Kriegskinder, Konsumkinder, Krisenkinder: zur Sozialisationsgeschichte seit dem 2. Weltkrieg. Weinheim 1983: 15

55 Ebd. Vgl. Laurien, Ingrid: »Wie kriege ich einen Mann?« Zum weiblichen Leitbild und zur Rolle der Frau in den fünfziger Jahren. In: Sozialwissenschaftliche Informationen Nr. 15 1986, Heft 1: 38

56 Ebd.

57 *Flugbegleiter*, Zeitschrift der LH-Kabinenbesatzung, Ausgabe Oktober 1985: 7

58 Metz-Göckel In: Beer (Hrsg.) a.a.O. 1989: 46

59 Schütze, Yvonne: Mütterliche Erwerbstätigkeit und wissenschaftliche Forschung. In: Schütze, Yvonne/Gerhard, Uta (Hrsg.): Frauensituation. Veränderungen in den letzten zwanzig Jahren. Frankfurt 1988: 115 f.

60 Schütze a.a.O. 1988: 118

61 Pfeil 1961 zit. n. Schütze a.a.O. 1988: 119-120

62 Laurien a.a.O. 1986: 42

63 Laurien a.a.O. 1986: 43

64 DLH: Voraussetzungen für den Stewardessenberuf, ca. 1955 (u.D.)

65 Ebd.: In diesen Voraussetzungen heißt es: *»Die Bewerberin darf nicht verheiratet sein.«*
66 Ebd.
67 O.V.: Mädchen in Uniform machen Karriere in den Wolken. In: *Westfälisches Volksblatt* v. 9.4.1955
68 O.V.: 300 Damen stellen sich vor. In: *Westdeutsche Allgemeine* v. 25.10.1954
69 O.V.: Die ›Lufthansa‹ sucht 100 Stewardessen. In: *Hamburger Echo* v. 24.2.1959
70 Laurien a.a.O. 1986: 42
71 Corda, Hans F.: Harte Arbeit zwischen Himmel und Erde. In: *Nürnberger Zeitung* v. 6.4.1957. Vgl. *Hamburger Echo* v. 24.2.1959
72 Laurien a.a.O. 1986: 42
73 Wachtel a.a.O. 1980: 79; 82
74 Historisches Museum (Hrsg.) 1981: 129. Vgl. Corda in: *Nürnberger Zeitung* v. 6.4.1957
75 Studnitz in: *Herrenjournal* Nr.11/1955: 14
76 *Hamburger Echo* v. 24.2.59
77 Ebd.
78 *Flugbegleiter*, Zeitschrift der LH-Kabinenbesatzung, Ausgabe Juli 1986: 33
79 *Nürnberger Zeitung* v. 6.4.1957
80 Laurien a.a.O. 1986: 37. Dieses Problem wirkte noch bis in die sechziger Jahre hinein, wo 16 Millionen alleinstehender Frauen registriert waren. Vgl. Metz-Göckel in: Beer (Hrsg.) 1989: 44
81 Studnitz in: *Herrenjournal* Nr. 11/1955: 14. Herv. A.B.
82 Vgl. Duden, Barbara, a.a.O. 1977
83 *Westdeutsche Allgemeine* v. 25.10.1954. Vgl. *Westfälisches Volksblatt* v. 9.4.1955: *»Die jungen Damen der Deutschen Lufthansa haben das gute Beispiel einer Ideal-Stewardeß in ihren Unterrichtsräumen vor sich. Sie heißt Ursula Tautz und ist ein kapriziöses, temperamentvolles Geschöpf mit lustigen, lebensfrohen Augen.«*
84 Wille, Arthur: Stewardessen – mit viel Charme. In: *Göttinger Presse* v. 30.6.1958
85 *Nürnberger Zeitung* v. 6.4.1957
86 *Herrenjournal* Nr. 11/1955: 14
87 Vgl. Haug, Fritz: Kritik der Warenästhetik. Frankfurt am Main 1972: 80: *»... indem ein Geldbesitzer sich nach dem verzehrt, was so aussieht, als verzehre es sich nach ihm, tritt eine Veranlassung mehr zum Kontakt hinzu.«*
88 *Nürnberger Zeitung* v. 6.4.1957: *»Denn wenn die Stewardeß etwa nach stürmischem Zwölf-Stunden-Dienst zwischen Himmel und Erde ihre Beine nicht mehr spürt, zum Umfallen müde ist und das gelockte Köpfchen brummt, dann darf sie keinesfalls an sich denken.«*
89 *Westfälisches Volksblatt* v. 9.4.1955
90 O.V.: Ehen werden tatsächlich im Himmel geschlossen. In: *Hamburger Morgenpost* v. 7.7.1958
91 Palandt, BGB, 14. Auflage. 1955, Paragraph 1354. Dieser Paragraph wurde durch das Gleichberechtigungsgesetz v. 18.6.1957 (BGBl I: 609) aufgehoben.
92 Laurien a.a.O. 1986: 42
93 *Hamburger Echo* v. 24.2.1959
94 Deutschman, Paul. E.: Hostess on Flight 408. In: Holiday, Juni 1958: 185
95 Wachtel,Joachim: Propeller-Nostalgie.In: Lufthansa- Bordbuch, Ausgabe 2/85: 68; 72
96 Arbeitsgruppe »Wandel ...« In: Preuß-Lausitz a.a.O. 1983: 17
97 Wachtel, in: DLH Bordbuch 2/85: 70
98 Ebd. Vgl. Wachtel a.a.O. 1980: 85
99 Wachtel a.a.O. 1985: 70/ 72
100 Arbeitsgruppe »Wandel ...« In: Preuß-Lausitz (Hrsg.) a.a.O. 1983: 18
101 Achterfeld, Wilfried H.: Sind Stewardessen glückliche Mädchen? In: *Stern* Nr. 11 v. 18.3.1962: 118

102 Den Hintergrund der Bildungsnotstandsdebatte bildeten Befürchtungen, Deutschland könne auf Dauer im internationalen Wettbewerb nicht mithalten. Festgemacht wurde diese Diskussion u.a. an einem zu geringen Bildungsniveau der Deutschen, an den im internationalen Vergleich zu niedrigen Abiturientenzahlen, und an den zu niedrigen Bildungsausgaben der Bundesrepublik. Tatsächlich ging es aber darum, im Zuge des Modernisierungsprozesses der Gesellschaft »Probleme des quantitativen und qualitativen Arbeitskräftebedarfs« durch Anhebung des Bildungsniveaus zu lösen. Vgl. hierzu: Mohr, Wilma: Frauen in der Wissenschaft. GEW Texte. Freiburg 1987: 29 ff.

103 DLH: Auszüge aus den Jahresberichten der Verkehrsbetriebsdirektion 1960-1964: 107 (u.D.)

104 Ebd.

105 Büchner, Peter: Vom Befehlen und Gehorchen zum Verhandeln. Entwicklungstendenzen von Verhaltensstandards und Umgangsformen seit 1945. In: Preuß-Lausitz (Hrsg.) a.a.O. 1983: 199-200

106 O.V: Keep Smiling allein genügt nicht. In: *Lufthansa-Nachrichten* v. 9.3.1962: 8

107 Ebd.

108 O.V: Brücke am Kwai aus der Nähe betrachtet. In: *Westdeutsche Allgemeine* v. 5.4.1960: *»Denn: von 1000 Bewerberinnen werden im Durchschnitt höchstens 10 v.H. der Mädchen zur Abschlußprüfung zugelassen«*. Vgl. *Stern* Nr. 11 v. 18.3.1962: 112: *»... nur etwa vier Prozent der Bewerberinnen erfüllen die Bedingungen der Fluggesellschaften ...«*. Vgl. Kunz, Karl Michael: Sex-Appeal oder Mutti-Typ? Die Krise im Traumberuf. In: *Kristall* Nr. 6 1966: 21: *»Von den 6000 jungen Mädchen, die sich jedes Jahr vorstellen, werden nur 600 – probeweise – eingestellt.«* Eine wesentliche Rolle bei der Mythenbildung der Stewardessentätigkeit spielte offensichtlich die Exklusivität, die durch diese extreme Form der Selektion bei der Einstellung erreicht wurde.

109 Theens, Ria: Nur zwei »angelten« sich einen Millionär. In: *Rheinische Post* v. 23.4.1969

110 O.V.: Die weite Welt steht ihnen offen: Flugbegleiter – eine Chance für junge Männer. In: *Lufthansa Artikeldienst* v. 22.4.1969/13: 2

111 *Rheinische Post* v. 23.4.1969

112 Firgau, Walter: Purser oder Check-Steward ... In: *Süddeutsche Zeitung* v. 26.6.1969: 12

113 Mohr, Wilma a.a.O. 1987: 32

114 Schreiber, Walter: Dürfen Stewardessen heiraten? In: *Lufthansa-Revue* Nr. 6, 1967-1968: 100

115 Ebd. Diese Angabe bezieht sich auf die jährliche Fluktuation wegen Heirat.

116 Ebd. Dies entspricht 17% der Stewardessen. *»Viele von ihnen betreuen sogar als junge Mütter nach wie vor die Lufthansa-Passagiere an Bord.«*

117 Sonderaktion Stewardessen. Lufthansa-Dokument v. 10.7.1969 (u.D.)

118 O.V.: Die weite Welt steht ihnen offen: Flugbegleiter – eine Chance für junge Männer. In: *Lufthansa Artikeldienst* v. 22.4.1969: 1-2. Herv. A.B.

119 Mc Night, John: Professionelle Dienstleistung und entmündigende Hilfe. In: Illich, Ivan: Entmündigung durch Experten. Zur Kritik der Dienstleistungsberufe. Reinbeck 1979: 37. Vgl. Gershuny, Jonathan: Die Ökonomie der nachindustriellen Gesellschaft. Frankfurt/M., New York 1981: 111

120 O.V.: Umworben: Der Flugpassagier von morgen. In: *Flugwelt* 1964, Heft 8: 586 ff.

121 Wachtel a.a.O. 1980: 190

122 *Flugwelt* 1964, Heft 8: 590

123 *Kristall* Nr.6 1966: 21

124 Ebd.

125 Ebd.: 95

126 O.V.: Gastgeberin zwischen Himmel und Erde: Die Stewardeß. In: *Lufthansa-Intercontinental* v. 7.8.1964: 34

127 Ebd. Vgl. O.V.: Rosen für Fräulein Baldrian. Traumberuf Stewardeß? In: *Gong-Funk-Fernsehwelt* v. 15.3.1964

128 Weiner, Ursula: Die ideale Stewardeß. In: *Hamburger Abendblatt* v. 9.4.1962

129 *Lufthansa-Interkontinental* v. 7.8.1964: 35

130 Tautz, Ursula: Unsere Tochter will unbedingt Stewardeß werden. Unveröffentlichtes Manuskript o.J.

131 *Gong-Funk-Fernsehwelt* v. 15.3.1964. Vgl. O.V.: Mit beiden Beinen auf der Erde. In: *Für Sie* v. September 1964

132 Weiner in: *Hamburger Abendblatt* v. 9.4.1962. Vgl. Schippke, Ulrich: Stewardeß – ein Traumberuf? Der Schein trügt. In: *Stern* Nr. 27 v. 2.7.1967: 29

133 *Stern* Nr. 27 v. 2.7.1967: 29

134 *Hamburger Abendblatt* v. 9.4.1962

135 *Stern* Nr. 27 v. 2.7.1967: 33

136 *Für Sie* v. September 1964

137 O.V.: 6 x zum Mond und zurück. In: *Saarbrücker Zeitung* v. 1./2. 5.1969, Nr. 101: 26

138 Scherer, Brigitte: Die kalte Schönheit ist nicht mehr gefragt. In: *FAZ* v. 5.7.1969 Nr. 152

139 Dies umschrieb man euphemisch mit *»unproduktive(n) Kräfte(n)«*, die unter dem Kabinenpersonal vermutet wurden. DLH: Auszüge aus den Jahresberichten der Verkehrsdirektion 1960-1964: 32; 38; 107

140 O.V.: Das ABC der guten Geister. Flugbegleiter auf der Schulbank. In: *LH-Revue* Heft 6, Winter 67/68

141 Ebd.

142 O.V.: Stewardessen besonders gefährdet. In: *Die Welt* v. 19.6.1967.(Bericht über das 8. Internationale Seminar für ärztliche Fortbildung in Westerland/Sylt. Vgl. *Stern* v. 2.7.1967; *Saarbrücker Zeitung* v. 1./2.5.1969, Nr. 101

143 *Lufthansa-Artikeldienst* v. 22.4.1969/13

144 *Gong-Funk-Fernsehwelt* v. 15.3.1964

145 Arbeitsgruppe »Wandel ...« in Preuß-Lausitz (Hrsg.) a.a.O. 1983: 18

146 Vgl. Wachtel a.a.O. 1980: 119

147 Weigel, Sigrid: Die Stimme der Medusa. Dülmen, Hiddingsel 1987: 26

148 O.V.: Der himmelblaue Engel. In: *Kristall* Nr. 16, 1972

149 Lieske, Ute: Die Kulis im Jet. In: *Frankfurter Rundschau* v. 24.10.1970

150 Van Gelder, Lindsy: Coffee, Tea Or Fly Me. In: *MS* Nr. 1 v. Jan. 1973. Die Anwendung solcher Praktiken ist auch wissenschaftlich belegt. So berichtete Danuser für die Swiss-Air, daß die *»äußere Erscheinung«* der Stewardeß während des Briefings (Flugvorbesprechung) *»kritisiert«* werden kann. Danuser a.a.O. 1975: 41. Die gegenwärtige Praxis in den USA beschreibt Hochschild (1983).

151 O.V: Stewardessen – sind sie zu bedauern – sind sie zu beneiden? Interview mit Ursula Tautz, in: *Für Sie* v. 21.8.1970

152 *Frankfurter Rundschau* v. 24.10.1970; darin wird die durchschnittliche Arbeitsdauer einer Stewardeß mit acht Jahren angegeben. Zur Klage gegen Sabena vgl. Zander, Brigitte: Himmelsjob Stewardeß. In: *Aral-Journal*, Frühjahr/Sommer 1977: 14

153 O.V.: Zum Abschied ein Sack voll Geld. In: *Jasmin* v. 2.6.1971

154 *Frankfurter Rundschau* v. 24.10.1970

155 DLH: Brief an alle Olympia-Hostessen v. 23.8.1972 (u.D.) Vgl. O.V.: Stewardessen. In: *Stern* Nr. 44 v. 25.10.1970: 112. Dort wurde berichtet, daß ca. 16% der Bewerberinnen zum Vorstellungsgespräch eingeladen würden.

156 DLH: Stewardeß oder Steward bei der Lufthansa. Frankfurt 1976

157 *Aral-Journal* Frühjahr/Sommer 1977: 14

158 DLH: Brief an alle Olympia-Hostessen v. 23.8. 72 (u.D.). Vgl. *Für Sie* Nr. 21 v. 21.8.1970

159 Gehaltsangabe zit. n. *Aral-Journal*, Frühjahr/Sommer 1977: 17. Monatliches Durchschnittseinkommen der Arbeitnehmer (einschl. Heimarbeiter) der BRD im 3. Quartal 1975. Quelle: Deutsches Institut für Wirtschaftsforschung, Berlin. In: *Die Zeit* Nr. 5 v. 23.1.1976: 26

160 Braunburg, Rudolf: Wie wichtig ist die Stewardeß? In: *Die Zeit* Nr. 28 v. 11.7.1969: 54. Vgl. Thomasius, Jutta W.: Neu Delhi sehen und schlafen. In: *Flughafen-Nachrichten* Nr. 1 1977: 35 ff. Vgl. O.V.: Kein »Zölibat« für Stewardessen. In: *Industriekurier* v. 25.6.1970

161 *Industriekurier* v. 25.6.1970. Vgl. Jetter, Karl: Es lächelt allein noch die Stewardeß. In *FAZ* v. 13.6.1970

162 Lieske, Ute: Die Kulis im Jet. In: *Frankfurter Rundschau* v. 24.10.1970

163 *Stern* Nr. 44 v. 25.10.1970: 112; dort berichtet eine ›Aussteigerin‹. Vgl. für USA MS Nr. 1 v. Jan. 1973

164 Eine Stewardeß. In: *Für Sie* Nr. 21 v. 21.8.1970

165 *Stern* Nr. 44 v. 25.10.1970: 112 ff.

166 *Flughafennachrichten* Nr. 1/1977: 35 Trude Klaus, Ausbilderin bei LH: *»40 an Bord kommenden Menschen kann man persönlicher zulächeln als 400. Da ist am Ende das Lächeln eine automatische Grimasse, die schmerzt.«*

167 Oller, Franz J.: Manfred macht das. In: *Jet-Tales* Nr. 6/79: 17

168 Otte, Frank: Nachhilfestunden beim Seelenforscher. In: *Die Zeit* Nr. 5 v.23.1.1976: 26

169 Ebd.

170 O.V.: Der himmelblaue Engel. In: *Kristall* Nr. 16, 1972

171 Interview mit Herbert Frommke, Leiter der LH Flugbegleiter-Schulung in: *Für Sie* Nr. 21 v. 21.8.1970. Herv. A.B.

172 Ursula Tautz in: ebd.

173 Ebd.

174 Ursula Tautz in O.V.: Der himmelblaue Engel. In: *Kristall* Nr. 16, 1972

175 Ebd.

176 Danuser a.a.O. 1975: 143

Arbeits- und Lebenszusammenhänge von Stewardessen

1 Vgl. Harmon/Campbell 1968; Murdy/Sells 1973; Lipe 1970; Gray 1982

2 Vgl. Staber 1979; Blanc et al. 1970

3 Vgl. Nuber 1985; Dunkel 1988; Gerhards 1988

4 Vgl. Bundesanstalt für Arbeitsschutz und Unfallforschung (Hrsg.)/Minas, Guenter: Arbeitsbedingungen von Flugpersonal. Literaturrecherche über die Arbeitsbedingungen des fliegenden Personals von Luftfahrtgesellschaften. Dortmund 1981: 11. Für 1978 weist das Statistische Bundesamt 3 581 Flugbegleiter/innen aus. Bei der Lufthansa waren zum gleichen Zeitpunkt 3 520 Personen als Kabinenpersonal beschäftigt. Es erscheint eher unwahrscheinlich, daß andere deutsche (Charter-)Gesellschaften 1978 nur insgesamt 60 FlugbegleiterInnen beschäftigt haben sollen. Vgl. das Schreiben des Luftfahrtbundesamtes vom 16.4.1986 auf meine Anfrage: Für 1986 beziffert das Luftfahrtbundesamt die Anzahl der FlugbegleiterInnen mit 10 793; zum gleichen Zeitpunkt waren es bei der LH 5 386. Der Frauenanteil ist hierbei nicht auszumachen. Vgl. Hochschild, Arlie Russel: The managed heart. Commercialization of Human Feeling. Berkeley 1983: 8. Für die USA gibt Hochschild den Anteil der Stewards und Stewardessen an den Beschäftigten mit weniger als 6% an. Eine entsprechende Berechnung ist für die BRD aufgrund des lückenhaften statistischen Materials nicht möglich.

5 Bundesanstalt für Arbeit (Hrsg.)/Frerichs, G.: Blätter zur Berufskunde. Bd. 2 Flugbegleiter/Flugbegleiterin (Stand Juli 1981). Bielefeld 1982: 2

6 Bundesanstalt für Arbeit (Hrsg.)/Frerichs a.a.O. 1982: 2

7 Ebd.

8 Deutsche Lufthansa (Hrsg.): Zahlen, Daten, Fakten. Köln 1976: o.S. Vgl. *Frankfurter Rundschau* v. 24.12.89, wonach im Dezember der 20millionste Passagier von der Lufthansa begrüßt wurde.

9 Hochschild a.a.O. 1983: 108. Vgl. Bundesanstalt für Arbeit (Hrsg.)/Frerichs a.a.O. 1982: 2

10 Hochschild a.a.O. 1983: 109

11 Danuser a.a.O. 1975: 37

12 Ebd. Herv. A.B.

13 Hochschild a.a.O. 1983: 94

14 Minas a.a.O. 1981: 14-15. Herv. A.B.

15 NN: Manteltarifvertrag Nr. 3a von 1987 für Lufthansa und Condor, o.O.: 49

16 Wegmann Hans-M./Conrad, Bernhard/Klein, Karl E.: Flight, Flight Duty and Rest Times: A Comparison between the Regulations of Different Countries. In: *Aviation, Space and Environmental Medicine.* March 1983: 213. Vgl. Minas a.a.O. 1981: 57

17 Ebd.

18 Manteltarifvertrag von 1987 (im folgenden MTV): 10-11. Der Bereitschaftdienst zu Hause wird blockweise ca. zweimal jährlich abgeleistet, 50% der Wartezeit gelten als Arbeitszeit.

19 Bundesanstalt für Arbeit (Hrsg.)/Frerichs a.a.O. 1982: 3

20 Wegmann et al. a.a.O. 1983: 214; MTV 1987: 11

21 Wegmann et al. a.a.O. 1983: 215. Unter Sonderregelungen ist eine Vergrößerung der Besatzung (enlarged crew) zu verstehen

22 MTV a.a.O. 1987: 16

23 MTV a.a.O. 1987: 20. So stehen dem fliegenden Personal nach fünftägiger Abwesenheit zu Hause zwei freie Tage zu; nach 20-tägiger Abwesenheit sind es sieben Tage.

24 Minas a.a.O. 1981: 58

25 Minas a.a.O. 1981: 55

26 MTV a.a.O. 1987: 25

27 MTV a.a.O. 1987: 32

28 Statistisches Jahrbuch 1988 für die Bundesrepublik. Stuttgart, Mainz 1988: 102: »Erwerbstätige im April 1986 nach Stellung im Beruf und Nettoeinkommen.« Eignene Berechnung. Der Anteil der Frauen mit Nettoeinkommen von 4 000 DM und mehr betrug 1986 1,1%.

29 Lisop, Ingrid zit. n. Thies, W. a.a.O. 1989: 16. Nach Minas zählt speziell das Cockpit-Personal zu den *»oberen Einkommensschichten«*; vgl. Minas 1981: 55. Staber zählt auch das Kabinenpersonal hierzu; vgl. Staber a.a.O. 1979: 4.

30 Minas a.a.O. 1981: 18; Staber a.a.O. 1979: 3 f.

31 MTV a.a.O. 1987: 44

32 MTV a.a.O. 1987: 39; 43

33 Danuser a.a.O. 1975: 68

34 Minas a.a.O. 1981: 9

35 Minas a.a.O. 1981: 23. Vgl. Scholten, Paul: Pregnant Stewardeß – Should She Fly? In: Aviation, Space and Environmental Medicine Jan. 1976: 80. Vgl. Danuser a.a.O. 1975: 47

36 Minas a.a.O. 1981: 27 f.

37 Minas a.a.O. 1981: 29

38 Minas a.a.O. 1981: 30

39 Minas a.a.O. 1981: 33; 35 ff.; die Maßeinheit db = Dezibel

40 Minas a.a.O. 1981: 31

41 Minas a.a.O. 1981: 40. Minas weist zwar auf diese radioaktiven Transporte hin, referiert aber keine Untersuchung darüber.

42 Minas a.a.O. 1981: 43

43 Minas a.a.O. 1981: 59

44 Scholten a.a.O. 1976: 80. Herv. A.B.

45 Minas a.a.O. 1981: 63

46 Vgl. Minas a.a.O. 1981: 63. Vgl. Staber, Erika: Einige Aspekte der Persönlichkeit der Stewardeß, ihr Selbstkonzept und ihre psycho-soziale Situation. Unveröffentlichte Diplomarbeit des Fachbereichs Psychologie, Frankfurt 1979: 6

47 Minas a.a.O. 1981: 68. Zur Weiterentwicklung des Testinstrumentariums vgl. Murdy, Lee B./Sells, S.B.: Validity of Personality and Interst Inventories for Stewardesses. In: Personnel Psychology 1973 Vol. 26: 273-278. Zur Kritik daran vgl. Lipe, Dewey: Trait Validity of Airline Stewardesses Performance Raitings. In: Journal of Applied Psychology 1970 Vol. 54 : 347-352. Herv. A.B.

48 Dies betrifft Staber 1979 und Blanc et al. 1970

49 Danuser a.a.O. 1975: 69 f.

50 Danuser a.a.O. 1975: 71

51 Ebd.

52 Staber a.a.O. 1979: 13 nach Eysenck 1959; 1947; 1966; 1970

53 Fröhlich, Werner D./Drever, James: DTV Wörterbuch zur Psychologie. München 1979: 223. *»Die Pole Neurotizismus und Extraversion erklären psychologisch den Formenkreis der Hysterie und des delinquenten Verhaltens ... auf der Basis schwerer Konditionierbarkeit und ... Sozialisierbarkeit.«* Ebd.: 119

54 Staber a.a.O. 1979: 13

55 Sichrovsky, Peter zit. n. Vogt, Irmgard: Unklare Verhältnisse oder: haben Frauen eine Midlife-Crisis? In: Frauen. Thema Lebensformen. *Psychologie Heute Spezial*, Heft 2. 1989: 76

56 Staber a.a.O. 1979: 69; 70; 72; 77

57 Insgesamt gesehen, ist ein Drittel der bei der Lufthansa im Kabinenbereich beschäftigten Frauen verheiratet, während es bei den Männern mit fast $^2/_5$ etwas mehr sind. Eine Differenzierung nach Funktionen zeigt jedoch, daß erhebliche Unterschiede zwischen FlugbegleiterInnen und ihren Vorgesetzten bestehen: In der Gruppe der Flugbegleiter und Flugbegleiterinnen zeigen sich kaum Differenzen im Familienstand nach Geschlecht – die überwiegende Mehrheit ist nicht verheiratet. Deutsche Lufthansa: Personalstand Kabine. Unterteilung des Kabinenpersonals nach Familienstand. (u.D.) FRA NZ 12, 1990: 11

58 Blanc, C.J/Digo,R./Moroni,P.: Psicopatologia de la azafata. In: Revista de Psychologia General y Applicada, Vol. 25, März 1970: 354 ff.

59 Blanc, C.J/Digo,R./Moroni,P. a.a.O. 1970: 356 ff.

60 Zur Pathologisierung von Frauen in psychiatrischen Zusammenhängen vgl. Burgard, Roswitha: Wie Frauen »verrückt« gemacht werden. Berlin 1980: 143 ff.: *»Das heißt, wir werden erst dann für gesund befunden oder als geheilt entlassen, wenn wir uns widerspruchslos den Forderungen von Gesellschaft und Freund oder Ehemann fügen.«*

61 Staber a.a.O. 1979: 73; Cameron 1969 zit. n. Minas a.a.O. 1981: 69

62 Staber a.a.O. 1979: 79; Blanc et al. a.a.O. 1970: 356; Cameron 1969 zit. n. Minas a.a.O.: 70

63 Danuser a.a.O. 1975. 179. Die Frage im standardisierten Fragebogen lautete: *»Wie wird eine Airhostess durch ihren Beruf in Anspruch genommen?«* Als Antworten waren anzukreuzen: zeitlich, körperlich, geistig (Intellekt), seelisch; dabei jeweils die Kategorien: nicht besonders stark, stark und sehr stark.

64 Hochschild a.a.O. 1983: 14; 131; 183

65 Ebd.

66 Ebd.: Diese Angaben basieren jedoch nur auf Beobachtungen und sind nicht statistisch erfaßt. Hochschild befragte 30 Stewardessen in einer explorativen Studie, sie stützt sich auch auf Aussagen von AusbilderInnen und Gewerkschaftsfunktionären.

67 Minas a.a.O. 1981: 70

68 John Mc Night, a.a.O. 1979: 40

69 Gross, Peter: Die Verheißungen der Dienstleistungsgesellschaft. Opladen 1983: 44

70 Zit. nach Gross 1983: 47

71 Gross 1983: 44: *»In Meyers Konversations-Lexikon in fünfzehn Bänden aus dem Jahre 1895 entdecken wir überraschenderweise dieses Stichwort (Dienstleistung, A.B.),... nämlich als ›Einstellung eines Offiziers in einem Truppenteil zur zeitweiligen Ausübung des Dienstes, insbesondere von Offizieren der Linie zu anderen Waffen, von Reserveoffizieren zu Truppenteilen ihrer Waffe‹.«*

72 Vgl. Gerhard, Ute: Verhältnisse und Verhinderungen. Frauenarbeit, Familie und Rechte im 19. Jahrhundert. Frankfurt/M. 1981: 50; 51 ff. Vgl. Müller, Walter/Willms, Angelika/Handl, Johann: Strukturwandel der Frauenarbeit. Frankfurt/M., New York 1983: 131

73 Bentner, Ariane: Dienen lerne beizeiten das Weib. Zur Sozialisation von Dienstmädchen in der bürgerlichen Welt im wilhelminischen Deutschland. Unveröffentlichte Diplomarbeit am Fachbereich Erziehungswissenschaften der J.W. Goethe-Universität Frankfurt/M. 1985: 11. Vgl. Müller et. al. a.a.O. 1983: 125

74 Beck-Gernsheim, Elisabeth: Vom »Dasein für andere« zum Anspruch auf ein Stück »eigenes Leben«. Individualisierungsprozesse im weiblichen Lebenszusammenhang. In: *Soziale Welt* 3/1983: 316. Herv. A.B.

75 Bock, Gisela/Duden, Barbara: Arbeit aus Liebe – Liebe als Arbeit: Zur Entstehung der Hausarbeit im Kapitalismus. In: Frauen und Wissenschaft. Beiträge zur Berliner Sommeruniversität Juli 1976. Berlin 1977: 155

76 Z.B. Das Wiegen des Körpergewichts beim Einstellungsverfahren, die Anforderungen an ihr äußerliches Erscheinungsbild, der Zwang zum Lächeln, die psychologische Schulung usw. Aus den USA referiert Hochschild (1983: 101-103) von nach Fluggesellschaft unterschiedlichen Eingriffen in die Persönlichkeitsrechte während der Ausbildung: Bei Delta-Airlines darf der Schlafsaal des Ausbildungszentrums nachts nicht verlassen werden (*»If you're out all night, you're asked to leave«*), das vorgegebene Körpergewicht nicht überschritten werden (*»People may in fact be fired for being one pound overweight«*) und kein Alkohol- und Drogenmißbrauch erfolgen. Andere Airlines verlangen einen *»girdle-check«* zur Kontrolle des Taillenumfangs, das Tragen weißer Unterwäsche, eine bestimmte Haarlänge, Make-up in den Farben der Uniform usw. In vielen Ländern, besonders in Entwicklungsländern, ist der Familienstand bis heute eine Eingangsvoraussetzung: Bei Thai-Airways werden nur unverheiratete Frauen unter 26 Jahren eingestellt. Nach sechs Monaten Probezeit wird das Heiratsverbot aufgehoben, aber *»... pregnancy is out of the question. These are the rules.«* Pramualratana, Promporn: A long Way from the Mile-High Club. In: *The Nation* v. 22.2.1990: 22

77 Gross a.a.O. 1983: 48. Herv. A.B.

78 Gross a.a.O. 1983: 44

79 Gershuny a.a.O. 1981: 106 f.

80 Gross a.a.O. 1983: 51

81 Gershuny 1981: 43

82 Vgl. Haug, Fritz a.a.O. 1972: 47. Übliche Klassenbezeichnungen sind First-, Business-, und Tourist-Class als Synonyme für 1., 2. und 3. Klasse. Im internationalen Wettbewerb überbieten sich die Liniengesellschaften durch neue Variationen: aus der First-Class wird die Senator-Lounge, aus der Business-Class die Club-Class etc. Diese Namen bewirken Zugehörigkeitsbedürfnisse zu den damit assoziierten gesellschaftlichen Gruppen und Abgrenzungswünsche nach unten. So ist zu beobachten, daß Passagiere, die First-Class-Tickets

gebucht haben, oft peinlich genau darauf achten, daß kein Tourist-Class-Angehöriger in ihrem Abteil sitzt (sog. upgrading bei überbuchten Maschinen).

83 Der von Dienstleistungstheoretikern wie Bell (1975) postulierte positive Effekt, der durch die Personalisierung der Arbeit im tertiären Sektor zu mehr Humanität und Gemeinschaftlichkeit führen sollte, dürfte sich als Mythos erweisen. Vielmehr hat der *»Druck der erwerbswirtschaftlichen Erbringung dieser (Dienst-, A.B.) Leistungen ... zu einem gegenläufigen Prozeß«* geführt und ehemals *»naturale Bedarfsausgleichssysteme sukzessive vereinnahmt und in rationalisierte und anonymisierte Bezüge transformiert«*. Gross a.a.O. 1983: 84

84 Vgl. Strauss, Anselm et al. Gefühlsarbeit. Ein Beitrag zur Arbeits- und Berufssoziologie. Kölner Zeitschrift für Soziologie und Sozialpsychologie 32. Jg. Nr.12 1980: 629. Vgl. Dunkel a.a.O. 1988: 81. Vgl. Sozialarbeiterinnengruppe Frankfurt: Gefühlsarbeit. In Sozialmagazin Heft 9, Sept. 1978

85 Riemann a.a.O. 1985: 15; 20

86 Vgl. Bock/Duden a.a.O. 1977. Vgl. Sozialarbeiterinnengruppe a.a.O. 1978: 31

87 Nowotny, Helga: Von privater emotionaler Arbeit zum öffentlichen Gefühlsvertrag. In: Sektion Frauenforschung a.a.O. 1982: 202

88 Nowotny, Helga a.a.O. 1982: 203; Sozialarbeiterinnengruppe a.a.O. 1978: 24; 30

89 Dunkel a.a.O. 1988: 76

90 Eine solche Strategien ist z.B., bewußt etwas Gemeines zu tun, wie dem Passagier heimlich etwas in den Kaffee zu schütten ... vgl. Hochschild a.a.O. 1983: 113

91 Hochschild a.a.O. 1983: 101 f. Während der Ausbildung konstatierte eine angehende Stewardeß: *»Passengers aren't weighted, pilots aren't weighted, in-flight service supervisors aren't weighted. We're the only ones they weigh. You can't tell me it's not because most of us are women.«*

92 Das Phänomen des Burn-out (Ausbrennens) ist speziell in sozialen Berufen zu beobachten. Es bezeichnet *»... einen Zustand des Überdrusses an menschlichen Kontakten ... ein Syndrom körperlicher, geistiger und emotionaler Erschöpfung«*. Zit. n. Dunkel a.a.O. 1988: 77

93 Vgl. Hochschild a.a.O. 1983: 174, wonach Frauen den Beschwerden von Passagieren mehr ausgesetzt sind als Männer.

94 Hochschild a.a.O. 1983: 17-21

95 Hochschild a.a.O. 1983: 35-41

96 Ebd.; so wird z.B. ein Unfall (accident) zum Zufall (incident) (112); ein Flugbegleiter (cabin attendant) zum Körper (body); ein Krankheitsfall beim Personal zum Bruch (breakage) (136); das Unternehmen zur Familie mit Mommy und Daddy an der Spitze (100); der Passagier zum Kind (25).

97 Hochschild a.a.O. 1983: 109 f. Diese ideologischen Auswüchse werden in den USA durch den nationalen Wettbewerb vieler Fluggesellschaften noch verschärft; sie existieren jedoch auch in Deutschland strukturell durchaus vergleichbar und werden vermutlich mit der Öffnung des europäischen Binnenmarktes ab 1992 amerikanische Züge annehmen. In den USA konkurrieren mehrere Fluggesellschaften miteinander um mehr Frequenzen, mehr Sitze im Flugzeug, schnellere Flüge, weniger Zwischenstops, besseren Service; seit der Preisderegulierung 1978 noch massiver. Vgl. Hochschild a.a.O. 1983: 91 f.

98 Hochschild a.a.O. 1983: 135

99 Ebd.

100 Gerhards a.a.O. 1988: 58

101 Gerhards a.a.O. 1988: 57

1 Nach meiner Einschätzung dürfte es in Deutschland (ohne die fünf Neuen Länder) ca. 10 000 Stewardessen geben. Damit ist der Anteil dieser Frauen an den im Dienstleistungssektor Beschäftigten mit 0,2% verschwindend gering. Eigene Berechnung auf der Basis der Strukturdaten über Erwerbspersonen und Erwerbstätige im April 1989 (Mikrozensus). Statistisches Jahrbuch 1991 für das vereinte Deutschland. Wiesbaden 1991: 118
2 Metz-Göckel, Sigrid: Geschlechterverhältnisse, Geschlechtersozialisation und Geschlechtsidentität. Ein Trendbericht. In: Zeitschrift für Sozialisationsforschung und Erziehungssoziologie Nr. 2/ 1988: 94
3 Zum Begriff der doppelten Orientierung vgl. Metz-Göckel/Nyssen a.a.O. 1990: 130
4 Fuchs a.a.O. 1984: 233; 237. Fuchs nennt insbesondere die Offenlegung der Forschungsinteressen, das Ziel der Forschung, Zusicherung der Anonymität, Durchführung des Interviews an einem für die Befragten sicheren Ort (*»Heimvorteil«*).
5 Dieses Mißtrauen der Stewardessen ist nicht unbegründet. So berichtet Sawitzki über die Durchführung seiner Interviews mit Stewardessen: *»Die zweite Schwierigkeit ergab sich bei der Durchführung der Erhebung. Wir stießen bei den Stewardessen auf starke Ressentiments gegen die Interviews ... (es, A.B.) wurde in vielen Fällen vermutet, daß wir ›doch ganz offensichtlich‹ mit der Leitung des Borddienstes als der den Stewardessen vorgesetzten Stelle zusammenarbeiteten, da wir deren volle Unterstützung bei der Durchführung der Interviews hatten. Die Stewardessen bekamen nämlich eine schriftliche Aufforderung ... (zum Interview zu erscheinen, A.B.). Diese Aufforderung war bindend; sie bedeutete nun aber gewöhnlich eine Rücksprache mit den Vorgesetzten über eine von Passagieren und von Check-Stewardessen geführte Klage.«* Sawitzki a.a.O. 1967: 21
6 Fuchs a.a.O. 1984: 220
7 Vgl. Glaser, B./Strauss, A. a.a.O. 1984: 101
8 Quelle: Deutsche Lufthansa: Personalstand Kabine. (u.D.) FRA NZ 12, 1990: o.S.
9 Sawitzki a.a.O. 1967: 25-26
10 Harmon/Campbell 1968
11 Danuser 1975: 172
12 Sawitzki , 1967: 35
13 Interview Nr. 5: 1, Herv. A.B.
14 Interview Nr. 2: 1-2
15 Interview Nr. 3: 2
16 Interview Nr. 17: 4, Herv. A.B.
17 Interview Nr. 14: 2; 3; 4, Herv. A.B.
18 Metz-Göckel/Nyssen a.a.O. 1990: 127
19 Vgl. Mohr, Wilma a.a.O. 1987: 55. Vgl. Ostner a.a.O. 1981: 164
20 Interview Nr. 12: 2, Herv. A.B.
21 Interview Nr. 11: 2
22 Vgl. Metz-Göckel/Nyssen a.a.O. 1990: 127
23 Gensior/Metz-Göckel a.a.O. 1989: 10
24 Interview Nr. 2: 3
25 Interview Nr. 11: 5
26 Trainigspurser, der Flugbegleiter während des Fluges beurteilt, A.B.
27 Interview Nr. 7: 2-3
28 Interview Nr. 3: 5
29 Interview Nr. 15: 6-7
30 Dieses Vorgehen entspricht dem von Chisholm (1989) konzipierten Ansatz, wonach Frauen zur Durchsetzung ihrer beruflichen Wünsche jenseits oder innerhalb der geschlechtshier-

archischen Arbeitswelt diejenigen Elemente anwenden, die sich als Strategie zur Lösung ihrer individuellen Situation als tauglich erweisen. »*Sie arbeiten mit Elementen, die aus einer differenzierten Weiblichkeitskultur stammen …*« (Chisholm, Lynne 1989 zit. n. Metz-Göckel/Nyssen a.a.O. 1990: 131-132) und die mit den gesellschaftlichen Rollenerwartungen an Frauen einhergehen. Dadurch geraten die Frauen zwar in Konflikte mit widersprüchlichen Wünschen an sich selbst, sie verhalten sich aber rollenkonform und ernten dafür gesellschaftliche Anerkennung.

31 Vgl. Heinz/Krüger a.a.O. 1981: 661 »*… was in einer Reihe neuerer Untersuchungen zur Berufseinmündung von Mädchen in den Arbeitsmarkt gezeigt worden ist: daß nicht von einer Kongruenz zwischen Berufsoption und Berufseinmündung ausgegangen werden kann, sondern daß Mädchen sich mit den Arbeitsmarktbedingungen auseinandersetzten müssen, die ihnen keine andere Wahl als den Rückgriff auf geschlechtsspezifisch festgelegte Zuordnungen lassen.*« Herv. A.B.

32 Beck-Gernsheim a.a.O. 1983

33 Hagemann-White, Carol: Sozialisation: weiblich – männlich? Opladen 1984: 103-104

34 Interview Nr. 17: 7

35 Interview Nr. 16: 8

36 Interview Nr. 5: 3-4

37 Interview Nr. 15: 12

38 Interview Nr. 5: 4

39 Interview Nr. 3: 8

40 Interview Nr. 18: 10

41 Vgl. Beck, Ulrich a.a.O. 1986: 129

42 Interview Nr. 3: 9

43 Interview Nr. 13: 9

44 Die Arbeitspositionen werden nach dem Senioritätsprinzip vor dem Flug beim Briefing vergeben, die Dienstjüngsten müssen die unbeliebtesten Positionen übernehmen.

45 Interview Nr. 16: 10-12

46 Interview Nr. 3: 12

47 Interview Nr. 12: 9

48 Interviews Nr. 18: 17; Nr. 13: 14; Nr. 16: 14

49 Interviews Nr. 7: 7; Nr. 12: 10

50 Interview Nr. 15: 22

51 Interview Nr. 3: 12

52 Interview Nr. 5: 5

53 Hochschild (1983) und Gerhards (1988)

54 Rationalisierung soll hier im psychoanalytischen Sinne definiert werden als »*… sehr allgemeines Vorgehen, das vom Wahn bis zum normalen Denken reicht. Da jede Verhaltensweise eine rationale Erklärung zuläßt, ist es oft schwierig zu entscheiden, ob diese Erklärung zureichend ist …. Die Rationalisierung… impliziert keine systematische Affektvermeidung, sondern erkennt diesen mehr wahrscheinliche Motivation zu, indem sie sie rational oder ideel rechtfertigt …*« (Herv. A.B.) Laplanche,/Pontalis a.a.O. 1980: 418; 234

55 Interview Nr. 17: 13

56 Gerhards, Jürgen a.a.O. 1988: 53

57 Gerhards, Jürgen a.a.O. 1988: 52

58 Interview Nr. 12: 8

59 Interview Nr. 18: 15

60 Interview Nr. 2: 6

61 Interview Nr. 11: 10

62 Interview Nr. 4: 9

63 Interview Nr. 15: 15

64 Interview Nr. 14: 18
65 Interview Nr. 3: 11
66 Interview Nr. 16: 16
67 Vgl. Schmidbauer, Wolfgang: Die hilflosen Helfer. Über die seelische Problematik der helfenden Berufe. Reinbeck 1977
68 Interview Nr. 1: 6
69 Interview Nr. 15: 23
70 Interview Nr. 4: 16
71 Ostner/Beck-Gernsheim 1978/1979, zit. n. Metz-Göckel, Sigrid/Nyssen, Elke a.a.O. 1990: 128. Unter weiblichem Arbeitsvermögen verstehen die Autorinnen ein im gesellschaftlichen Kontext der geschlechtsspezifischen Arbeitsteilung entstandenes, breit gefächertes, diffuses und unspezialisiertes Vermögen der Frauen, *»sich auf Menschen und ihre Bedürfnisse einzulassen«*.
72 Interview Nr. 12: 25
73 Eigene Berechnungen nach Deutsche Lufthansa: Personalstand Kabine (u.D.). Unterteilung des Kabinenpersonals nach Familienstand. FRA NZ 12, 1990: 11
74 Interview Nr. 14: 52
75 Interview Nr. 15: 48
76 Interview Nr. 6: 27
77 Interview Nr. 16: 37
78 Brief der ÖTV Kreisverwaltung Frankfurt, Abteilung Luftfahrt, v. 10.12.1986
79 Ebd.
80 Brief der DAG, Bundesberufsgruppe Luftfahrt, Frankfurt/M., v. 16.1.1987
81 Diese Tendenz korrespondiert mit der von Ilona Ostner (1981) bei Krankenschwestern und Pflegern gefundenen Einstellung zum Beruf. Vgl. Ostner, Ilona/Krutwa-Schott, Almut: Krankenpflege – ein Frauenberuf? Frankfurt/M., New York 1981: 166
82 Interview Nr. 14: 39
83 Interview Nr. 11: 25-26
84 Interview Nr. 7: 20
85 Interview Nr. 16: 22
86 Diese Strategie entspricht dem Surface-Acting nach Hochschild (1983).
87 Interview Nr. 4: 24
88 Interview Nr. 15: 35-36
89 Interview Nr. 3: 20
90 Interview Nr. 1: 10
91 Interview Nr. 2: 16
92 Interview Nr. 12: 19
93 Interview Nr. 14: 42-43
94 Interview Nr. 12: 15
95 Interview Nr. 3: 15; 17
96 Interview Nr. 2: 12
97 Interview Nr. 12: 16
98 Interview Nr. 15: 39
99 Interview Nr. 14: 32-35
100 Interview Nr. 8: 17
101 Interview Nr. 15: 41
102 Interview Nr.13: 19
103 Interview Nr. 7: 13
104 Vgl. Holzbrecher, Monika et al. Sexuelle Belästigung am Arbeitsplatz. Schriftenreihe des BMJFFG Band 260, Stuttgart, Berlin, Köln 1991, zit. n. *Zweiwochendienst Frauen und Politik* Nr. 53/1991, 5. Jg.: 7. Vgl. Littler-Bishop, Susan et al.: Sexual Harassment in the

Workingplace as a Function of Initiator's Status: the Case of Airline Personnel. In: *Journal of Social Issues* 1982, Vol. 38: 137-148. Die Autorinnen befragten 81 Stewardessen einer amerikanischen Fluggesellschaft zum Grad sexueller Belästigung im Flugzeug durch statushöhere und statusniedrigere Arbeitskollegen. Sie fanden heraus, daß am weitesten verbreitet das *»sexual looking«* durch männliche Kollegen unabhängig von ihrem sozialen Status war. Gleich häufig fanden sie verbale ›Anmache‹ durch Piloten. Als Ergebnis ihrer Studie läßt sich konstatieren, daß sexuelle Belästigung von Stewardessen häufig vorkommt und tendenziell von statushöheren Männern ausgeht. Massive sexuelle Übergriffe (touching) werden eher von statushöheren Männern (Piloten) ausgeführt, die Stewardessen als potentielle Partnerinnen betrachten. Die Frauen reagieren darauf eher ablehnend, Gegenwehr fällt ihnen bei hierarchisch höher stehenden Männern (z.B. Vorgesetzten) jedoch schwer.

105 Interview Nr. 1: 13
106 Interview Nr. 12: 13
107 Sichtermann, Barbara, zit. n. Cremer, Christa/Bader, Christiane/Dudeck, Anne (Hrsg.): Frauen in sozialer Arbeit. Zur Theorie und Praxis feministischer Bildungs- und Sozialarbeit. Weinheim, München 1990: 13
108 Interviews Nr. 14: 18; Nr. 17: 18-19
109 Interview Nr. 3: 12
110 Interview Nr. 11: 17
111 Interview Nr. 12: 13
112 Interview Nr. 6: 15
113 Interview Nr. 13: 17
114 Interviews Nr. 15: 27; Nr. 11: 17
115 Interview Nr. 15: 27-28
116 Interview Nr. 8: 9
117 Interview Nr. 11: 31-32
118 Ende 1984 beschäftigte die DLH insgesamt 4 548 Personen im Kabinenbereich, am 1.1.1991 waren es 9 111 Personen. DLH, FRA NK 81/NZ 12, unveröffentlichte Dokumente
119 Interview Nr. 3: 22
120 Ebd.
121 Interview Nr. 12: 20-21
122 Interview Nr. 15: 45-46
123 Interview Nr. 12: 22-23
124 Interview Nr. 3: 23-24
125 Interview Nr. 7: 27
126 Ebd.
127 Interview Nr. 4: 38
128 Das Verhältnis von Verheirateten zu Unverheirateten betrug bei Lufthansa 1984 $^1/_3$ zu $^2/_3$
129 Interview Nr. 13: 51-52
130 Dieses Ergebnis steht im Widerspruch zu den Ausführungen Erika Stabers (1979), wonach verheiratete Stewardessen mit ihren sozialen Kontakten deutlich zufriedener waren als unverheiratete.
131 Interview Nr. 11: 41
132 Interview Nr. 8: 28
133 Vgl. Minas a.a.O. 1981: 63
134 Interview Nr. 4: 23
135 Interview Nr. 3: 35
136 Interview Nr. 14: 54
137 Beck-Gernsheim, Elisabeth a.a.O. 1983: 307-340

138 Soziale Welt Nr. 3, 1983: 322
139 Vgl. Gensior/Metz-Göckel a.a.O. 1989: 17
140 Beck-Gernsheim a.a.O. 1983: 330
141 Beck-Gernsheim a.a.O. 1983: 323
142 Interview Nr. 16: 37
143 Interview Nr. 12: 29
144 Interview Nr. 7: 32
145 Seit Ende der achtziger Jahre wird Teilzeitarbeit für Stewardessen auch bei der Lufthansa angeboten. Die Teilzeitarbeitsplätze sind jedoch beschränkt und werden vorrangig für Alleinerziehende und verheiratete Mütter reserviert. Die Teilzeitarbeitsmodelle sind so ausgelegt, daß immer eine bestimmte Anzahl von Monaten geflogen wird, und danach eine bestimmte Anzahl von Monaten frei ist (z.B. zwei Monate fliegen, ein Monat frei; oder neun Monate fliegen, drei Monate frei etc.). Mit solchen Modellen sind Mutterschaft und Beruf jedoch kaum zu vereinbaren.
146 Interview Nr. 5: 23
147 Interview Nr. 3: 29-31
148 Interview Nr. 5: 23
149 Interview Nr. 7: 32
150 Interview Nr. 11: 42-43
151 Interview Nr. 3: 31-32
152 Vgl. die Ergebnisse der repräsentativen Untersuchung von Nave-Herz a.a.O. 1988
153 Interview Nr. 2: 24
154 Interview Nr. 17: 46-47
155 Metz-Göckel/Müller a.a.O. 1987: 15. Herv. i.O.
156 Osterland, Martin a.a.O.1989: 14-15. Mit der seit den siebziger Jahren begonnenen Tendenz zur Erosion des Normalarbeitsverhältnisses geht nach Osterland neuerdings eine innere (subjektive) Erosion einher: Sie ist Ausdruck der *»Kolonisierung der Lebenswelt«* (Habermas), die sich in objektiv und subjektiv im Individuum niederschlägt. Dem *»stummen Zwang der Verhältnisse«* (Marx) setzt das Individuum zunehmend Wünsche nach selbstbestimmten, *»gesellschaftlich nützlichen«* Betätigungen entgegen, die zunehmend jenseits des Normalarbeitsverhältnisses gesucht werden.

Die Stewardeß als Grenzgängerin zwischen Tradition und Moderne ein Resümee

1 Vgl. hierzu Gerhard, Ute: »Bewegung« im Verhältnis der Geschlechter und Klassen und der Patriarchalismus der Moderne. In: Zapf, Wolfgang (Hrsg.): Die Modernisierung moderner Gesellschaften. Verhandlungen des 25. Deutschen Soziologentages in Frankfurt am Main 1990. Frankfurt/M., New York 1991: 427
2 Metz-Göckel a.a.O. 1988: 90
3 Vgl. Gensior/Metz-Göckel a.a.O. 1989: 10 f.
4 Damit ist in Anlehnung an zentrale Konzepte zur geschlechtsspezifischen Sozialisation (Gilligan 1984; Bilden 1980; Hagemann-White 1984; Becker-Schmid 1989 b) ein Erklärungsansatz für die spezifische Abhängigkeit von Kontakten bei Stewardessen formuliert.
5 Deutschman, Paul E.: Hostess on Flight 408. In: Holiday, Juni 1958: 158

1 Lamnek, Siegfried: Qualitative Sozialforschung Band 1 Methodologie. München, Weinheim 1988: 49

2 Hopf, Christel: Die Pseudo-Exploration. Überlegungen zur Technik qualitativer Interviews in der Sozialforschung. In: *Zeitschrift für Soziologie*, 2/1978: 107. Vgl. Fuchs, Werner: Biographische Forschung. Eine Einführung in Praxis und Methoden. Opladen 1984: 252. Vgl. Schmid, Thomas: »Oral history« und Kultur der Unterschichten. Der Historiker als Produzent von Quellen. In: *Merkur*. Deutsche Zeitschrift für europäisches Denken. Heft 6, 35. Jg. Juni 1981: 616. Vgl. Küchler, Manfred: Qualitative Sozialforschung. Modetrend oder Neuanfang? In: *Kölner Zeitschrift für Soziologie und Sozialpsychologie* Jg. 32, 1980: 379. Vgl. Metz-Göckel, Sigrid: Die zwei (un)geliebten Schwestern. Zum Verhältnis von Frauenbewegung und Frauenforschung im Diskurs der neuen sozialen Bewegungen. In: Beer, Ursula (Hrsg.): Klasse Geschlecht. Feministische Gesellschaftsanalyse und Wissenschaftskritik. Bielefeld 1989: 53. Zum Problem der Reziprozität von Forschungsergebnissen schreibt die Autorin: »*... die Literatur der Frauenforschung blieb bis auf einige Ausnahmen bisher nur kleinen Kreisen zugänglich.*«

3 Küchler, Manfred a.a.O. 1980: 385

4 Barton, H. Allen/Lazarsfeld, Paul F.: Einige Funktionen von qualitativer Analyse in der Sozialforschung. In: Hopf, C./Weingarten, E. (Hrsg): Qualitaitve Sozialforschung. Stuttgart 1984: 63

5 Zum Methodenstreit zwischen nomothetischen/idiographischen Ansätzen sei hier stellvertretend auf Siegfried Lamnek a.a.O. (1988) verwiesen, der eine Darstellung der verschiedenen Positionen referiert: 39 ff; 107

6 Lamnek a.a.O. 1988: 22; 39

7 Schütze 1978 zit. n. Lamnek a.a.O. 1988: 23

8 Weber, Max: Wirtschaft und Gesellschaft. Fünfte, revidierte Auflage Tübingen 1972: 1. Vgl. Lamnek a.a.O. 1988: 33

9 Weber, Max a.a.O. 1972: 1

10 Schmid, Thomas a.a.O. 1981: 618-619

11 Ebd.

12 Fuchs, Werner a.a.O. 1984: 204-205. Vgl. Hopf, Christel: Soziologie und qualitative Sozialforschung. In: Hopf, C./Weingarten, E. (Hrsg) a.a.O. 1984: 18

13 Vgl. hierzu Lamnek a.a.O. 1988: 22-23; 46. Vgl. Hopf, C. a.a.O. 1984: 17

14 Glaser/Strauss 1984; Hopf 1984; Fuchs 1984; Wilson 1984

15 Lamnek a.a.O. 1988: 46. Vgl. Hopf, C. a.a.O. 1984: 17

16 Vgl. Glaser/Strauss a.a.O. 1984: 105

17 Lamnek a.a.O. 1988: 45 f. Vgl. Wilson, Thomas P.: Qualitative »oder« quantitative Methoden der Sozialforschung. In: Kölner Zeitschrift für Soziologie und Sozialpsychologie Jg. 34 1982: 498

18 Wilson, Thomas P. 1982: 491-492

19 Wilson, Thomas P. 1982: 493-494. Vgl. Hopf, C. a.a.O. 1984: 19

20 Glaser, Barney G./Strauss, Anselm: Die Entdeckung gegenstandsbezogener Theorie: Eine Grundstrategie qualitativer Sozialforschung. In: Hopf, C./Weingarten, E. (Hrsg) a.a.O. 1984: 103

21 Hopf, C. a.a.O. 1984: 17. Vgl. Wilson a.a.O. 1982: 499-500

22 Merton, Robert K./Kendall, Patricia L.: Das fokussierte Interview. In: Hopf, C./Weingarten, E. (Hrsg.) a.a.O. 1984: 171

23 Schütze 1977 zit. n. Lamnek a.a.O. 1988: 34 ff.

24 Merton/Kendall a.a.O. 1984: 172

25 Merton/Kendall a.a.O. 1984: 173; 179

26 Merton/Kendall a.a.O. 1984: 178 ff.
27 Merton/Kendall a.a.O. 1984: 186-188
28 Merton/Kendall a.a.O. 1984: 178; 192
29 Mühlfeld, Claus/Windolf, Paul/Lampert, Norbert/Krüger, Heidi: Auswertungsprobleme offener Interviews. In: Soziale Welt Jg. 1981: 326
30 Merton/Kendal a.a.O. 1984: 172
31 Hopf, C. a.a.O. 1978: 98
32 Vgl. Wilson, Thomas a.a.O. 1982: 501
33 Vgl. Fuchs a.a.O. 1984: 277; Barton/Lazarsfeld a.a.O. 1984: 72; Glaser/Strauss a.a.O. 1984: 93
34 Exemplarisch bei Hopf, Christel a.a.O. 1984: 15; Lamnek a.a.O. 1988: 115
35 Fuchs a.a.O. 1984: 287
36 Mühlfeld et al. 1981 a.a.O: 325-352
37 Mühlfeld et al. 1981 a.a.O: 331-334
38 Mühlfeld et al. 1981 a.a.O: 327
39 Ebd.
40 Ebd.
41 Der Begriff der »Quasi-Statistik« stammt von Barton/Lazarsfeld a.a.O. 1984: 70 und meint Aussagen innnerhalb explorativer Studien, die *»man eigentlich quantitativer Forschung zuordnet«* – z.B. die meisten, die wenigsten usw. *»Derartige Aussagen, die auf einem Korpus von Beobachtungen basieren, die nicht formal exakt zu Tabellen zusammengefügt und statistisch ausgewertet worden sind, können als ›Quasi-Statistiken‹ bezeichnet werden.«*
42 Mühlfeld et al. a.a.O. 1981: 330
43 Ebd.

Literatur- und Quellenverzeichnis

Arbeitsgruppe »Wandel der Sozialisationsbedingungen seit dem Zweiten Weltkrieg«: Was wir unter Sozialisationsgeschichte verstehen. In: Preuß-Lausitz, Ulf (Hrsg.): Kriegskinder, Konsumkinder, Krisenkinder: zur Sozialisationsgeschichte seit dem 2. Weltkrieg. Weinheim 1983: 11-28

Barton, H.Allen/Lazarsfeld, Paul F.: Einige Funktionen von qualitativer Analyse in der Sozialforschung. In: Hopf, C./Weingarten, E. (Hrsg): Qualitative Sozialforschung. Stuttgart 1984

Beck, Ulrich/Beck-Gernsheim, Elisabeth: Das ganz normale Chaos der Liebe. Frankfurt/M. 1990

Beck, Ulrich/Brater, Michael/Wegener, Bernd: Berufswahl und Berufszuweisung. Zur sozialen Verwandtschaft von Ausbildungsberufen. Frankfurt/M. 1979

Beck, Ulrich: Risikogesellschaft. Auf dem Weg in eine andere Moderne. Frankfurt/M. 1986

Beck-Gernsheim, Elisabeth: Der geschlechtsspezifische Arbeitsmarkt. Zur Ideologie und Realität von Frauenberufen. Frankfurt/M. 1976

Beck-Gernsheim, Elisabeth: Vom »Dasein für andere« zum Anspruch auf ein Stück »eigenes Leben«. Individualisierungsprozesse im weiblichen Lebenszusammenhang. In: Soziale Welt 3/1983: 307-339

Becker-Schmid, Regina/Axeli-Knapp, Gudrun: Geschlechtertrennung-Geschlechterdifferenz. Suchbewegungen sozialen Lernens. Bonn 1989 (a)

Becker-Schmid, Regina: Entfremdete Aneignung, gestörte Anerkennung, Lernprozesse: Über die Bedeutung der Erwerbsarbeit für Frauen. In: Sektion Frauenforschung in den Sozialwissenschaften in der deutschen Gesellschaft für Soziologie (Hrsg.): Beiträge zur Frauenforschung am 21. deutschen Soziologentag Bamberg 1982. München 1982: 11-30

Becker-Schmid, Regina: Frauen und Deklassierung. Klasse Geschlecht. In: Beer, Ursula (Hrsg.): Klasse Geschlecht. Feministische Gesellschaftsanalyse und Wissenschaftskritik. Bielefeld 1989 (b): 213-266

Becker-Schmid, Regina: Probleme einer feministischen Theorie und Empirie in den Sozialwissenschaften. In: ZE FU Berlin (Hrsg.) Methoden der Frauenforschung, Frankfurt/M. 1984: 224-239

Bednarz, Iris: Einstellungen von Arbeiterjugendlichen zu Bildung und Ausbildung. Eine Dokumentation. München 1978.

Beer, Ursula (Hrsg.): Klasse Geschlecht. Feministische Gesellschaftsanalyse und Wissenschaftskritik. Bielefeld 1989

Bentner, Ariane: Denn durch Dienen allein gelangt sie endlich zum Herrschen. Zum Verhältnis von Dienstmädchen und Hausfrau um die Jahrhundertwende. In: Frauenforschung sichtbar machen. Dokumentation zur Frauenwoche Universität Frankfurt, Fachbereich Erziehungswissenschaften. Frankfurt/M. 1985: 229-236

Bentner, Ariane: Dienen lerne beizeiten das Weib. Zur Sozialisation von Dienstmädchen in der bürgerlichen Welt im wilhelminischen Deutschland. Unveröffentlichte Diplomarbeit am Fachbereich Erziehungswissenschaften der J.W. Goethe-Universität Frankfurt. Frankfurt/M. 1985

Bentner, Ariane: Fliegende Mädchen - Muster an Takt und Charme. Aus den Anfängen eines weiblichen Dienstleistungsberufs. In: Feministische Studien, 8. Jg., November 1990: 105-115

Blanc, C.J/Digo, R./Moroni, P.: Psicopatologia de la azafata. In: Revista de Psicologia General y Applicada, Vol 25. März 1970: 353-358

Bock, Gisela/Duden, Barbara: Arbeit aus Liebe - Liebe als Arbeit: Zur Entstehung der Hausarbeit im Kapitalismus. In: Frauen und Wissenschaft. Beiträge zur Berliner Sommeruniversität Juli 1976. Berlin 1977: 118-199

Bolte, Karl Martin/Beck, Ulrich/Brater, Michael: Beruf als Kategorie soziologischer Analyse. Einige Erkenntnisschritte und Problemperspektiven der neueren Berufssoziologie. In: Bolte, Karl Martin/Treutner, Erhard (Hrsg.): Subjektorientierte Arbeits- und Berufssoziologie. SFB 101 der Universität München, Sozialwissenschaftliche Arbeitskräfteforschung: Projektbereich B. Frankfurt/M., New York 1983: 62-81

Bolte, Karl Martin/Treutner, Erhard (Hrsg.): Subjektorientierte Arbeits- und Berufssoziologie. SFB 101 der Universität München, Sozialwissenschaftliche Arbeitskräfteforschung: Projektbereich B. Frankfurt/M., New York 1983

Brater, Michael: Die Aktualität der Berufsproblematik und die Frage nach der Berufskonstitution. In: Bolte, Karl Martin/Treutner, Erhard (Hrsg.): Subjektorientierte Arbeits- und Berufssoziologie. Sonderforschungsbereich 101 der Universität München, Sozialwissenschaftliche Arbeitskräfteforschung: Projektbereich B. Frankfurt/M., New York 1983: 38-61

Büchner, Peter: Vom Befehlen und Gehorchen zum Verhandeln. Entwicklungstendenzen von Verhaltensstandarts und Umgangsformen seit 1945. In: Preuß-Lausitz, Ulf (Hrsg.): Kriegskinder, Konsumkinder, Krisenkinder. Zur Sozialisationsgeschichte seit dem Zweiten Weltkrieg. Weinheim 1983: 196-212

Bundesanstalt für Arbeit (Hrsg), Frerichs, G.: Blätter zur Berufskunde Bd. 2 Flugbegleiter/Flugbegleiterin (Stand Juli 1981). Bielefeld 1982

Bundesanstalt für Arbeit: Handbuch zur Berufswahlvorbereitung. Ausgabe 1984. Mannheim 1984

Bundesanstalt für Arbeitsschutz und Unfallforschung (Hrsg.) Minas, Guenter: Arbeitsbedingungen von Flugpersonal. Literaturrecherche über die Arbeitsbedingungen des fliegenden Personals von Luftfahrtgesellschaften. Dortmund 1981

Bundesminister für Jugend, Familie, Frauen und Gesundheit: Frauen in der Bundesrepublik Deutschland. Bonn 1986

Bundesminister für Jugend, Familie, Frauen und Gesundheit: Frauen in der Bundesrepublik Deutschland. Bonn 1989

Burgard, Roswitha: Wie Frauen »verrückt« gemacht werden. Berlin 1980

Cremer, Christa/Bader, Christiane/Dudeck, Anne (Hrsg.): Frauen in sozialer Arbeit. Zur Theorie und Praxis feministischer Bildungs- und Sozialarbeit. Weinheim, München 1990

Daheim, Hansjürgen: Der Beruf in der modernen Gesellschaft. Versuch einer soziologischen Theorie beruflichen Handelns. Köln, Berlin 1970

Danuser, Hanspeter: Das Berufsbild und die Ausbildung der Airhostess. Dissertation der Rechts- und Staatswissenschaftlichen Fakultät der Universität Zürich. Winterthur 1975

Deutsche Luft- und Raumfahrt. Mitteilung 74-75 1974

Deutsche Lufthansa AG: Deutsche Luftfahrt- ein historisches Kaleidoskop. Köln 1979

Deutsche Lufthansa: Daten, Zahlen, Fakten. Köln 1976

Deutsche Lufthansa: Stewardeß oder Steward bei der Lufthansa, Frankfurt 1976

Die Tageszeitung v. 5.9. 1988, v. 30.6.90

Die Welt v. 19.6. 1967

Die Zeit Nr. 28 v. 11.7. 1969, Nr.5 v. 23.1. 1976

Duden, »Fremdwörterbuch«, Band 5, 4. Auflage. Mannheim, Wien, Zürich 1982
Eckart, Christel: Der Preis der Zeit. Eine Untersuchung der Interessen von Frauen an Teilzeitarbeit. Frankfurt/M. 1990
Endruweit, Günter/Trommsdorf, Gisela (Hrsg.): Wörterbuch der Soziologie. 3 Bde. Stuttgart 1989
Enzyclopaedia Americana. Danbury, Connecticut 1985
Enzyclopaedia Britannica. Chikago, London 1980
Erdheim, Mario/Hug, Brigitta: Männerbünde aus ethnopsychoanalytischer Sicht. In: Völger, G./V.Welck,K. (Hrsg.): Männerbande - Männerbünde. Zur Rolle des Mannes im Kulturvergleich. Köln 1990
Erler, Gisela/Jaeckel, Monika/Pettinger, Rudolf/Sass, Jürgen, Deutsches Jugendinstitut München: Brigitte Untersuchung 88. Kind? Oder Beruf? Oder beides? Eine repräsentative Studie über die Lebenssituation und Lebensplanung junger Paare zwischen 18 und 33 Jahren in der Bundesrepublik Deutschland im Auftrag der Zeitschrift Brigitte. Hamburg 1988
Fischer, Beate: Die gesellschaftliche Definition des Berufswahlprozesses der Mädchen. Empirische Argumente zu Diagnose und Therapie einer sozialen Diskriminierung. Köln 1980
Frankfurter Allgemeine Zeitung v. 13.6. 1970, Nr.152 v. 5.7. 1969
Frankfurter Rundschau v. 24.10. 1970, v. 24.12. 1989, v. 16.5. 1991
Franzwa, Helen H.: Working Women in Fact and Fiction. In: Journal of Communication. Spring 1974 Vol. 24:2: 104-109
Fröhlich, Werner D./Drever, James: dtv-Wörterbuch zur Psychologie. München 1979
Fuchs, Werner: Biographische Forschung. Eine Einführung in Praxis und Methoden. Opladen 1984
Für Sie v. September 1964, Nr. 21 v, 21.8. 1970
Gartner, Alan/Riessmann, Frank: Der aktive Konsument in der Dienstleistungsgesellschaft. Frankfurt/M. 1978
Gensior, Sabine/Metz-Göckel, Sigrid: Differentielle Gleichheit und subtile Diskriminierung. Zur Gleichstellung der Geschlechter in Bildung und Beruf - eine Zwischenbilanz. In: Zweiwochendienst Frau und Politik, Nr. 36/1989 3. Jg.: 3-23
Gensior, Sabine: Teilzeitarbeit und frauenspezifischer Arbeitsmarkt. Zur »Interessenindentität« zwischen Frauen und betrieblicher Personalpolitik. In: Gerhard, Ute/Limbach, Jutta (Hrsg.): Rechtsalltag von Frauen. Frankfurt/M. 1988: 61-75
Gerhard, Ute/Limbach, Jutta (Hrsg.): Rechtsalltag von Frauen. Frankfurt/M. 1988
Gerhard, Ute: »Bewegung« im Verhältnis der Geschlechter und Klassen und der Patriarchalismus der Moderne. In: Zapf, Wolfgang (Hrsg.): Die Modernisierung moderner Gesellschaften. Verhandlungen des 25. Deutschen Soziologentages in Frankfurt am Main 1990. Frankfurt/M., New York 1991: 418.432
Gerhard, Ute: Verhältnisse und Verhinderungen. Frauenarbeit, Familie und Rechte im 19. Jahrhundert. Frankfurt/M. 1981
Gerhards, Jürgen: Emotionsarbeit. Zur Kommerzialisierung von Gefühlen. In: Soziale Welt Jg. 39 Nr. 1, 1988: 47-65
Gershuny, Jonathan: Die Ökonomie der nachindustriellen Gesellschaft. Frankfurt/M., New York 1981
Glaser, Barney G./Strauss, Anselm: Die Entdeckung gegenstandsbezogener Theorie: Eine Grundstrategie qualitativer Sozialforschung. In: Hopf, C./Weingarten, E. (Hrsg): Qualitative Sozialforschung. Stuttgart 1984: 91-108
Gong-Funk-Fernsehwelt v. 15.3. 1964
Gottschall, Karin/Jacobsen, Heike/Schütte, Ilse: Weibliche Angestellte im Zentrum betrieblicher Innovation. Die Bedeutung neuer Bürotechnologien für Beschäftigungssituation und Berufsperspektiven weiblicher Angestellter in Klein- und Mittelbetrieben. Schriftenreihe des BMJFFG Band 240, Stuttgart, Berlin, Köln 1989

Gray, Muriel C.: The Relationship of Sex Role Attitudes, and Personal Circumstances/Characteristics to Level of Occupational Aspirations of Working Women. Dissertation University of Maryland (USA) 1982

Greif, Moniko/Kasten, Margrit: Forum 5. Zukunft von Frauen in technik-orientierten Berufen. In: Kreisfrauenbüro Darmstadt-Dieburg (Hrsg.): 10 Jahre Gleichbehandlungsgesetz. Dokumentation einer Fachtagung. Darmstadt 1991: 147-180

Grieger, Dorothea/Kutscha, Jürgen: Berufswunsch aus Veranlagung? Ausbildung von Frauen in Büroberufen. In: Mayer, Christine/Krüger, Helga/Rabe-Kleberg, Ursula/Schütte, Ilse (Hrsg.): Mädchen und Frauen. Beruf und Biographie. DJI-Materialien. München 1984: 115-123

Gross, Peter: Die Verheißungen der Dienstleistungsgesellschaft. Opladen 1983

Häfeli, Kurt: Die Berufsfindung von Mädchen: Zwischen Familie und Beruf. Bern 1983

Hagemann-White, Carol: Sozialisation: weiblich-männlich? Opladen 1984

Hamburger Abendblatt v. 9.4. 1962

Hamburger Echo v. 24.2. 1959

Hamburger Morgenpost v. 7.7. 1958

Harmon, Leonore W./Campbell, David: Use of Interest Inventories With Nonprofessional Women: Stewardesses versus Dental Assistants. In: Journal of Counseling Psychology, Washington 1968 Vol. 15, Nr.1: 17-22

Haug, Fritz: Kritik der Warenästhetik. Frankfurt/M. 1972

Heinz, Walter R./Krüger, Helga: Berufsfindung unter dem Diktat des Arbeitsmarktes. Zur Entstehung weiblicher Normalbiographien. In: Zeitschrift für Pädagogik 27. Jg. 1981, Nr. 5: 661-676

Heinz, Walter R.: Berufliche Sozialisation. In: Hurrelmann/Ulich (Hrsg.): Handbuch zur Sozialisationsforschung. Weinheim, Basel 1980: 499-519

Historisches Museum (Hrsg.): Katalog Frauenalltag und Frauenbewegung 1890-1980. Frankfurt/M. 1981

Hochschild, Arlie Russel: The Managed Heart. Commercialization of Human Feeling. Berkeley 1983

Holzbrecher, Monika et al. Sexuelle Belästigung am Arbeitsplatz. Schriftenreihe des BMJFFG Band 260, Stuttgart, Berlin, Köln 1991. zit.n. Zweiwochendienst Frauen und Politik Nr. 53/1991, 5. Jg

Hopf, C./Weingarten, E. (Hrsg): Qualitative Sozialforschung. Stuttgart 1984

Hopf, Christel: Die Pseudo-Exploration. Überlegungen zur Technik qualitativer Interviews in der Sozialforschung. In: Zeitschrift für Soziologie, Nr. 2 1978: 97-115

Hopf, Christel: Soziologie und qualitative Sozialforschung. In: Hopf, C./Weingarten, E. (Hrsg.): Qualitative Sozialforschung. Stuttgart 1984: 11-34

Hurrelmann, Klaus/Ulich, Dieter (Hrsg.): Handbuch der Sozialisationsforschung. Weinheim, Basel 1980

Illich, Ivan: Entmündigung durch Experten. Zur Kritik der Dienstleistungsberufe. Reinbeck 1979

Jasmin v. 2.6. 1971

Joas, Hans: Rollen- und Interaktionstheorien in der Sozialisationsforschung. In: Hurrelmann/Ulich (Hrsg.): Handbuch der Sozialisationsforschung. Weinheim, Basel 1980: 143-160

Kreisfrauenbüro Darmstadt-Dieburg (Hrsg.): 10 Jahre Gleichbehandlungsgesetz. Dokumentation einer Fachtagung. Darmstadt 1991

Kristall Nr.6/1966, Nr. 16/1972

Krüger, Helga: Berufsfindung und weibliche Normalbiographie. In: Mayer, Christine/Krüger, Helga/Rabe-Kleberg, Ursula/Schütte, Ilse (Hrsg.): Mädchen und Frauen. Beruf und Biographie. DJI-Materialien. München 1984: 21-32

Küchler, Manfred: Qualitative Sozialforschung. Modetrend oder Neuanfang? In: Kölner Zeitschrift für Soziologie und Sozialpsychologie Jg. 32, 1980: 373-386

Lamnek, Siegfried: Qualitative Sozialforschung. Band 1 Methodologie. München, Weinheim 1988
Laplanche, J./Pontalis, J.-B.: Das Vokabular der Psychoanalyse, 2 Bände. Frankfurt/M. 1980
Laurien, Ingrid: »Wie kriege ich einen Mann?« Zum weiblichen Leitbild und zur Rolle der Frau in den Fünfziger Jahren. In: Sozialwissenschaftliche Informationen Nr. 15 1986, Heft 1: 32-44
Lipe, Dewey: Trait Validity of Airline Stewardesses Performance Raitings. In: Journal of Applied Psychology 1970, Vol. 54: 347-352
Littler-Bishop, Susan et al.: Sexual Harassment in the Workingplace as a Function of Initiator's Status: the Case of Airline Personnel. In: Journal of Social Issues 1982, Vol. 38: 137-148
Mayer, Christine/Krüger, Helga/Rabe-Kleberg, Ursula/Schütte, Ilse (Hrsg.): Mädchen und Frauen. Beruf und Biographie. DJI-Materialien. München 1984
Mayer, Christine/Schütte, Ilse: Zur Situation von Mädchen in der Berufsausbildung. In: Mayer, Christine/Krüger, Helga/Rabe-Kleberg, Ursula/Schütte, Ilse (Hrsg.): Mädchen und Frauen. Beruf und Biographie. DJI-Materialien. München 1984: 53-84
Mc Night, John: Professionelle Dienstleistung und entmündigende Hilfe. In: Illich, Ivan: Entmündigung durch Experten. Zur Kritik der Dienstleistungsberufe. Reinbeck 1979: 37-56
Menschik, Jutta: Die Frau im Erwerbsleben der Bundesrepublik. Frankfurt/M. 1976
Merton, Robert K./Kendall, Patricia L.: Das fokussierte Interview. In: Hopf/Weingarten (Hrsg): Qualitative Sozialforschung. Stuttgart 1984: 171-203
Metz-Göckel, Sigrid/Müller, Ursula: Partner oder Gegner? Überlebensweisen der Ideologie vom männlichen Familienernährer. In: Soziale Welt Jg. 38, Heft 1 1987: 4-28
Metz-Göckel, Sigrid/Nyssen, Elke: Frauen leben Widersprüche. Zwischenbilanz der Frauenforschung. Weinheim, Basel 1990
Metz-Göckel, Sigrid: Die zwei (un)geliebten Schwestern. Zum Verhältnis von Frauenbewegung und Frauenforschung im Diskurs der neuen sozialen Bewegungen. In: Beer, Ursula (Hrsg.): Klasse Geschlecht. Feministische Gesellschaftsanalyse und Wissenschaftskritik. Bielefeld 1989: 28-66
Metz-Göckel, Sigrid: Geschlechterverhältnisse, Geschlechtersozialisation und Geschlechtsidentität. Ein Trendbericht. In: Zeitschrift für Sozialisation und Erziehungssoziologie Nr. 2/1988: 85-97
Mohr, Gisela/Rummel, Martina/Rückert, Dorothee (Hrsg.): Frauen. Psychologische Beiträge zur Arbeits- und Lebenssituation. München, Wien, Baltimore 1982
Mohr, Wilma: Frauen in der Wissenschaft. GEW-Texte. Freiburg 1987
MS Nr.1, 1973
Mühlfeld, Claus/Windolf, Paul/Lampert, Norbert/Krüger, Heidi: Auswertungsprobleme offener Interviews. In: Soziale Welt Jg. 32 1981: 325-352
Müller, Petra: Expertise zur geschlechtsspezifischen Arbeitsteilung in der BRD - soweit diese aus der offiziellen Statistik darzustellen ist. Hamburger Institut für Sozialforschung, Braunschweig 1985
Müller, Walter/Willms, Angelika/Handl, Johann: Strukturwandel der Frauenarbeit. Frankfurt/M., New York 1983
Murdy, Lee B./Sells, S. B.: Validity of Personality and Interst Inventories for Stewardesses. In: Personnel Psychology 1973 Vol. 26: 273-278
Nave-Herz, Rosemarie: Kinderlose Ehen. Eine empirische Studie über die Lebenssituation kinderloser Ehepaare und die Gründe für ihre Ehelosigkeit. Weinheim, München 1988
Nowottny, Helga: Von privater emotionaler Arbeit zum öffentlichen Gefühlsvertrag. In Sektion Frauenforschung in den Sozialwissenschaften in der deutschen Gesellschaft für Soziologie (Hrsg.): Beiträge zur Frauenforschung am 21. deutschen Soziologentag Bamberg 1982. München 1982: 201-204
Nürnberger Zeitung v. 6.4. 1957

Osterland, Martin: »Normalbiographie« und »Normalarbeitsverhältnis«. Arbeitspapier Nr. 5, Hrsg. SFB 186 Universität Bremen, Bremen 1986
Ostner, Ilona/Krutwa-Schott, Almut: Krankenpflege - ein Frauenberuf? Bericht über eine empirische Untersuchung. Frankfurt/M., New York 1981
Ostner, Ilona/Krutwa-Schott, Almut: Krankenpflege - ein Frauenberuf? Frankfurt/M., New York 1981
Ostner, Ilona/Willms, Angelika: Strukturelle Veränderungen der Frauenarbeit in Haushalt und Beruf. In: Sektion Frauenforschung in den Sozialwissenschaften in der deutschen Gesellschaft für Soziologie (Hrsg.): Beiträge zur Frauenforschung am 21. deutschen Soziologentag Bamberg 1982. München 1982: 205-226
Ostner, Ilona: Beruf und Hausarbeit. Die Arbeit der Frau in unserer Gesellschaft. Sonderforschungsbereich 101 der Universität München. Frankfurt/M., New York 1978
Palandt, BGB, 14. Aufl. 1955
Pramualratana, Promporn: A long Way from the Mile-High Club. In: The Nation v. 22.2.90: 22
Preuß-Lausitz, Ulf (Hrsg.): Kriegskinder, Konsumkinder, Krisenkinder. Zur Sozialisationsgeschichte seit dem Zweiten Weltkrieg. Weinheim 1983
Reitz, Gertraud: Einstellungen von Mädchen zur Rolle der Frau und ihre Schullaufbahn. Eine empirische Untersuchung über den vorzeitigen Abgang vom Gymnasium. München 1973.
Rheinische Post v. 23.4. 1969, v. 24.8. 1974
Riemann, Ilka: Soziale Arbeit als Hausarbeit. Von der Suppendame zur Sozialpädagogin. Frankfurt/M. 1975
Rimele, Ursula/Rommel, Charlotte: Mädchen und Berufsausbildung. Problembereiche, Entwicklungstrend, Texte von und über Mädchen. Herausgegeben vom Institut für berufliche Bildung, Arbeitsmarkt und Beschäftigung (IBAB). Band 4, Okt. 1989
Rummel, Martina: Frauenarbeit. Merkmale. Auswirkungen. In: Mohr, G./Rummel, M./Rückert, D. (Hrsg.): Frauen. Psychologische Beiträge zur Arbeits- und Lebenssituation. München, Wien, Baltimore 1982: 55-77
Saarbrücker Zeitung Nr. 101 v. 1./2. 5. 1969
Sawitzki, Hans Henning: Die Stewardeß. In: Institut für Mittelstandsforschung (Hrsg.) Abhandlungen zur Mittelstandsforschung. Soziologische Probleme mittelständischer Berufe. Köln, Opladen 1967: 17-50
Schmid, Thomas: »Oral history« und Kultur der Unterschichten. Der Historiker als Produzent von Quellen. In: Merkur. Deutsche Zeitschrift für europäisches Denken. Heft 6, 35.Jg. Juni 1981: 613-620
Schmidbauer, Wolfgang: Die hilflosen Helfer. Über die seelische Problematik der helfenden Berufe. Reinbeck 1977
Scholten, Paul: Pregnant Stewardeß - Should She Fly? In: Aviation, Space and Environmental Medicine, Jan. 1976: 77-81
Schultz, Dagmar: Das Geschlecht läuft immer mit. Die Arbeitswelt von Professorinnen und Professoren. Pfaffenweiler 1990
Schütze, Yvonne: Mütterliche Erwerbstätigkeit und wissenschaftliche Forschung. In: Schütze, Yvonne/Gerhard, Uta (Hrsg.): Frauensituation. Veränderungen in den letzten zwanzig Jahren. Frankfurt/M. 1988: 114-140
Seidenspinner, Gerlinde/Burger, Angelika: Brigitte. Mädchen 82. Eine repräsentative Untersuchung über die Lebenssituation und das Lebensgefühl 15- bis 19-jähriger Mädchen in der Bundesrepublik, durchgeführt vom Deutschen Jugendinstitut München im Auftrag der Zeitschrift Brigitte. Hamburg 1982
Sektion Frauenforschung in den Sozialwissenschaften in der deutschen Gesellschaft für Soziologie (Hrsg.): Beiträge zur Frauenforschung am 21. deutschen Soziologentag Bamberg 1982. München 1982.
Sozialarbeiterinnengruppe Frankfurt: Gefühlsarbeit. In: Sozialmagazin Heft 9, Sept. 1978: 22-32

Soziologisches Forschungsinstitut Göttingen (Hrsg.) Weltz F./Dietzinger, A./Lullies, V./Marquart, R.: Junge Frauen zwischen Beruf und Familie. Frankfurt/M., New York 1979

Staber, Erika: Einige Aspekte der Persönlichkeit der Stewardeß, ihr Selbstkonzept und ihre psycho-soziale Situation. Unveröffentlichte Diplomarbeit des Fachbereichs Psychologie, Frankfurt/M. 1979

Stacey, Judith/Thorne, Barrie: Feministische Revolution in der Soziologie? Ein Vergleich feministischer Ansätze in der Geschichte, Literaturwissenschaft, Anthropologie und Soziologie in den USA. In: Feministische Studien 4. Jg. Nov. 1985, Heft 2: 118-126

Statistisches Jahrbuch 1988 für die Bundesrepublik. Stuttgart, Mainz 1988

Stern Nr. 11 v. 18.3.1962 , Nr. 27 v. 2.7. 1967, Nr. 44 v. 25.10.1970

Stiegler, Barbara: Frauen in untypischen Berufen und Postionen. In: Mohr, Gisela/Rummel, Martina/Rückert, Dorothee (Hrsg.): Frauen. Psychologische Beiträge zur Arbeits-und Lebenssituation. München, Wien, Baltimore 1982: 78-87

Strauss, Anselm/Shizuko, Fagerhaugh/Suczek, Barbara/Wiener, Carolyn: Gefühlsarbeit. Ein Beitrag zur Arbeits- und Berufssoziologie. In: Kölner Zeitschrift für Soziologie und Sozialpsychologie 32. Jg, Nr. 12 1980: 629-651

Süddeutsche Zeitung v. 26.6. 1969

Tatschmurat, Carmen: Beruf als Medium gesellschaftlicher Teilhabe? In: Bolte Karl Martin/Treutner, Erhard (Hrsg.): Subjektorientierte Arbeits- und Berufssoziologie. Sonderforschungsbereich 101 der Universität München, Sozialwissenschaftliche Arbeitskräfteforschung: Projektbereich B. Frankfurt/M., New York 1983: 84-109

Teubner, Ulrike: Neue Berufe für Frauen. Modelle zur Überwindung der Geschlechterhierarchie im Erwerbsbereich. Frankfurt/M., New York 1989

Thies, Wiltrud: Grüne Bildungspolitik. Frauen - Arbeit - Bildung. In: Grüner Basisdienst 7/89: 15-17

Thumm, Eckart: Einstellungen der Eltern zur Rolle der Frau und die Schullaufbahn der Töchter. Forschungsbericht Deutsches Jugendinstitut, München 1972

Tillmann, Klaus-Jürgen: Sozialisationstheorien. Eine Einführung in den Zusammenhang von Gesellschaft, Institution und Subjektwerdung. Reinbeck bei Hamburg 1989

Vogt, Irmgard: Unklare Verhältnisse oder: haben Frauen eine Midlife-Crisis? In: Frauen. Thema Lebensformen. Psychologie Heute Spezial, Heft 2/ 1989: 74-77

Wachtel, Joachim: Die Geschichte der Deutschen Lufthansa. Köln 1980

Weber, Max: Wirtschaft und Gesellschaft. Fünfte, revidierte Auflage. Tübingen 1972

Wegmann Hans-M./Conrad, Bernhard/Klein, Karl E.: Flight, Flight Duty an Rest Times: A Comparison between the Regulations of Different Countries. In: Aviation, Space and Environmental Medicine. March 1983

Weigel, Sigrid: Die Stimme der Medusa. Dülmen, Hiddingsel 1987

Westdeutsche Allgemeine v. 25.10. 1954, v. 5.4. 1960

Wilson, Thomas P.: Qualitative »oder« quantitative Methoden der Sozialforschung. In: Kölner Zeitschrift für Soziologie und Sozialpsychologie Jg. 34 1982: 487-507

Zeit-Magazin Nr. 23 v. 31. Mai 1991

Zinnecker, Jürgen: Emanzipation der Frau und Schulausbildung. 2.Auflage. Weinheim, Basel 1974

Quellenverzeichnis

Aral-Journal, Frühjahr/Sommer 1977

Brief der ÖTV Kreisverwaltung Frankfurt, Abteilung Luftfahrt, v. 10.12.1986

Brief der DAG, Bundesberufsgruppe Luftfahrt, Frankfurt/M., v. 16.1.1987

DAG: OFF-Blocks, Zeitung für Flieger, Herausgegeben von der Deutschen Angestellten-Gewerkschaft Flughafenbüro Frankfurt, Nr.47 Februar 1987

Der Lufhanseat, v. Juli 1938

Der Luftverkehr v. 1.9.1911, v.15.10.1912, v. Oktober 1936

Deutsche Luftfahrer-Zeitschrift Nr. 19/1913, v. Sept. 1919

Deutsche Lufthansa Aktiengesellschaft, Köln: Lufthansa-Jahrbuch '85.

Deutsche Lufthansa Aktiengesellschaft: Geschäftsbericht 1985

Deutsche Lufthansa Aktiengesellschaft: Geschäftsbericht 1986

Deutsche Lufthansa Aktiengesellschaft: Geschäftsbericht 1987

Deutsche Lufthansa Aktiengesellschaft: Geschäftsbericht 1990

Deutsche Lufthansa: Auszüge aus den Jahresberichten der DLH 1960-1964 (u.D.)

Deutsche Lufthansa: Bericht der Flugbetriebsleitung der DLH v. 11.7.1944 (u.D.)

Deutsche Lufthansa: Brief Olympia-Hostessen, v. August 1972

Deutsche Lufthansa: Fluktuation Kabinenpersonal Projektzwischenbericht 1976-1977-1978, CGN PE 1981 (u.D.)

Deutsche Lufthansa: Jahresbericht der Flugbetriebsleitung der Deutschen Lufthansa 1938 (u.D.)

Deutsche Lufthansa: Lufthansa heute. Was erwartet der Geschäftsmann von heute von seiner Fluggesellschaft? Werbebroschüre, CGN LM 2 8/86 D

Deutsche Lufthansa: Manteltarifvertrag Nr. 3a von 1987 für Lufthansa und Condor

Deutsche Lufthansa: Personalstand Kabine; FRA NZ 12 1990 (u.D.)

Deutsche Lufthansa: Statistische Personaldaten NZ 12, (u.D.)

Deutsche Lufthansa: Statistische Personaldaten. FRA NK-Bereich, Stand 1984; Herausgeber: FRA NK 81 (u.D.)

Deutsche Lufthansa: Voraussetzungen für den Stewardessenberuf, ca. 1955 (u.D.)

Die Luftreise v. Nov. 1937, Mai 1938, Okt. 1938

Esso-Magazin Nr. 1/58

Flugbegleiter, Zeitschrift der LH-Kabinenbesatzung, Ausgaben Oktober 1985, März 1986, Juli 1986, März 1987

Flughafen-Nachrichten Nr. 1/1977

Flugwelt 1964, Heft 8

Göttinger Presse v. 30.6.1958

Herrenjournal Nr. 11/1955

Holiday v. Juni 1958

Industriekurier v. 25.6.1970

Jet-Tales Nr. 6/1979

Leipziger Neueste Nachrichten Nr. 103 v. 13.4. 1933, v. 16.1.1935
Luftfahrt-Verlag Walter Zuerl: Flugzeuge in der Geschichte der Lufthansa, Bd. 4, Steinebach-Wörthsee, o.J.
Lufthansa Bordbuch Ausgaben 2/85, 4/88
Lufthansa-Artikeldienst v. 22.4. 1969/13
Lufthansa-Dokument v. 10.7.1967, internationale Sonderaktion Stewardessen.
Lufthansa-Intercontinental v. 7.8.1964
Lufthansa-Nachrichten v. 9.3.1962
Lufthansa-Pressedienst v. 11.3.1985
Lufthansa Revue Nr.6, 1967-1968
Nürnberger Zeitung v. 6.4.1957
Swissair-Flight-Attendants 1984.
Wachtel, Joachim: Propeller-Nostalgie. In: Lufthansa- Bordbuch, Ausgabe 2/85
Westdeutscher Beobachter v. 12.4. 1938, v. 22.5.1938, v. 20.7.1938
Westfälisches Volksblatt v. 9.4.1955

Verzeichnis der Abbildungen

Alle Abbildungen entstammen dem Bildarchiv der Deutschen Lufthansa AG.
Wir danken für die freundliche Abdruckgenehmigung.

Abkürzungen

A = Autorin
DLH = Deutsche Lufthansa
I = Interviewpartnerin
MTV = Manteltarifvertrag
u.D. = Unveröffentlichtes Dokument